KB268138

애견 백과사전

THE ULTIMATE ENCYCLOPEDIA OF

DOGS
DOG BREEDS
& DOG CARE

THE ULTIMATE ENCYCLOPEDIA OF

DOGS

Green Home

Dr. 피터 라킨

1953년 런던의 왕립수의과대학에서 수의사 자격증을, 베른대학교에서 수의학 박사학위를 각각 받았다. 대학 시절에 불 테리어를 구입한 후로 이 혈통에 매료되어 각별한 사랑을 쏟았는데, 아내와 함께 그동안 키워 온 개가 어느덧 18종이 넘는다. 『애견백과(Encyclopedia of the Dog)』와 『세계애견백과(International Encyclopedia of Dogs)』의 저자로, 최근까지 《Our Dogs》지의 수의학 전문 기고가로 활동했다. 또한 도그쇼의 심사위원으로 세계 곳곳의 수많은 개들을 품평하였다. 지금은 〈애견협회(The Kennel Club)〉 회원이면서 이 클럽의 〈과학분과위원회(Scientific Committee)〉에서 일하고 있다. 〈불 테리어 애견가 클럽(The Bull Terrier Club)〉의 회장, 영국의 〈애견협회(Canine Association)〉의 부회장이기도 하다.

마이크 스톡먼, MRCVS(Member of Royal College of Veterinary Surgeons)

1949년에 수의사 자격증을 딴 이후에 평생을 개와 더불어 살아왔다. 그는 4년간 육군 수의사 군단에서 전투견 훈련을 맡았었고 그 후에 수의사로 개업했다. 〈영국수의사협회(British Veterinary Association)〉 회장과 분과위원회를 거느린 세계 최대규모 도그쇼(Crufts)의 위원장을 역임했다. 지금은 동물병원을 그만두고, 영국은 물론 세계 곳곳에서 열리는 최고 수준의 견종경연대회에서 심사를 맡고 있다. 스톡먼은 1947년에 처음 구입한 케이스혼드를 오늘날까지 동종번식으로 계속 사육하고 있기도 하다. 또한, 지난 10년 동안 도그쇼에서 BBC 논평가로 활동했을 뿐 아니라 지금도 여러 전문잡지에 고정 기고가로 활약하고 있다.

애견백과사전

펴낸이 | 유재영
펴낸곳 | 그린홈
옮긴이 | 유정화

1판 1쇄 | 2004년 2월 14일
1판 12쇄 | 2024년 8월 20일

출판등록 | 1987년 11월 27일 제10-149

주소 | 04083 서울 마포구 토정로 53(합정동)
전화 | 324-6130, 324-6131 · 팩스 | 324-6135
E-메일 | dhsbook@hanmail.net
홈페이지 | www.donghaksa.co.kr / www.green-home.co.kr
페이스북 | www.facebook.com/greenhomecook

ISBN 978-89 -7190 - 138-1 13490

• 잘못된 책은 구매처에서 교환하시고, 출판사 교환이 필요할 경우에는
  사유를 적어 도서와 함께 위의 주소로 보내주세요.

Contents

사람과 개

개는 사람과 가장 오랜 세월 동안 단짝으로 지내온 동물이다. 수천 년 동안 개와 사람은 서로에게 위안을 주면서 오늘날의 각별한 관계로 서서히 발전해왔다. 사람은 변함없이 함께한 개에게 사랑을 주고, 개는 그에 대한 보답으로 사람을 위해 헤아릴 수 없이 많은 일을 해준다.

개가 사람과의 관계에서 매우 다양하게 이바지한다는 인식이 확산됨에 따라 개의 종류 또한 다양하게 개발되어 왔다. 그러나 이렇게 다양한 견종은 모두 단일종에서 기원한 것이다. 작고 앙증맞은 치와와에서부터 크고 듬직한 아이리시 울프하운드에 이르기까지 개만큼 다양하게 분화한 종은 없다.

사람과의 관계가 친밀해졌기 때문에 이제 참된 의미의 야생개로 남아 있는 견종은 케이프 헌팅 도그와 오스트레일리안 딩고 두 종류밖에 없을 것이다. 물론 지금도 여러 나라에는 무리를 지어 배회하는 야생개들이 사람과 관계를 맺지 않고 독립적으로 살아간다. 하지만 이런 개들마저도 사실은 가정에서 사람과 함께 살다가 여러 가지 이유 때문에 '야생으로 가버린' 개들이다.

견종에 상관없이 서로 다른 종끼리 짝짓기를 하여 많은 새끼들을 낳는데, 이는 놀랄 만큼 흔한 일이다. 이렇듯 이종 교배는 몇 세기를 이어오면서 견종이 다양하게 개발될 수 있었던 중요한 요인이 되었다. 견종이 다양해지면서 개의 역할과 유행하는 견종도 변화해갔다. 오늘날 존재하는 견종은 대략 400종으로 알려져 있다. 정확한 견종 수를 아는 것은 불가능한데, 이는 예전에 미처 알려지지 않았던 견종들이 속속 등장했고, 같은 혈통으로 분류되었던 견종이 다른 종류로 밝혀졌으며, 이와는 반대로 예전에 각각 다른 견종으로 분류되었던 견종이 동일 견종으로 판명된 경우가 종종 있기 때문이다.

✛ 저먼 셰퍼드 도그는 주인에게 아주 충실한 벗이자 보호자 역할을 하며, 늘 주인을 기쁘게 하려고 애쓴다.

✛ 개는 선천적으로 놀이를 좋아하고, 이를 통해 늘 새로운 것을 배운다.

✛ 개는 학습을 통해 사람에게 도움되는 다양한 역할을 배운다. 집 주위를 돌아다니며 물건을 가져오거나 다시 가져다놓는 것도 학습된 행동의 하나다.

● 그레이트 데인은 성견이 되면
몸무게가 54kg 이상이 된다.

● 개가 배를 보이며 등을 대고
구르는 것은 주인이나 다른 개
에게 항복한다는 표시다.

이렇게 끊임없는 진화과정에서 완
전히 사라져버리는 견종도 있다. 지난
100년 동안만 보더라도 완전히 멸종된
견종이 여럿 있는데, 이는 번식력의 감
퇴 또는 특정 견종의 경우처럼 사람들이
더 이상 찾지 않는 비인기 견종이 되었
기 때문이다. 그런가 하면 전통적으로
해오던 역할이 더 이상 필요 없어지면서
사라지는 견종도 있다. 그러나 멸종되는
경우도 있지만, 대개는 원래의 모습을
찾을 수 없을 정도로 거듭 변모함으로써
오늘날까지 살아남았다. 예전에는 투견
으로 활약했지만 이제는 환경에 적응하
여 보다 얌전하게 변형된 마스티프 종류
가 그 좋은 예다.

적어도 서구사회에서는 모든 견종
이 가정환경에 알맞게 길들여질 수 있다
고 보지만, 어떤 견종은 아무리 세월이
흘러도 그 특징이 변하지 않고 고스란히
남아 있는 경향이 있다. 이런 경우에 그
특징이란 단순히 형태적인 특징을 의미
하는 것은 아니다. 예를 들어 그레이트
데인의 강아지가 그렇다. 8주 된 강아지
를 처음 분양받을 때는 몸집이 아주 작
다. 하지만 자라면서 덩치가 엄청나게
큰 개로 변해간다. 그런가 하면 테리어
종류는 견종을 막론하고 한결같이 테리
어다운 행동 특성을 보여준다. 즉, 작업

견으로 이용되었던 조상의 성격이 그대
로 유전되어 전해진 것이다.
집에서 키울 개를 고를 때에는 우선
견종마다 다른 특성을 면밀히 살펴보아
야 한다. 그리고 이런 특성이 자신과 함
께 생활하는 데 적합한지 충분히 고려한
다음 어울리는 견종을 선택해야 한다.
개는 보통 10~20년을 산다. 그러므로 여
러분 인생의 많은 부분을 차지하게 될
긴 세월 동안 개를 보살펴야 하는 책임
은 바로 여러분 자신의 몫이라는 것을
염두에 두어야 한다.

● 견종에 상관없이 강아지는 모
두 사랑스럽다. 하지만 일단 강아
지의 주인이 되면 그 책임이 15
년 이상 지속된다는 사실을 명심
해야 한다.

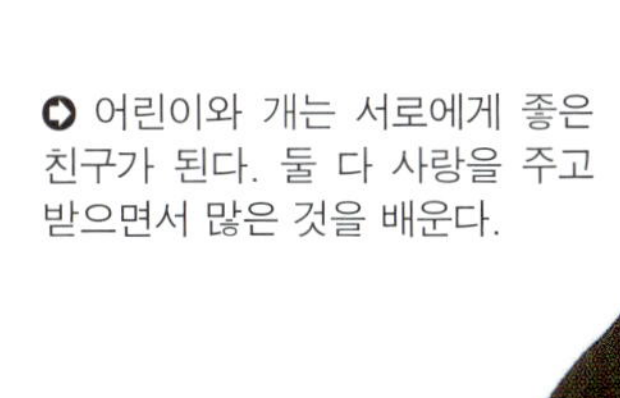

● 어린이와 개는 서로에게 좋은
친구가 된다. 둘 다 사랑을 주고
받으면서 많은 것을 배운다.

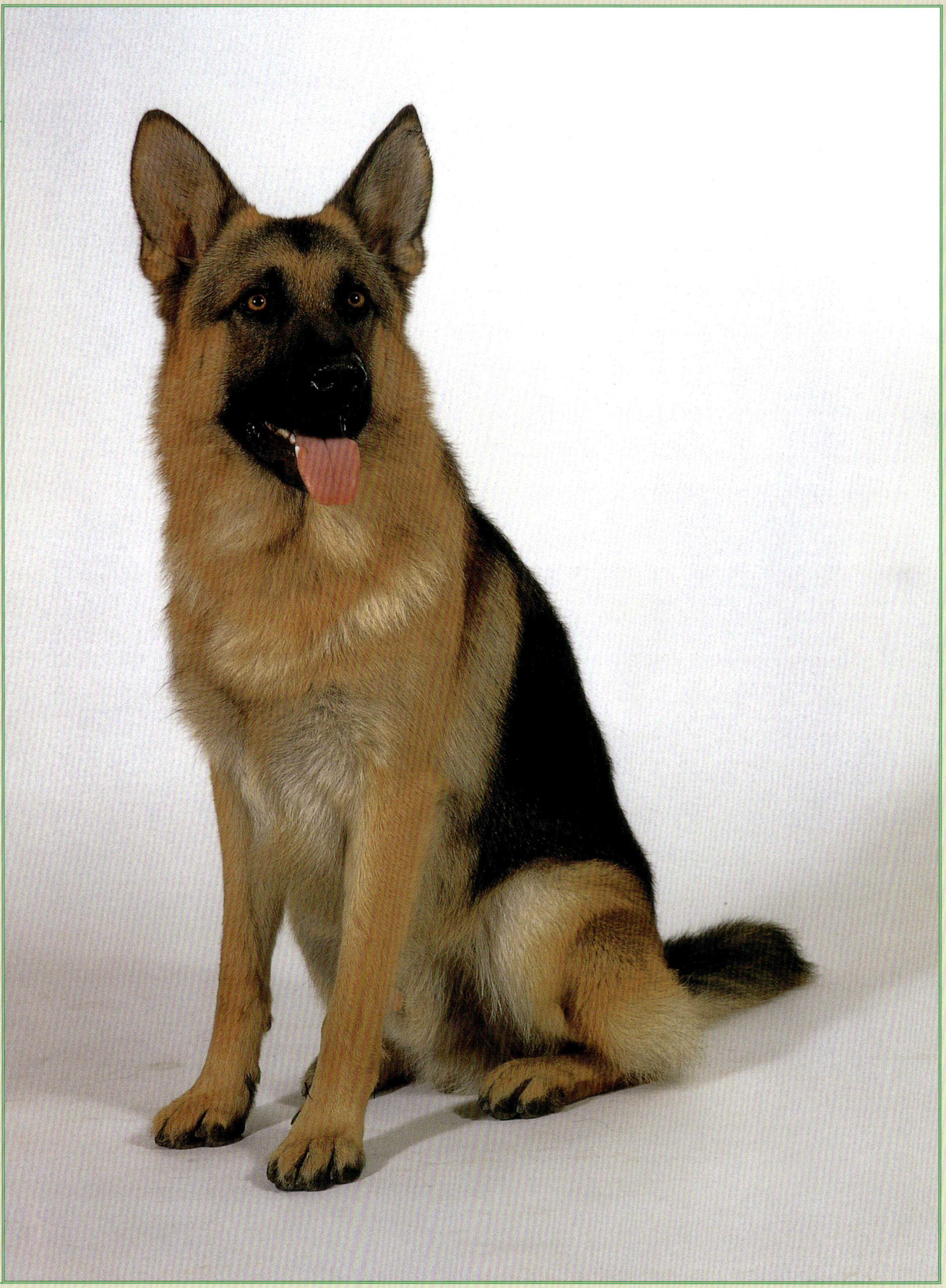

개를 선택하는 방법
Choosing a Suitable Dog

개를 키우기에는 적합하지 않은 환경이 많다. 일 때문에 집을 오랫동안 자주 비우거나 직장에서 일하는 시간이 긴 경우, 그리고 주인이 집을 비운 사이에 집에서 개를 돌보아줄 사람이 아무도 없는 경우가 그런 환경이다.

집에 돌아와 개를 보고 위안 받는 것만 생각하고, 개가 집에 홀로 남아 친구 없이 견뎌야 하는 힘든 시간은 간과하고 있지 않은지 아닌지 잘 생각해보아야 한다. 이렇게 집 안에 긴 시간 홀로 남겨진 개는 나중에 심각한 행동장애를 일으킬 수 있다. 여러분 자신의 생활방식에 맞추어 개를 적응시켜 나가는 방법을 생각하기보다는 우선 여러분의 생활방식이 개에게 미칠 영향을 고려해야 한다.

◐ 개를 데려오기 전에 개에게 필요한 환경을 만들어 줄 수 있는지 살펴보는 것이 중요하다.

어떤 개가 좋을까?

⊕ 개는 놀랄 만큼 깊은 우정으로 다른 개들과 어울리는 것을 좋아한다.

개는 동료이다. 집만 잘 지키는 개를 바란다면 차라리 도난경보기를 설치하는 것이 낫다. 견종을 막론하고 개는 도둑을 막는 데 효과적이지만, 가정에서 기르는 개의 가장 기본적인 역할은 친구다. 게다가 개보다 더 좋은 친구도 없다. 개는 주인을 비난하지 않는다(무례하거나 퉁명스럽게 굴지도 않는다). 시무룩해 있지도 않는다(아니 그리 오랫동안 시무룩하게 있지 못한다). 그리고 무엇보다도 늘 곁에 머물며 주인의 위안이 되고 주인을 사랑한다.

적합한 견종을 선택하기란 상당히 개인적인 문제지만, 대체로 참고할 만한 몇 가지 기준은 있다. 우선 다 자랐을 때의 몸집 크기가 중요한데, 이 점을 그다지 신경쓰지 않는 경우가 많다. 덩치 큰 개는 운동량도 그만큼 필요하기 때문에, 집에 큰 개를 키울 만한 공간이 충분하면 운동이 가장 중요한 문제가 된다. 그런데 사람들은 대개 자신의 가정환경에 잘 적응할 수 있는 개를 원한다. 울프하운드 한 쌍 정도면 기를 만하다고 생각할지 모르지만, 이들의 큰 덩치가 여러분의 작은 아파트를 발 디딜 틈 없이 좁게 만들어버릴지도 모른다.

래브라도 리트리버는 과체중이 아니어도 성견이 되면 몸무게가 약 30kg이 나간다. 미국과 영국에서 가장 인기 높은 이 견종은 미국에 132,000마리, 영국에 32,000마리가 있다. 미국에서 두 번째로 많은 견종은 로트와일러로, 등록된 수만 해도 94,000마리나 된다. 세 번째로

⊕ 가족들과 개가 시간이 날 때마다 다양한 활동을 함께 하면 문제 행동을 막을 수 있다.

⊕ 심리적으로 불안한 개들의 공통적인 문제는 혼자 있을 때 요란하게 짖는 것이다. 이것이 습관화하면 나중에 매우 고치기 어렵다.

❍ 대다수의 개는 장난감을 쫓아서 뛰어다니는 것을 좋아한다. 산책이나 운동이 여의치 않을 때 이러한 활동으로 모자란 운동량을 보충할 수 있다.

많은 저먼 셰퍼드 도그는 79,000마리가 등록되어 있다. 영국에서 두 번째로 많은 개는 저먼 셰퍼드 도그(24,000마리), 세 번째는 골든 리트리버(16,000마리)다. 이 개들은 한결같이 몸집이 크지만, 모두 넓은 집에서 사는 것은 아니다.

　개를 선택할 때 견종이나 행동양식은 다른 요소보다 중요한 기준이 된다.

❍ 매력적인 버니즈 마운틴 도그의 강아지는 가정 애완견으로 아주 훌륭하다. 성견이 되면 키가 70cm로 자란다.

자신의 개를 매우 사랑하는 주인에게 물어봐도 좋지만, 해당 견종에 대해 잘 아는 제3자에게 물어보면 아주 소중한 정보를 얻을 수 있다. 예를 들어 다양한 개들을 날마다 진료하는 수의사한테서도 유익한 조언을 구할 수 있다.

　보통 테리어 그룹은 활기차고, 길들이기 쉽지 않지만 이해가 빠르다. 제대로 훈련하면 아이들과도 잘 어울린다.

　토이 그룹은 주로 어린아이가 없는 사람에게 더 적합하다. 이 견종은 주위에 많은 사람들이 분주하게 돌아다니면 당황하여 어쩔 줄 몰라 하며, 두려운 나머지 사람에게 덤비는 일도 생길 수 있다. 주인이 운동을 많이 시켜줄수록 좋아하지만, 적당량만 운동해도 좋아할 것이다.

　하운드 그룹은 가능한 많은 운동이 필요하다. 이 조건을 충족시키면 생활이 안정되어 아주 좋은 애완견이 된다. 견종에 따라 다양하지만, 일반적으로 워킹 그룹에 속하는 개들에게는 몰두할 수 있는 일감을 주는 것이 좋다. 일감을 주면 장난 치는 것을 막을 수 있기 때문이다.

　건독[스포팅 그룹은 대개 길들이기 쉽고 사람들의 생활에 잘 적응한다. 단, 다른 그룹의 개들보다 운동이 필요한데, 부족하면 눈에 띄게 표시가 난다.

　가축을 돌보는 데 이용하는 목양견

❍ 보더 콜리처럼 몇몇 견종들은 주인의 관심을 끌기 위해 몇 시간이나 애쓰는 경우도 있다. 이 집요하고 끈질긴 관심을 무시하다가는 나중에 문제가 생기는 것을 각오해야 한다.

중에서 보더 콜리와 같은 몇몇 견종은 전문적인 작업견으로 분류된다. 신경이 지나치게 예민한 애완견이 되지 않게 하려면 다른 견종보다 더 많은 관심과 배려가 필요하다. 전통적인 목양견으로서의 역할 외에도 이 견종은 모든 복종훈련에서도 독보적이다. 의욕이 넘치는 보더 콜리에게 주의를 집중할 만한 관심거리를 계속 준다면 이들보다 더 큰 보람을 느낄 수 있는 애완견도 없을 것이다. 하지만 주인의 관심 부족으로 불만을 느끼면 개는 스스로 몰두할 대상을 찾으려 하고 문제를 일으킨다.

　오늘날에는 잡종과 교배종은 물론 순종에 이르기까지 개의 종류가 매우 많아 선택의 폭이 넓지만, 어떤 견종을 전형적인 가정용 애완견이라고 단정하기는 어렵다.

개를 키우는 데 드는 비용

개를 키울 만한 형편이 되는지 스스로에게 물어봐야 한다. 우선 개를 구해야 하는데, 공짜로 얻을 수 있는 강아지는 거의 없다. 많은 사람들이 기르던 강아지를 팔아서 젖을 뗄 때까지 든 비용만이라도 보상받고 싶어할 것이다.

혈통이 확실하고 좋은 강아지는 가격이 나라마다 다르다. 영국에서는 견종에 따라 차이가 나도 강아지 한 마리에 약 425달러인데, 좋은 혈통일 경우에는 550~850달러 사이다. 미국에서는 이보다 조금 비싸서 대체로 강아지 한 마리 가격이 1,000달러 이상이다. 오스트레일리아는 영국과 가격이 거의 비슷하다. 수입 강아지의 경우라면 어느 나라든 이보다 훨씬 비싸다.

수의사의 첫 진료와 기본적인 예방접종 비용이 미국에서는 약 60달러이다. 강아지의 장난감이나 기타 용품들의 구입 비용은 주인의 기호와 선택에 따라 달라진다.

개를 키우는 비용에서 치료비가 많은 부분을 차지한다. 요즘에는 수의사들이 까다로운 질병이나 상처도 잘 치료해준다. 그러나 치료비는 국가에서 전혀 보조해주지 않는다. 따라서 복잡하고 장기간의 치료가 필요할 때는 그 비용이 만만치 않다.

한국에는 애완동물에 대한 보험이 아직 없지만, 외국에서는 애완동물 전문 보험회사들이 치료비를 보상해주기도 한다. 하지만 회사마다 기준이 다르므로 보험 종류를 결정하기 전에 보험사마다 어떤 혜택이 있는지 미리 잘 알아두는 편이 좋다.

보험료가 비싼 고급형은 개가 죽으면 장례비용을, 개를 잃어버리면 보상금을 지급한다. 심지어 개 주인이 아플 때 다른 사람이 돌봐주는 비용과 휴가 취소 비용까지 지급하는 경우도 있다. 보험이

🐾 개를 키우려면 돈이 들지만, 개 덕분에 주인도 운동할 수 있으므로 충분한 보상이 된다.

🐾 이 개처럼 최상의 몸단장을 하려면 상당한 비용을 지불하고 전문가에게 맡기거나, 주인이 직접 오랜 시간 정성들여야 한다.

🐾 조그마한 애완견이라도 덩치 큰 개를 키우는 데 드는 비용과 큰 차이가 나지 않는다. 큰 개와 마찬가지로 작은 개에게도 동물병원의 진료가 필요하고, 입맛이 까다로운 애완견인 경우에는 특별식까지 준비해야 하기 때문이다.

○ 나이 든 개는 올바른 식습관과 적당한 운동이 건강을 지키는 필수요건이다. 흔히 과체중인 개는 오래 걸으려고 하지 않는다. 하지만 몇 ㎏만 체중을 줄여도 놀랄 만큼 운동량이 늘어난다.

◑ 견종과 크기만으로는 필요한 운동량을 정확하게 알아내기 어렵다.

적용되는 치료는 보험 약관에 따라 다르므로 담당 수의사와 의논하는 것이 좋다. 기존의 보험증서에 부가조항인 특약을 첨가할 경우에는 보험료가 비싸진다.

몇몇 보험회사에서는 값비싼 보험료를 내는 상품 대신에, 그 대안으로 기본적인 진찰료를 부담하는 보험상품을 내놓기도 한다. 이렇게 다양한 종류의 보험 가운데 자신의 필요에 가장 적합한 보험을 결정하는 것은 개를 키우는 주인에게 달려 있다.

대부분의 보험회사는 강아지에게만 적용하는 보험상품을 판다. 그리고 강아지가 자라 보험이 만료되었을 때 성견에게로 보험을 이전하면 인센티브를 제공하는 회사도 있다. 브리더, 즉 전문번식업자들은 대개 강아지를 분양받는 사람에게 강아지 보험을 들라고 권유하는데, 보험료는 강아지 분양가에 포함되어 있거나 아니면 부가비용을 부담해야 한다.

개의 음식 비용은 천차만별이다. 이론적으로는 덩치가 작을수록 사료비가 적게 들지만, 작은 애완견에게는 가급적 특별식, 즉 좀더 비싼 사료를 골라 먹이므로 큰 개를 먹이는 비용과 별 차이가 없는 경우가 많다. 14kg 개의 1주일 표준식사량의 음식 비용이 약 6달러이다.

○ 동료 개와 함께 달리는 것은 신나는 운동이다. 하지만 주인이 통제할 수 있는 범위에서 운동시키는 게 중요하다.

◑ 건강한 강아지로 키우려면 올바른 식습관을 들여야 한다. 강아지를 분양한 브리더가 대개 적절한 조언을 해주지만, 그동안 잘못된 급식 형태는 아니었는지 유의해야 한다.

순종견 · 잡종견

교배종(가장 구별하기 쉬운 견종은 러처 Lurcher다)의 가격이 비싸지 않은 것은 분명 이점이다. 교배종도 '혼혈' 특유의 매력과 외모 때문에 구입하려는 사람이 적지 않다. 그러나 아주 작은 강아지가 커다란 덩치로 자란다는 사실을 기억해야 한다. 이것을 알아볼 수 있는 가장 좋은 방법이 강아지의 부모를 살펴보는 것이다. 그러나 강아지가 어미견의 품을 떠날 즈음에는 자연스럽게 아비견은 수컷의 본능상 떠나 있기 십상이다.

많은 사람들이 교배종이 순종견보다 더 건강하다고 믿는데 꼭 그렇지는 않다. 수의사에게 문의하면 그 개가 뚜렷한 유전병을 앓고 있는 잡종인지, 교배종인지를 알려준다.

순종을 선택할 경우에는 자신이 구입한 강아지의 혈통을 명확히 알 수 있다는 이점이 있다. 명성 높은 전문 브리더에게 구입한 코커 스패니얼 강아지라면 자라서도 견종 표준에 맞는 크기와 몸무게에서 벗어나지 않고, 이 견종의 전형적인 행동특성을 보일 것이므로, 어떤 문제점이 생겨도 해결할 수 있는 참고사항이나 방법을 쉽게 찾을 수 있다.

많은 견종이 그 견종 특유의 유전적 문제를 갖고 있는 것은 사실이다. 일부 언론에서는 이런 유전적인 문제를 지나치게 과장해서 다루기도 한다. 이런 문제에 대해 문의할 것인지, 또 그에 대한 충고를 어떻게 받아들일지는 전적으로 미래의 개 주인에게 달려 있다. 사람을 포함하여 어떤 종류의 동물이라도 유전병이 없는 동물은 없다는 사실을 알아야 한다. 다만, 개는 다른 동물보다 유전병으로 인한 고통을 비교적 조금 받는다.

○ 혈통이 분명한 개를 고른다면 자신의 생활방식과 맞는 견종인지 잘 살펴봐야 한다. 조렵견이어도 작업견 혈통이거나 쇼독 혈통으로 그 기질이 서로 다를 수 있다.

○ 사랑스러운 잡종견의 모습. 이 개의 주인은 나중에 이 개가 어떤 모습으로 자랄지 처음부터 알고 있었을까? 또 이 털을 관리할 만한 시간 여유와 털 손질에 시간을 투자하고 싶은 마음이 들까?

○ 교배종은 종종 새로운 작업을 위해 만들어져서 등장한다. 공인된 두 견종 사이에서 나온 교배종은 그 두 견종의 중간 특성을 보이기 쉽다.

수캐·암캐

수캐를 키울지 암캐를 키울지 결정하는 것은 맨 먼저 해야 할 선택 중 하나다.

수캐는 암캐보다 씩씩해 보이는데, 이 점에 끌린다면 수캐를 고르는 것이 좋다. 보통 수캐는 암캐에 비해 활달하고 길들이기 어렵지만, 일단 길들이면 암캐보다 더 잘 반응하는 경향이 있다.

○ 래브라도 리트리버는 암수에 관계없이 쉽게 살이 찌는 견종으로 유명하다.

○ 킹 찰스 스패니얼을 이상적인 가정 애완견으로 생각하는 사람들이 많다.

또한 수캐는 암캐처럼 1년에 2번 발정하지 않기 때문에 따라다니면서 분비물을 치우지 않아도 되고, 온 동네 수캐들을 유혹하지도 않는다. 하지만 마음을 빼앗기는 쪽이 수캐이기 때문에 수캐를 키우는 사람은 매일 밤 밖으로 헤매는

개를 집으로 끌고 오는 수고를 감당해야 한다.

개의 성별을 선택하는 이 특별한 결정에 앞서 암캐 역시 좋은 점이 있음을 밝혀두는 게 공정할 것이다. 암캐는 수캐보다 가정에서 애완견으로 키우기에 더 적합하고 수캐보다 덜 공격적이다. 물론 제멋대로 하려는 지배적인 성향은 성별만큼이나 견종에 따라서도 차이가 크다. 암캐는 수캐에 비해 대부분의 시간을 밖으로 쏘다니는 경향이 덜하고, 가족에게 더 사랑스럽게 구는 편이다.

○ 보스턴 테리어는 털 손질이 거의 힘들지 않는 반면 운동을 좋아한다.

○ 에어데일 테리어는 모든 면에서 진정한 테리어다.

○ 러프 콜리는 작업견이기 때문에 주인이 게으르면 안 된다.

○ 닥스훈트는 사랑을 많이 받는 견종이다.

강아지 구입하기

○ 강아지를 구입하러 가서 갓 태어난 강아지를 손으로 만지거나 들어올리면 분양하는 사람이 좋아하지 않을 것이다. 어디 있다가 왔는지 모르는 사람의 손이 닿아서 강아지의 건강을 해칠까 염려하기 때문이다.

함께 살기에 가장 적합한 개가 어떤 타입인지 어느 정도 알고 있다고 하자. 개를 도그쇼에 참가시킬 의사가 전혀 없더라도, 개의 선택을 결정하기 전에 도그쇼를 방문하는 것도 좋다. 도그쇼에 참석한 사람들에게 자신이 키울 견종에 대해 알아보는 것이다. 많은 참석자들이 자신이 기르는 견종의 자랑은 물론, 결점에 대해서도 아주 솔직하게 털어놓는다. 강아지를 분양 받기 전에 기울인 노력이 훗날 좋은 결과를 가져온다.

다음 단계에서는 적합한 전문 브리더를 알아본다. 굳이 그 견종에서 최고일 필요는 없다. 최고 전문 브리더라면 당연히 도그쇼에 나올 만한 훌륭한 강아지를 내놓을 테고, 따라서 가격이 만만치 않게 비쌀 것이다. 하지만 이들은 찾아온 사람들에게 개를 키워보라고 진심으로 격려해줄 것이다.

아직도 많은 강아지들이 이른바 개 농장과 애견숍에서 판매된다. 그런데 이 두 곳은 강아지를 구입하기에 적절하지 않다. 강아지들이 전문 브리더의 편의에 따라 상품처럼 취급되는 것은 바람직하지 않다. 또 어린 동물을 이렇게 함부로 다루다 보면 건강에 심각한 문제가 생길 수 있다.

시간을 갖고 천천히 진정으로 원하는 개를 얻기까지 기다릴 준비가 되어 있어야 한다. 우선 개 사육장에 직접 찾아가서 한 배에서 태어난 강아지들과(그리고 다른 강아지들도) 어미견, 가능하면 아비견까지 살펴봐야 한다. 태어난 후에 강아지들이 어떤 환경에서 살아왔는지 직접 보고 판단해야 한다.

여러 의견이 있지만, 대부분 태어난 지 약 8주가 된 강아지를 구입하는 것이 적당하다. 이보다 어리면 어미 품에서 떼어놓기에 너무 이르고, 나중에 사회화 과정에서 문제를 일으킬 수 있다. 행동주의 심리학자들은 생후 6~8주가 강아지의 성장발달에서 아주 중요하다고 본다. 생후 8주가 훨씬 지난 강아지를 선택할 경우에는 그동안 괜찮은 환경에서 지내왔는지 아니면 사육장에 방치된 채 제멋대로 자란 것은 아닌지 확인할 필요가 있다.

브리더에게 솔직해야 한다. 훗날 도

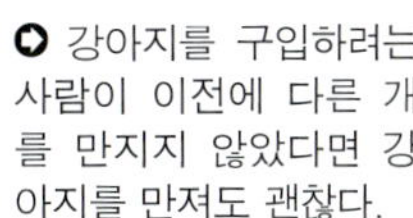

 강아지를 구입하려는 사람이 이전에 다른 개를 만지지 않았다면 강아지를 만져도 괜찮다.

그쇼에 출전시킬 개를 찾으면서도 좀더 값싸게 사고 싶은 기대로 애완용 강아지를 원하는 척하지 말아야 한다. 정직하고 자세하게 강아지가 앞으로 어떻게 살지, 특히 가정환경에 대해 설명해야 한다. 이런 솔직함에 브리더가 보일 최악의 반응이라고 해야, 왜 여러분의 집이 강아지를 키우기에 적합하지 않은지를 설명하는 정도일 것이다. 그러나 운이 좋으면 개를 키우는 데 매우 유익한 정보를 많이 들을 수 있다.

구입한 강아지가 도그쇼의 스타가 되리란 보장은 없다. 비록 그 강아지가 도그쇼에서 최고 판정을 받은 사육장 출신이라 해도, 혈통서에 아무리 훌륭한 조상견이 있다 해도, 그리고 아무리 노련한 전문 브리더라고 해도 생후 8주 된 강아지를 강력한 우승 후보라고 장담할 수는 없다.

강아지를 분양하는 사람은 분양할 때 강아지의 혈통서와 구매영수증을 줘야 한다. 만일 1차 예방접종을 마친 강아

지라면 거래가격에 이 비용이 포함되어 있거나 추가로 지불해야 하므로 반드시 확인해야 한다.

그리고 구매자는 강아지가 유전성 질병을 일으킬 경우에 대비하여 분양자의 법적 책임 한계를 밝힌 계약서에 서

명해야 한다. 우리는 소송이 빈번하게 벌어지는 사회에 살고 있다. 최근 법원 판례에 따르면, 브리더가 구매자에게 해당 견종에발병하는 질병에 대해 미리 알리지 않았는데 나중에 이 강아지한테 그와 관련된 이상징후가 생길 경우, 브리더에게 그 법적 책임을 묻는다는 사실을 명백히 하고 있다. 비록 브리더가 그런 견종의 강아지에게 문제가 생길 수 있음을 미처 알지 못했고 그런 질병을 피하기 위해 합당한 주의를 기울였다고 하더라도 책임을 면할 수는 없다.

구매자가 서명할 계약서의 내용은 합리적이어야 한다. 여기에는 해당 견종의 유전병에 대해 구매자의 주의가 필요하다는 내용과, 장차 수의사에게 상의해야 할 건강상의 문제나 질병에 대한 내용 등이 포함되어야 한다. 해당 수의사는 자신의 소견서를 서면으로 기록해야 한다.

 리트리버 종류는 새끼를 아주 많이 낳는 경향이 있다. 보통 한 번에 10마리가 넘는 새끼를 낳는다. 젖은 빨리 떼서 생후 3주부터 가능한데, 이 때는 모유 대신 보충식을 주어야 한다.

◐ 어떤 사육장에서 선택하는 것이 좋을지를 결정할 때는 가능한 사육장에 있는 개들을 많이 살펴보는 것이 가장 좋다. 집이나 직장, 도그쇼에서 보는 개들도 유심히 살펴보라.

◐ 과거에 경주견으로 활약했던 그레이하운드는 가정 애완견으로도 잘 적응한다. 물론 오랫동안 경주견으로 생활했다면 사회적응 과정에서 문제가 생길 수 있다.

브리더는 구매자에게 식사기록을 제공해서, 강아지의 다음 발육단계에 참고할 수 있게 해야 한다. 이 식사 기록표는 구매자가 강아지를 처음 수의사에게 데려갈 때 상담자료로도 필요하게 활용할 수 있다. 많은 브리더들이 구매자에게 강아지가 먹었던 사료를 처음 얼마

동안 먹일 양을 준다.

강아지는 반드시 건강해야 한다. 이미 기생충 구제를 2회 했기 때문에 벼룩이나 이 같은 기생충이 없어야 한다.

외국의 경우, 애견전문 보험회사들은 단기간 보장상품을 내놓고 있는데, 이것은 구매자가 나타날 때까지 브리더

가 들 수 있다. 따라서 강아지를 구입할 때는 브리더가 이러한 보험에 들었는지 확인해보자. 만일 보험에 들지 않은 강아지를 구입했다면 바로 보험에 가입해야 한다. 강아지는 사는 환경이 바뀐 처음 몇 주 동안에 면역력이 가장 약해지기 때문이다.

◐ 어미 곁을 떠나는 시기는 적절히 조정해야 한다. 사회화가 필요한 시기는 대개 생후 6주부터이므로, 이 시기에 새 식구를 만나는 것이 이상적이다. 그러나 실제로 구입 최적기가 생후 8주임을 시사하는 요인들도 있다.

강아지 선택하기

강아지의 건강상태나 행동에 대해 거짓 변명에 속거나, 홀로 남겨진 강아지가 안쓰러워 사는 것은 절대 안 된다.

흔히 강아지가 사람에게 선택받는 것이 아니라 오히려 새 주인을 스스로 고른다고 하는데, 여기에 사실이 숨어 있다. 지나치게 수줍어하는 강아지는 사회화 과정에서 문제가 생길 수 있으므로 스스로 걸어 나와서 선택받기를 기다리는 강아지라면 아마 데려와도 괜찮을 것이다.

강아지는 민첩해야 하고, 눈이 밝고 맑아야 한다. 코도 깨끗해야 한다(물론 음식 부스러기가 조금 묻어 있는 정도는 괜찮다). 귀도 귀지 없이 깨끗해야 하고, 털도 청결해서 만졌을 때 감촉이 좋고 기분 좋은 냄새가 나야 한다. 피부가 거칠거나 피부와 털에 염증이나 모래 같은 것이 있으면 안 된다. 털 위에 까만 석탄 가루가 뿌려진 것처럼 보이면 벼룩 먼지이기 쉬운데, 벼룩은 이보다 구별하기가 더 어렵다. 사육장에 있는 강아지들이 그동안 세심한 보살핌을 받으면서 자랐는지 살펴봐야 한다.

눈에 분비물이 껴 있으면 안 된다. 얼굴에 있는 한두 군데 긁힌 자국은 그다지 문제가 되지 않는다. 항상 강아지들끼리 마음이 맞는 것이 아니니까.

코 점막은 반드시 투명해야 하고 분비물이 조금이라도 있으면 안 된다. 콧물이 흐른 흔적이 있어도 안 된다.

귓속은 윤기가 나고 분홍색을 띠어야 한다. 검정 귀지나 발갛게 부어오른 흔적, 그리고 염증이 있어도 안 된다.

눈 주위가 붓거나 염증이 있는 경우, 눈빛이 맑지 않은 경우는 지금 질병을 앓고 있거나 앞으로 질병에 걸릴 가능성을 나타내는 심각한 징후다.

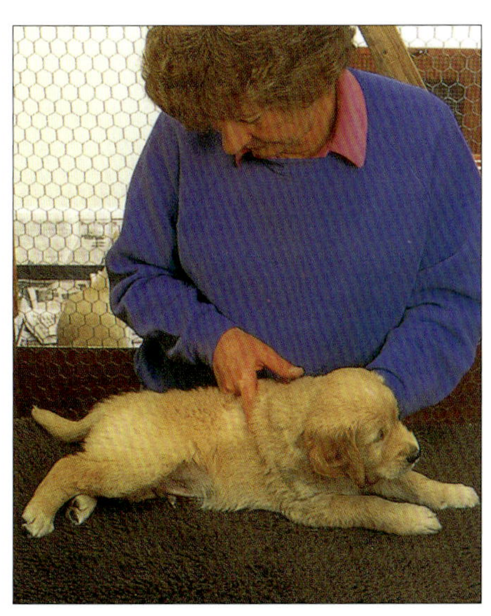

강아지의 털과 피부는 뻣뻣하지 않고 부드러워야 한다. 또한 피부에는 염증이 없어야 한다.

튼튼한 다리는 모든 견종의 필수조건이다. 하지만 이탈리안 그레이하운드를 원한다면 그 개의 다리가 이렇게 튼튼하기를 기대하면 안 된다.

강아지의 엉덩이와 항문이 깨끗해야 한다. 엉덩이 쪽을 슬쩍 보아도 설사한 흔적을 금방 알 수 있다. 같은 어미에게 태어난 강아지 모두 살펴본다.

새 집에 적응하기

새 강아지나 나이 든 개를 집에 데려오는 일은 중요한 가족행사다. 가족 모두가 이 새로운 식구를 만지거나 안고 싶어한다. 특히 어린이는 더욱 그렇다. 하지만 개가 새 가족과 익숙해지는 과정은 서서히 이루어져야 한다.

강아지에게 이 과정은 태어나서 자신이 알고 있던 환경과 어미, 그리고 형제들과 처음으로 헤어지는 것이다. 새로 경험하는 세상은 넓고 두려운 곳인데, 좀더 성장한 개라도 새로운 환경에 익숙해지려면 많은 적응과정을 거쳐야 한다.

집 안에 사람이 많지 않을 때 강아지를 집으로 데려오고, 되도록 편안하게 새로운 환경에 적응할 수 있게 이끌어줘야 한다. 개 스스로 둘러보거나 냄새 맡게 해준다. 그리고 먹을 것을 조금 주는데 아마 받아먹지는 않을 것이다. 또 마당에서 뛰어 놀게 해준다. 가족이나 친구에게 소개할 때는 한 번에 한두 명씩

서로 친해질 시간을 준 다음에 또 다른 사람을 소개한다.

집에 데려온 후에 건강검진을 하러 수의사에게 데려가면 강아지는 처음 집에 올 때보다 더 큰 충격을 받는다. 그러므로 처음 집에 올 때 수의사에게 보이는 편이 좋다. 그럼 문제가 생겨서 강아지를 분양한 사람에게 되돌려주더라도(다행히 이런 일은 아주 드물다), 가족들이 강아지를 만나기 전이므로 정이 들지 않았을 때 마음 편안히 돌려줄 수 있다.

새로운 환경에 적응시키려면 강아지의 몸에 익숙해진 생활을 가능한 조금씩 바뀌야 한다. 어린 강아지라면 브리더의 급식 원칙을 따라서 예전과 같은

시간에 같은 횟수로 사료를 주어야 한다. 처음에는 강아지의 입맛에 맞는 음식을 준다(일부 브리더들은 처음 먹는 사료제품을 준다). 다른 음식을 먹이고 싶어도 처음에는 예전에 먹던 음식을 주는 게 좋다. 다른 것을 주려면 시간을 두고 천천히 바뀌야 한다.

늘 깨끗한 물을 준비해놓고 강아지에게 물이 어디 있는지 보여준다. 또한, 개들은 지저분하게 물을 먹기 때문에 금세 그릇이 더러워지므로 그릇을 깨끗이 씻는 것도 잊지 말아야 한다. 대부분의 개들이(몇몇 견종은 더 심하지만) 물을 마실 때 마시는 물보다 그릇 주변에 흘리고 쏟아뜨린 물이 더 많다. 따라서 물

○ 강아지는 처음 보는 장난감에 호기심이 많으므로 새로운 장난감을 주면 낯선 환경에 대한 두려움을 극복하는 데 도움이 된다.

○ 강아지는 주인이 금방 돌아올 거라고 확신하기 전에는 집에 홀로 남겨지는 것을 매우 싫어한다.

장난감을 선택할 때의 안전수칙

개는 대개 턱과 이가 생각보다 훨씬 강하기 때문에 개가 갖고 놀 장난감은 아주 튼튼해야 한다.

솜이 든 인형은 틀림없이 발기발기 찢어놓을 것이다. 따라서 이런 인형은 각 부위가 떨어지지 않는 것을 고른다. 왜냐하면 분리되는 인형은 강아지가 삼켜버릴 위험이 있기 때문이다.

공은 개들이 좋아하는 장난감이다. 주인이 공을 던져주면서 같이 놀 수 있기 때문이다. 하지만 공의 반 정도가 개의 입 속에 들어가지 않는 큰 공을 주어야 한다. 테니스공이 목에 걸려 숨이 막히는 바람에 급히 동물병원에 오는 경우가 많다.

뼈다귀를 장난감으로 주는 것에 대해서는 의견이 많은데, 대부분의 수의사는 이것이 장난감으로 부적절하다고 한다.

단, 뼈다귀가 아주 커서 개가 조각내어 삼킬 염려가 없다면 무방하다고 본다. 개는 뼈다귀를 물어뜯는 것을 아주 좋아한다.

○ 장난감은 개가 물어뜯어서 삼켜버릴 수 없는 단단한 것이어야 한다.

그릇의 위치를 잘 잡아야 한다.

물그릇은 세라믹이나 녹슬지 않는 스테인리스 제품이 좋고, 무엇보다 잘 엎질러지지 않는 것이 좋다. 개가 이리 저리 끌고 다닐 수 없게 무거우면 더 좋다. 그럼 강아지는 이 물그릇이 갖고 노는 장난감이 아니라는 것을 알고 다른 장난감을 찾을 것이다.

사료그릇도 물그릇처럼 강아지가 장난감으로 여기지 않는 것이어야 한다. 개가 그릇을 마구 끌고 다니다가 먹이를 줄 때 그릇이 어디 있는지 찾지 못할 수 있으므로 그릇 선택도 잘해야 한다.

잠자리는 강아지만을 위한 특별 공간이므로 매우 중요하다. 집에 데려와서 바로 잠자리를 보여주고, 늘 그곳에서 자야 한다는 것을 인식시킨다. 습관들이기가 어렵지만, 개의 응석을 받아주어 적응할 때까지만 침대에 올라와 자도록 허용하면 전쟁과도 같은 잠자리 대결에서 지고 만다.

가장 좋은 방법은 처음 집에 데려온 날부터 바로 '강아지의 침실'에 넣어두는 것이다. 갇힌 강아지가 편안히 잠을 자려면 그곳밖에는 없으므로 적응하게 된다. 단, 개의 잠자리에 찬바람이 들어오지 않는지 잘 살펴야 한다.

어린 강아지라면 형제 강아지들과 어미견을 그리워할 것이다. 강아지가 새로운 환경에 적응하지 못하면(여러분이 잠을 자려고 할 때 애처롭게 울어대는 강아지라면) 따뜻한 물을 담은 병이나 째깍째깍 소리가 나는 시계를 주면 상심한 개를 위로해주는 데 효과적이다.

장난감은 나이에 상관없이 중요하지만 어린 강아지에게 더 필요하다. 시판 중인 장난감은 주인의 맘에 들어서 샀지만 강아지가 물어뜯어놓기 쉬운 솜인형

⊙ 사료그릇은 위생적으로 관리한다. 처음 준 사료가 깨끗하게 비워질 때까지는 다른 음식을 주지 않는다.

⊙ 가죽으로 만든 개껌은 개가 뼈다귀 대신 씹어 먹으면서 놀 수 있는 훌륭한 대용품이다.

에서부터 훈련도구로 특별히 고안한 장난감까지 다양하다.

어떤 개들은 특정 장난감에만 유난히 집착하는데, 특히 테리어 그룹이 그렇다. 하지만 대부분은 잠시 동안만 좋아서 가지고 놀다가 금세 다른 장난감을 찾는다. 그러므로 강아지의 마음을 완전히 사로잡는 장난감은 없다. 개마다 좋아하는 것이 다르므로 직접 고를 수 있는 기회를 주는 것도 좋다. 물론 안전수칙을 잊어서는 안 된다.

⊙ 따뜻한 물병이 있으면 강아지는 아주 편안하게 잠을 잔다. 단, 병을 물어뜯어서 물이 새지 않도록 주의한다. 시계 역시 밤에 강아지의 마음을 포근하게 해준다.

잠자리와 침구

○ 전통적인 버드나무 바구니는 모양은 괜찮지만, 개가 가장자리를 물어뜯기 시작하면 속수무책이다. 게다가 이런 바구니는 깨끗하게 관리하기도 어렵다.

개한테는 반드시 개만의 잠자리를 마련해주어야 한다. 키우는 사람 입장에서는 물세탁을 할 수 있는 것이 우선인데, 플라스틱 제품은 비싸지 않고 닦기 편하지만, 편안한 잠자리가 되려면 그 위에 부드러운 이불을 깔아주어야 한다.

운반용 케이지를 잠자리로 하거나 강아지만의 공간으로 이용하면 몇 가지 좋은 점이 있다. 개를 그다지 좋아하지 않는 친구들은 옷에 개털이 묻는 걸 반가워하지 않을 텐데, 이들이 방문할 때 집 안에 강아지를 둘 공간이 있다는 점이 그 중 하나다.

접이식 케이지는 개와 함께 나들이를 가거나 긴 여행을 떠날 때 접어서 가지고 다닐 수 있으므로 유용하다. 그러나 가운데가 여러 나사들로 고정되어 있는 기내용 침낭인 '스카이 켄넬(sky kennel)' 같은 종류가 튼튼해서 오래 사용할 수 있다. 이런 종류의 개집은 여행할 때는 밑부분을 침낭으로 쓰고, 집에서는 잠자리로 사용할 수 있다.

침구류는 선택의 폭이 넓다. 안락함과 보온성은 물론 위생적인 면에서도 가장 만족스러운 종류는 수의사의 추천을 받은 것이다. 이것들은 여러 상표가 있는데, 모두 튼튼하게 만들고 합성모피로 바닥을 댄 것이다. 이런 침구류는 세탁기로 빨 수 있고 배수성과 통풍성이 좋아서 늘 보송보송하다. 게다가 오래 쓸 수 있고 개가 물어뜯어도 잘 망가지지 않을 만큼 질기다. 물론 개가 물어뜯으려고 작정하고 덤빈다면 당해낼 수 없지만 말이다. 수의사가 추천하는 침구류 중에는 원하는 크기대로 잘라서 사용할 수 있는 것도 있다. '하나는 깔고, 하나는 세탁하는' 원칙을 지키면 어렵지 않게 개의 잠자리를 항상 냄새 없이 깨끗하게 관리할 수 있다.

○ 신축성 있는 침대가 안락하고 좋다. 이런 침대는 보온이 잘돼 바닥의 냉기를 막을 수 있고 깨끗하게 관리하기도 쉽다. 하지만 가격이 비싸고 물어뜯는 버릇이 있는 개는 망가뜨릴 염려가 있다.

○ 낡은 담요는 바닥에 그냥 깔아주는 것보다 침대 안에 깔아주면 아주 좋다. 두번째는 합성소재로 된 수의사 추천 침구로 그 어떤 부드러운 침구보다 더 위생적이다. 한편 안에 콩이 들어 있는 세번째 침구는 아주 편안하고 따뜻하다. 이에 비해 플라스틱 바구니는 씻기는 쉽지만 개가 포근하게 느끼려면 부드러운 안감을 대야 한다.

○ 개는 따뜻한 깔개 위에 누워서 자는 것을 아주 좋아한다.

❏ 모델 같은 포즈와 잘 어울리는 배경을 고를 줄
알아도 개는 색맹이다.

개는 주인이 자신에게 무관심한 것보다
는 화를 내더라도 관심을 보이는 것을 더
좋아한다. 그래서 주인이 몹시 화를 내더
라도 그것이 관심의 표현이라고 생각하
면 그대로 감수하는 편이다. 무시하는 것
이 개에게는 가장 심한 벌이다. 그러므로
주인은 물론 개가 평화로운 밤을 보내길
원한다면 개를 따로 재우도록 한다.

❏ 접이식 여행용 케이지는 야외에서는 물론 집에
서도 그 쓰임새가 다양하다.

❏ 밖에 있는 개집은 반드시 습기가 없고 따뜻해야
하며, 개가 편안히 쉴 수 있을 만한 적당한 크기여
야 한다.

❏ 집 밖에 있는 개집이나 사육장은 늘 깨끗하게 관
리해야 한다(사진처럼 목재로 된 개집의 경우는 깨끗
하게 유지하기가 쉽지 않다). 사육장에서도 적절한
운동은 필수이다.

작은 폴리스티렌 알갱이를 채운 쿠
션이 아마 개에게는 가장 편안할 것이
다. 그러나 이것은 수의사가 추천한 침
구류보다 세탁이 좀 까다롭다. 게다가
물어뜯기 좋아하는 개에게 주면 둥글게
말린 작은 폴리스티렌 알갱이들이 바닥
에 굴러다녀 치우기가 힘들 것이다.

가장 많이 쓰는 침구는 사각형의 낡
은 담요나, 담요를 잘라 만든 조각일 것
이다. 여러 장을 준비해두고 정기적으로
빨아주면 좋다. 단, 세탁기로 빨면 보푸
라기가 생겨서 이를 깨끗이 제거해야 하
고, 말리는 시간도 오래 걸리는 점을 유
의해야 한다.

어디에 재울까?

부엌이나 다용도실이 개를 재우기에 가
장 좋은 장소다. 보통 아파트나 개인주
택의 부엌 바닥은 습기 차지 않는 곳이므
로 강아지가 자랄 때까지 그곳에서 지내
게 한다. 강아지가 부엌에서 자는 것에

익숙해지고, 여러분도 편하다면 부엌이
야말로 개가 지낼 장소로 안성맞춤이다.

대부분의 개들은 집 밖에서 키우지
않는다. 집 밖에서 키우면 절대로 안 되
는 특별한 이유가 없으므로, 또 집 밖에
서 키우고 싶으면 처음부터 그렇게 습
관을 들여야 한다. 개집 안에 따뜻한 이
불을 넉넉히 넣어주고, 외풍이나 물이
새는 틈은 없는지 세심하게 살펴본다.
밖에 개집을 둘 때 자칫하면 개에게 소
홀해지기 쉬운 문제가 있다. 일부러 개
에게 먹이를 게을리 줄 정도로 잔인한
주인은 없을 것이다. 하지만 날씨가 나
쁘면 산책을 다음 날로 미루는 주인은
많다.

만일 개가 개집에 갇힌 채 지내야
한다면 주인인 자신이 진정으로 개를 키
우고 싶어하는지를 스스로 물어봐야 한
다. 개가 운동을 할 만한 최소한의 공간
이 있어야 한다. 앞에서 언급한 기본조
건은 두말할 것도 없다.

집과 정원, 그리고
자동차 여행의 안전수칙

개가 정원에서 도망치기 가장 쉬운 방법은 대문으로 나가는 것이다. 따라서 대문이 튼튼해야 하고, 그 밑은 탄탄한 받침대로 막아야 한다.

새로 개를 키우게 되면 대개 가장 먼저 개가 집과 정원을 망가뜨리지 않도록 준비해야 하는데, 그러려면 비용이 많이 들고 어려움이 따른다.

주인은 개를 관리할 법적인 의무가 있다. 이 말은 개가 달아나지 못하도록 정원에 담장을 쳐야 한다는 뜻이다. 아주 작은 견종을 제외한 대다수의 견종이 자라면 담장을 뛰어넘을 수 있게 되므로, 반드시 강아지가 뛰어넘을 수 없는 높이로 담장을 쳐야 한다. 같은 견종이라도 개마다 높이뛰기 실력이 다르지만, 작은 애완견을 제외한 모든 개가 넘지 못하게 하려면 담장 높이가 최소 1m는 되어야 한다. 덩치가 작은 잭 러셀 테리어는 물론, 이보다 날쌔고 덩치가 큰 개

도 1m는 쉽게 넘을 수 있을 것이다. 왜냐하면 대부분 2m 높이를 뛰어넘을 수 있기 때문이다. 하지만 이렇게 담장이 높으면 마치 요새처럼 보이므로 대부분 1.5m로 한다. 철망을 두를 때는 단단하고 촘촘한 것으로 해야 한다. 이런 담장은 개가 바깥을 잘 볼 수 없는 장점이 있는데, 이는 보지 못해서 탐색하고 싶은 유혹도 없어지게 된다.

아무리 튼튼한 담장이라도 개가 빠져나갈 수 있는 두 가지 방법이 있다. 우선 담장 위로 뛰어넘는 것이고, 또 하나는 담장 밑으로 나가는 것이다. 개들은 땅 파는 것을 아주 좋아하므로 밑을 완전히 막아놓아야 한다. 철망 담장이 특히 취약하므로, 그 밑에는 개가 뚫고 나갈

수 없는 튼튼한 받침대를 받쳐야 한다.

개가 집에서 도망치는 것을 막으려면 제대로 설비를 해놓는 것보다 관심과 주의를 기울이는 것이 더 중요하다. 잘 훈련받은 개라면 현관문을 활짝 열어놓더라도 불가피한 경우가 아니면 주인을 밀치고 달아나지 않을 것이다. 반면 훈련받지 않은 개는 도망치는 경우가 많다. 따라서 현관문을 열 때 개를 부엌에 가두는 요령을 터득해야 한다. 방문객이 찾아와서 초인종을 누를 때 개가 짖어대는 것을 막을 수는 없으므로 개를 이런 식으로 격리시켜야 한다. 개는 때때로 창문으로 빠져나가기도 한다. 집에 방충막을 치고 갇혀 지낼 작정이 아니면 항상 개를 지켜보는 데 소홀함이 없어야 한다.

○ 갓난아이에게 사용하는 것과 똑같은 장치를 강아지에게 쓰기도 한다.

○ 무더운 여름날에 창문을 닫아놓으면 자동차의 실내온도가 55℃까지 올라가므로 창문에 격자로 된 망을 설치한다.

자동차에 태울 때

개와 여행하는 것은 아주 기대되지만 때로는 악몽으로 끝나기도 한다. 강아지를 처음 훈련시킬 때 여행시 자동차 안에서 안전하고 얌전하게 있도록 가르치는 것이 필수다. 몸집이 작은 견종은 접이식 케이지에 넣어 가는 것이 좋다.

자동차 실내가 짐칸과 연결되어 있다면 안전장치로 중간 망을 치는 것이 현명하다. 중간 망은 개가 앞좌석으로 넘어오는 것을 막아줄 정도로 튼튼하고, 적당한 크기여야 한다.

행동 통제가 불가능한 개들은 자동차 안에서 사고를 치기 쉽다. 중간 망이나 케이지를 준비할 수 없으면, 강아지가 뒷좌석에 얌전히 앉아 있도록 절대로 앞좌석으로 기어 올라오지 못하게 가르쳐야 한다. 강아지는 부드럽지만 계속 저지하고, 앞좌석으로 달려들 때마다 따끔하게 야단치면 곧 하면 안 된다는 것을 깨닫는다. 이것은 "안 돼"라는 명령으로 효과를 볼 수 있는 훈련의 하나로,

○ 개가 전기가 흐르는 전선이나 코드를 물어뜯어놓으면 위험하다.

가끔 마음이 약해져서 좌석에 앉히게 되면 절대로 효과를 볼 수 없다. 뒷좌석 안전벨트에 고정하는 끈을 매주어도 얌전히 앉아 있게 할 수 있다.

자동차에만 타면 요란하게 짖어대는 개들이 있다. 이는 아주 위험할 뿐더러 운전자의 주의를 산만하게 하므로 버릇이 되기 전에 고쳐야 한다. 전문가의 조언도 필요하지만, 우선 목줄을 짧게 하여 개를 자동차 창문 아래 매어두는 방법이 있다. 짖지 말고 잠자코 있으라고 고함을 쳐도 아무 소용이 없다. 소리치면 틀림없이 개는 주인의 목소리보다 자신의 목소리가 들리게 하려고 이보다 두 배나 더 크게 짖을 것이다.

TIP 행동 길들이기

용서할 수 없는 행동을 했을 때 반응을 보이면 그것이 어떤 반응이든지 간에 개는 격려를 받았다고 생각한다. 따라서 이 때 보여야 하는 현명한 반응은 단 한 가지, 즉 전혀 알아챈 내색을 하지 않는 것이다.

○ ○ 주인이 아무리 주의를 기울여도 개가 달아나는 경우가 생긴다. 그러므로 목줄에 개의 신원을 적어놓은 개 이름표를 달아준다. 이 때 이름과 주소보다는 연락 가능한 전화번호를 꼭 적는다.

영양과 식사
Nutrition and Feeding

가정에서 사람이 먹는 재료로 만들어주거나, 먹다가 남은 음식을 개에게 주던 옛날식의 사료는 사라진 지 오래다. 오늘날에는 개의 종류와 크기, 영양상태에 따라 게다가 개의 입맛도 만족시킬 수 있도록 다양한 종류와 품질의 사료가 있다.

개의 영양적인 면은 복잡한 문제이지만, 한 가지 의문스러운 점은 여러분이 전문가들보다 개에게 필요한 영양에 대해 더 잘 알고 있는가이다. 영양학자들은 조직적으로 과학적 지식과 마케팅을 바탕으로 회사끼리 치열한 경쟁이 뒤따르는 엄청난 규모의 사료 산업을 키우고 있다.

오늘날 개의 입맛에 맞는 사료는 아주 중요하다. 그래서 사료를 임상 실험하고 개발하는 전문연구소에서는 개의 입맛에 딱 맞는 맛 좋은 사료를 내놓기 위해 많은 시간을 투자한다.

◑ 개에게는 영양가 있는 사료를 주는 것이 중요 하다.

사료의 종류

개는 육식동물이다. 입에서부터 창자까지 이어지는 소화기관은 고기를 소화 흡수할 수 있도록 되어 있다. 개는 이로 음식을 갈지 않고, 삼킬 수 있는 크기로 잘라서 먹는데, 덩어리를 위장에서 소화시킬 수 있기 때문이다.

개는 다른 동물들을 잡아먹는 동물에서 진화했을 것이다. 하지만 오늘날의 여우처럼 개도 항상 고기를 먹을 수는 없었을 것이다. 따라서 개는 채식 성분을 소화 흡수하면서 오늘날까지 살아남을 수 있었다. 그렇지만 고기를 한 점도 먹지 못할 경우에 개는 영양결핍증에 걸린다.

개나 인간에게 음식은 에너지 공급원으로 반드시 필요하다. 음식을 통해 몸을 움직일 수 있을 뿐만 아니라, 신체의 성장과 회복에 필요한 열량을 얻고 활동에 필요한 물질을 만들어낸다. 따라서 개가 먹는 음식에는 탄수화물과 지방, 그리고 단백질과 같은 주요 영양소를 골고루 포함해야 하는데, 이는 인간이 건강을 유지하기 위해 필요한 정도와 비슷하다. 개는 비타민과 무기질 같은 부영양소도 충분히 섭취해야 하는데, 이 경우는 인간에게 필요한 양과 크게 다르다.

사료는 크게 몇 가지 종류로 나눌 수 있다. 오랫동안 **습식사료**(moist diets)가 주종을 이루었는데, 이는 슈퍼에서 쉽게 고를 수 있는 통조림 식품이다.

그런데 지난 몇 년 사이에 이와는 다른 종류의 사료들이 시장을 파고들었다. 즉, **건조사료**(complete dry feeds)가 점점 더 인기를 끌고 있다. 이것은 그냥 개 밥그릇에 부어주면 될 정도로 간편하다. 그리고 손이 가더라도 사료를 좀더 부드럽고 촉촉하게 하기 위해 뜨거운 물을 부어주는 정도일 뿐이다.

반건조사료(semi-moist diets)는 이것만 먹일 경우 영양을 골고루 섭취할 수 없다. 이것은 개사료 시장에서 작지만 아주 중요한 자리를 차지하고 있는데, 시장점유율이 늘어나지 않는 것은 대개 먹이기 전에 몇 가지 준비해야 하는 번거로움 때문이다. 이 사료는 종류는 적지만, 영양의 균형을 위해 탄수화물 보조식품을 첨가하고 몇몇 종류의 비스킷까지 곁들여야 한다. 개에게 음식을 준비해주는 일은 주인에게 심리적으로 의미 있는 행위다. 즉, 개에게 무언가를 해주고 있다는 생각에 뿌듯함을 느낀다. 옛날에는 먹다 남은 음식에 고깃조각이나 고깃국물을 살짝 얹어주는 것으로 이런 만족감을 느꼈다. 그런데 요즘에는 음식물을 너무 많이 섞으면 영양면에서 문제를 일으킬 수 있다. 개를 배려하는 생각에 탄수화물 혼합물에 그치지 않고 고단백 사료까지 주다보면, 단백질 섭취량이 지나치게 많아져서 영양의 균형이 깨지기 쉽다. 그러나 대개 동물도 사람처럼 다양한 음식을 소화 흡수할 수 있으므로 보통은 문제가 생기지는 않는다. 하지만 신진대사에 문제가 있는 개라면

○ 건강한 개는 배고플 때 먹는다. 건강한데도 먹으려 들지 않는 것은 배가 고프지 않기 때문이다. 이런 경우에는 음식물을 치우고 음식 생각이 날 때까지 그대로 내버려 둔다.

영양소

주영양소
모든 동물에게 상당량이 필요한 영양소로, 그 종류는 다음과 같다.

탄수화물
신체의 에너지원이며, 남은 것은 체지방으로 바뀐다.

지방
가장 응축된 형태의 에너지로, 같은 분량일 때 탄수화물의 2배에 달하는 에너지를 낸다. 과다 섭취하는 경우에 체지방으로 전환된다.

단백질
신체를 구성하는 성분들을 제공하는 영양소이다.

부영양소
비타민과 무기질, 그리고 미량원소 등으로, 동물의 건강에 꼭 필요한 성분이지만 주영양소보다는 소량이 필요하다. 보통 아래와 같이 두 가지로 나뉜다.

지용성 비타민
비타민 A, D, E, K

수용성 비타민
비타민 B군과 비타민 C

◐ 개마다 밥그릇을 따로 마련해주어야 한다. 물론 사람의 심리처럼 개도 다른 개의 그릇에 담긴 음식이 더 맛있어 보이겠지만.

◐ 무거운 그릇에 담아주면 그릇이 미끄러지거나 움직이지 않기 때문에 먹기에 더 편하다.

상태를 악화시킬 수도 있다. 이런 말이 있다. "만사가 제대로 되지 않을 때는 원칙에 따르라." 개를 기를 때 기억해둘 만한 격언이다.

여러 가지 성분이 혼합된 요즘의 개 사료는 적정량의 부영양소를 함유하고 있는데, 비스킷과 고기를 섞여 먹였던 과거에는 이를 충분히 공급할 수 없는 경우가 많았다. 이것은 지금까지도 사료 보충제로 널리 광고하는 제품들이 그다지 필요하지 않다는 의미다. 가령 칼슘은 몇몇 사료에서 결핍되는 경우가 있었기 때문에 흔히들 뼛가루가 함유된 보충식품을 먹이라고 권장했었다. 하지만 오늘날에는 이런 보충식품들이 도리어 해를 끼치는 경우가 있다. 예를 들어 암캐가 새끼를 가졌을 때 칼슘보충제를 먹으면 몸에 해롭다.

특별사료(special diets)는 지난 10~15년 사이에 개발되었다. 이 사료에는 두 가지 종류가 있다. 우선 건강한 개, 즉 성장기에 많은 영양이 필요한 강아지에게 주는 사료가 있다. 활동량이 많은 개나 노쇠한 개에게도 이 특별사료가 필요하다. 그리고 다양한 질병을 앓는 개에게 주는 사료가 있다. 단백질의 종류와 양을 조절하는 콩팥사료(kidney diet)가 여기에 속한다. 아픈 개에게 주는 특별사료는 수의사의 엄격한 지시에 따라 정확한 분량을 주어야 하는데, 요즘에는 그와 관련해 전문교육을 받은 사람이 많다.

국내에서는 수의사의 지시에 따라 사용하는 다양한 처방사료를 동물병원에서만 구입할 수 있다.

◐ 통조림 사료는 일단 뚜껑을 따면 24시간 안에 다 먹어야 하고, 반드시 냉장 보관해야 한다. 뚜껑을 딴 깡통은 플라스틱 덮개로 덮어둔다. 개 전용 통조림 따개와 포크를 쓰도록 한다.

◐ 개는 뼈다귀를 매우 좋아하지만 수의사는 권하지 않는다. 뼈가 목에 걸려서 장폐색을 일으키거나 질식할 위험이 있기 때문이다. 아주 큰 뼈다귀라면 이런 위험이 적지만, 강아지에게는 절대로 뼛조각을 주면 안 된다.

사료의 조건

개는 적응할 줄 아는 존재다. 가령 탄수화물 섭취량이 부족할 경우에는 고기와 같은 단백질 식품을 에너지원으로 활용한다. 그렇지만, 비타민과 무기질을 비롯한 약 30가지 영양소를 최소량 공급해주어야 개가 건강을 지킬 수 있다. 오늘날의 사료와 집에서 만들어주는 음식들은 대부분 개에게 필요한 영양소를 적절하게 공급해준다.

개가 건강을 유지하기 위해서는 몇 가지 동물성 단백질이 필수적이다. 개에게 식물성 사료를 주는 방법도 있다. 하지만 흔히 개사료에 들어 있는 양만큼 동물성 단백질이 필요한 것은 아니더라도, 식물성 사료만 줄 때는 반드시 전문적인 지식이 있어야 한다.

개사료에 반드시 들어가야 할 지방도 몇 가지 있다. 이 지방들은 필수지방산을 공급하고 지용성 비타민을 운반하는 역할을 한다.

대부분의 사료에서 많은 양을 차지하는 것이 탄수화물이다. 시중에서 구할 수 있는 사료나 집에서 만든 음식에도 탄수화물의 양이 많다.

개가 먹는 사료에 주요 영양소가 골고루 들어 있고, 일반 사료와 비교해서 크게 다르지 않은 음식을 준다면 실제 식사량과 총 칼로리 공급량만 신경 쓰면 된다.

31p. 아래 표를 보면 비스킷만 주는

정육점에서 남은 고기 부스러기는 깡통에 든 것이든 생고기든 완전한 사료가 못 된다.

닭고기 통조림은 다른 음식과 곁들여서 영양 균형을 맞추어야 한다.

냉동 닭은 몸집이 작은 개에게 동물성 단백질을 저렴하게 공급할 수 있다.

시중에서 판매하는 통조림은 영양이 골고루 들어 있는 완전 사료일 수도 있고, 다른 성분을 보충해야 하는 종류도 있다.

집에서 여러 가지 음식을 섞어 주는 경우에 쌀은 손쉬운 탄수화물 공급원이다.

건조사료가 높은 인기를 끌고 있다.

반건조사료는 공기가 스며들지 않도록 반드시 밀봉해야 한다.

비스킷에 고깃국물을 얹은 전통적인 사료.

개에게 비스킷만 먹이면 영양이 부족해진다.

털 손질
Grooming

털을 청결하게 손질하면 두 가지 좋은 점이 있다. 첫째, 주인은 물론 다른 사람이 보기에도 좋고, 냄새가 나지 않으며, 호감을 준다는 것이다. 둘째, 다양한 털 손질 방법 중에서 어떤 방법으로 손질하느냐에 따라 개들 사회에서 서열이 결정되고 또 유지된다는 점이다.

매일매일 개의 털을 손질해주면서 주인은 부드러운 말투로 책임을 맡고 결정을 내리는 쪽이 자신임을 인식시켜야 한다. 또한, 털을 빗겨주는 동안 언제 몸을 앞으로 내미는지를 가르치고, 주인이 말하는 대로 따라야 한다는 것을 인식시키며, 털을 손질하는 동안에는 드러누워 있는 것이 아니라 반드시 서 있어야 한다는 것을 가르쳐야 한다. 개를 길들이는 데 이보다 더 중요한 훈련은 없다.

◑ 털 손질은 개와 주인이 서로 즐겁게 교감할 수 있는 시간이어야 한다.

손질 도구와
직접 손질하는 방법

털이 긴 장모종(long coat)을 키우는 대부분의 사람들이 털 손질을 좋아하는데 전문가 수준인 사람도 많다. 털을 손질할 때는 많은 시간과 정성이 필요하다. 예를 들어, 도그쇼에 나오는 푸들의 모습은 약 1주일 이상 열심히 손질한 결과이다. 털이 짧은 단모종(short coat)을 키우는 사람은 푸들처럼 털 손질하는 데 완벽하게 정성을 들이지는 않지만, 단모종이라도 피부와 털을 항상 깨끗하고 보기 좋게 유지하기 위해서 규칙적인 손질이 필요하다.

　개를 기르는 가정에는 털 손질에 필요한 도구를 갖추어야 한다. 털을 깎는 클리퍼(clipper)가 필요한데, 전동클리퍼는 손질 도구 중에서 가장 비쌀 것이다. 손질용 탁자는 형태에 따라 가격이 다른데, 손질하는 동안 개가 제멋대로 움직이지 않도록 하는데 꼭 필요하다고 느낀다면 마련하는 것이 좋다. 전문가용 클

○ 몇몇 견종은 털을 손질할 때 철제 빗이 꼭 필요하다. 하지만 이런 빗을 사용할 때는 개의 피부에 상처가 나지 않도록 조심해야 한다.

○ 전문적인 털 손질은 상당히 숙달된 기술이 필요할 뿐만 아니라, 모든 견종의 특징도 자세히 알고 있어야 한다. 그래야 견종에 맞는 털 손질을 할 수 있다.

리퍼는 털도 잘 깎이고 오래 쓸 수 있다. 하지만 성능이 좋을수록 가격도 비싸므로 적당한 선에서 골라야 한다. 클리퍼는 정기적으로 날을 갈아주거나 교체하는 것이 좋다. 털을 손질하는 도구를 마련하는 데 돈을 아끼면, 개가 불편해 할 수도 있고 결과 또한 만족스럽지 못한 경우가 많다.

　장모종을 키우는 브리더는 대개 직접 털 손질을 한다. 전문 브리더나 애견미용사에게 문의하면 적절한 도구를 권해주고, 초보자에게는 손질 요령까지 친절하게 알려줄 것이다. 하지만 도구가 아무리 좋아도 도그쇼에서 수상하기를 기대하는 것은 너무 성급한 생각이다.

　클리퍼 말고도 브러시와 빗이 필요하다. 여러 종류 중에서 브리더나 애견미용사의 조언에 따라 구입한다. 털이 강한 브러시는 복서(Boxer)와 같은 털을 마사지하고 빠진 털을 제거하는 데는 적당하지만, 아프간 하운드(Afghan Hound)의 비단결처럼 부드러운 털에는 적합하지 않다. 한편 털이 짧은 견종에

게 빗은 아무 소용이 없다.

몇몇 장모종의 경우에 털 손질을 포기하는 사람들이 많다. 개는 사랑하지만 털을 정기적으로 손질하는 것은 싫어하면, 그 결과 털이 엉켜버려서 나중에는 할 수 없이 가위로 털을 잘라내야 한다. 긴 털이 근사하게 다듬어진 개를 보고 자신의 개도 직접 손질하고 싶어서 막상 해봤다가 엄두가 안 나는 경우도 털을 모두 잘라버릴 수밖에 없다. 이 때는 전문가에게 손질을 맡겨야 한다.

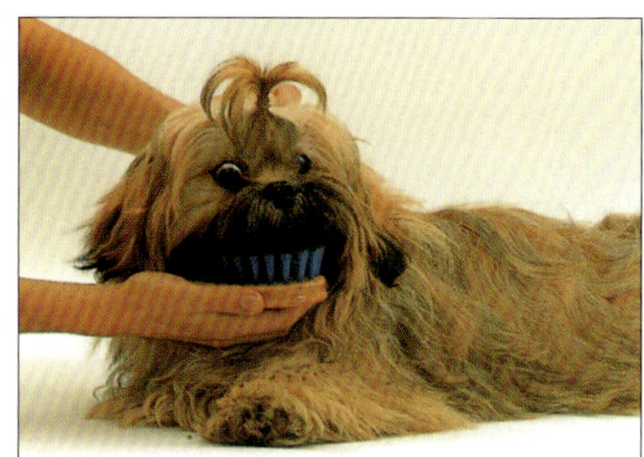

1 이 시추는 아프간 하운드와 마찬가지로 털을 세심하게 오랫동안 손질해야 한다.

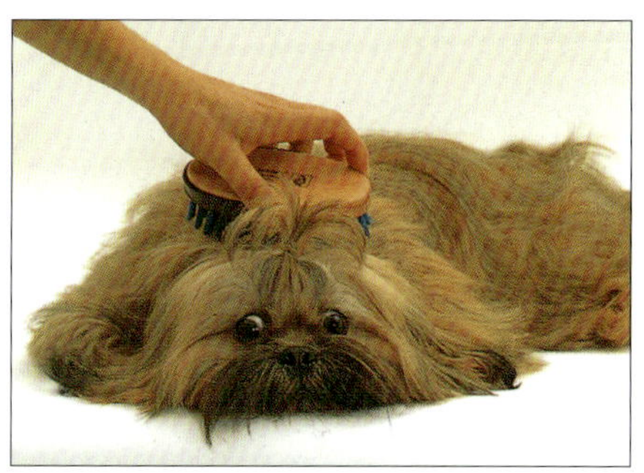

2 털 손질은 엉킨 털을 풀기 위해 부드럽게 브러싱부터 시작한다.

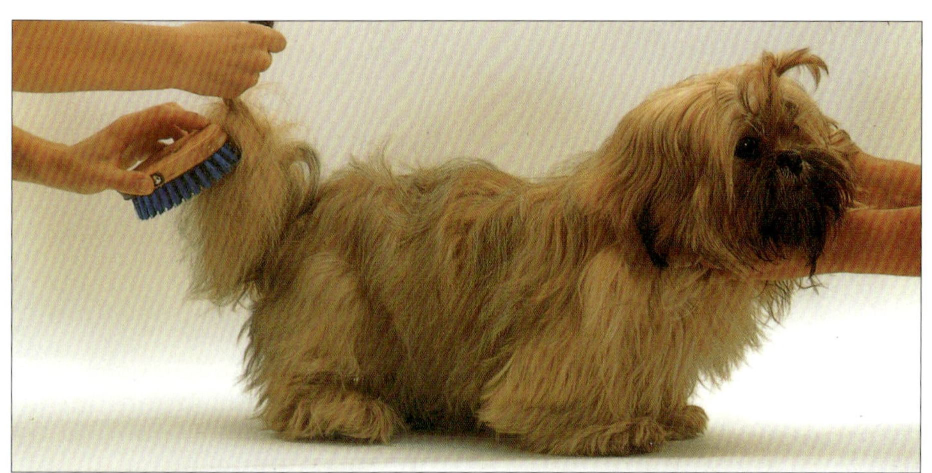

3 ✪ 몸 구석구석을 꼼꼼하게 브러싱한다. 다리와 꼬리 부분도 빠뜨리지 않는다.

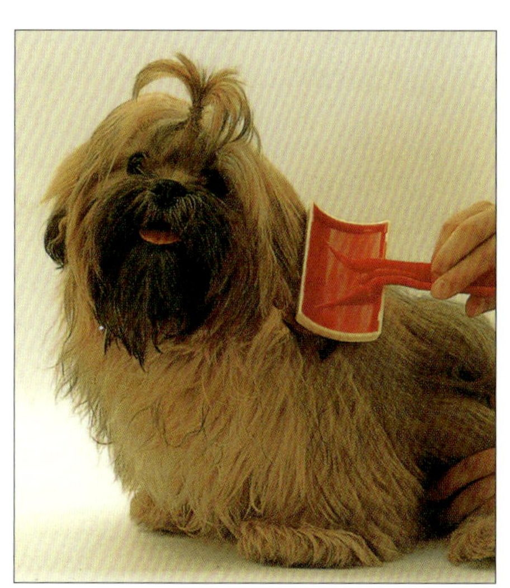

4 마지막으로 털을 가지런히 빗겨준다.

5 ✪ 손질이 끝나 예쁘게 꾸민 시추의 모습. 그런데 이 멋진 상태로 얼마나 오래 갈까?

털 종류에 따른 손질 방법

단모종은 다른 견종에 비해 손이 많이 가지 않고, 대부분 전문가의 관리도 전혀 필요하지 않다. 다만, 늘 털갈이를 한다는 것이 단점이다. 단모종 중 털이 하얀 불 테리어 애호가들은 색상과 종류에 상관없이 털이 붙어 있지 않은 옷이 없을 정도라고 말한다.

이런 단모종도 날마다 털을 손질해주면 한결 낫다. 뻣뻣하고 촘촘한 브러시로 하는데, 브러시가 거칠면 안 된다. 손질 시간은 약 10분 정도이다. 브러시가 눈을 건드리지 않도록 조심하면서 몸 구석구석을 골고루 브러싱한다.

털이 억센 **강모종**(rough coat)은 단모종보다 털 손질에 좀더 신경써야 한다. 단모종만큼은 털갈이를 하지 않지만, 일부 강모종은 약 6개월에 1회씩 털이 빠지는데 이것을 실질적인 털갈이로 볼 수 있다. 빠진 털은 엉킨 털뭉치 속에 파고 들어가 보이지 않는데, 털갈이를 안 하는 기간에 정기적으로 손질해야 한다.

규칙적으로 매일 브러싱과 빗질을 하면 털이 엉키거나 뭉치지 않는다. 털이 뻣뻣한 브러시나 빗이 아주 좋은데, 겉만 스치듯 건성으로 하면 별 효과가 없으므로 반드시 털 깊숙이까지 꼼꼼하게 빗겨야 한다. 강모종 중 몇몇 종류는 가끔 전문적으로 털 손질을 받아야 한다. 도그쇼에 나갈 계획이면 더욱 그렇다. 유명한 쇼에서 멋진 털을 뽐내는 개라면 틀림없이 주인이 헌신적으로 몇 시간 동안 공들인 것이 분명하다.

털이 매끄럽고 부드러운 **견모종**(silky coat, 코커 스패니얼·아이리시 세터가 여기에 속한다) 역시 세심한 손질이 필요하다. 특히, 털이 풍성하게 자라는 견종은 정기적으로 다듬어주어야 한다.

장모종은 특히 전문가의 손질이 필요하다. 크기와 관계없이 모든 푸들 종류와 올드 잉글리시 십도그, 그리고 털

단모종 Short Coat

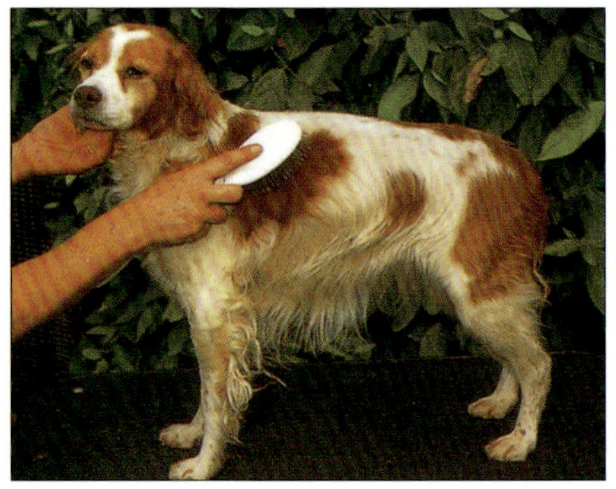

1 짧고 뻣뻣한 브러시는 브리타니의 털을 깨끗하게 손질하는 데 사용한다.

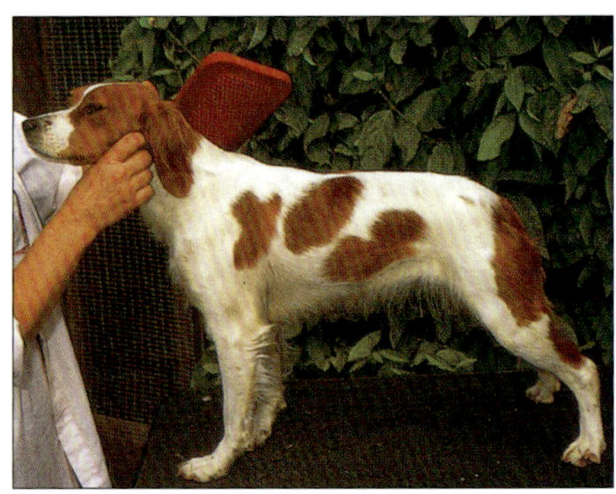

2 손이 많이 가지 않는 단모종은 뻣뻣한 장갑 브러시로 털을 쉽게 손질할 수 있다.

강모종 Rough Coat

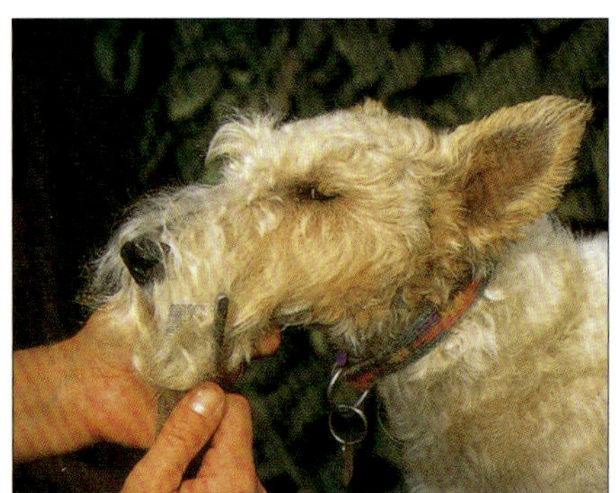

1 강모종인 테리어 종류는 생각보다 많은 손질이 필요하다.

2 규칙적으로 매일 브러싱해줘야 한다. 이 개는 전문가의 손질을 받을 때가 되었다.

견모종 Silky Coat

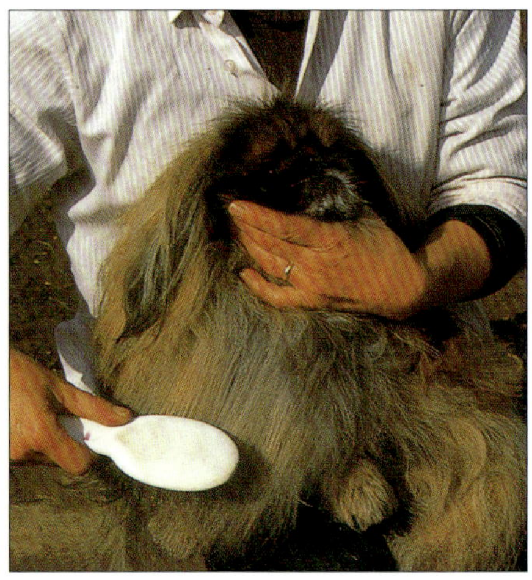

1 견모종의 털은 많은 손질이 필요하다. 하지만 절대로 클리퍼로 자르면 안 된다.

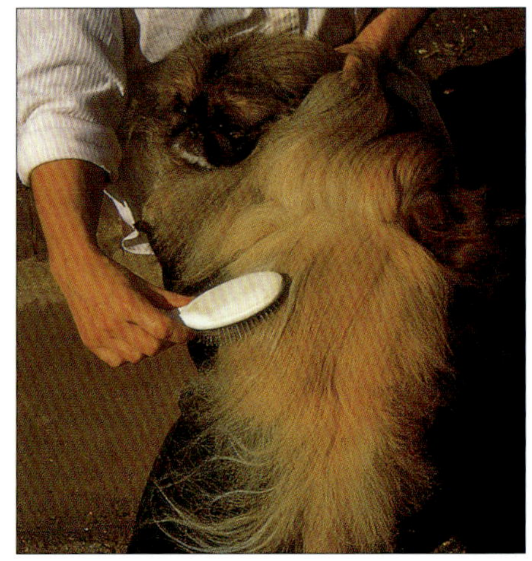

2 너무 뻣뻣하지 않은 브러시로 매일 털 깊숙이까지 제대로 브러싱해야 한다.

● 도그쇼에 나가도 손색이 없을 만큼 '사자 스타일(lion trim)'로 완벽하게 손질한 스탠더드 푸들.

푸들의 트리밍(trimming)

일반적으로 푸들은 털 손질이 잘 되어 있는 개라고 생각한다. 앞으로 푸들을 키우려고 마음먹은 사람은 털 손질에 대해 잘 알고 있다. 즉, 매일 손질하는 것은 물론, 1달에 1번씩 애견전문 미용숍에 데려갈 각오를 하고 이 개를 선택하는 것이다.

예전에 사냥하기에 편하도록(푸들은 원래 조렵견) 털을 깎았던 것처럼 지나치게 깎고 다듬을 필요는 없다. 평생 동안 강아지 때 털을 깎았던 것처럼 즉, 도그쇼에 나가는 개처럼 장식적으로 꾸며서 깎을 필요가 없다. 좀더 피부에 가깝게 구석구석 바싹 깎으면 된다. 많은 사람들이 푸들은 쇼에 어울린다는 선입견을 갖고 있다. 쇼에 나가는 개처럼 손질할 필요는 없지만, 날마다 손질이 필요한 건 사실이다. 그리고 그 형태를 유지하기 위해 정기적으로 전문가의 관리를 받아야 한다. 그대로 방치하면 털이 금방 엉망이 된다.

● 올드 잉글리시 십도그처럼 털 손질이 어려운 견종도 없다.

따라서 날마다 손질을 해줘야 하는 개를 키우고 싶다면 많은 시간을 개에게 투자해도 괜찮은지를 먼저 생각해봐야 한다. 또 결정을 내리기 전에 브리더를 찾아가서 자신이 원하는 개를 키우려면 개한테 어떤 일을 해주어야 하는지 알아보는 것이 중요하다.

손재주가 좋은 사람은 대부분 직접 털 손질을 한다. 하지만 일반적인 사람이 정기적으로 털 손질이 필요한 견종을 골랐다면, 강아지를 데려오자마자 근처 애견미용숍을 찾아보는 것이 현명하다. 애견전문 미용사는 매일하는 털 손질과 언제 털을 다듬어야 할지를 알려줄 것이다.

을 다듬어야 하는 테리어 종류가 해당된다.

따라서 장모종을 선택할 때는 4주마다 정기적으로 전문가에게 털 손질을 맡겨야 하는 수고와 비용을 먼저 생각해봐야 한다. 이것은 장모종을 키우려는 사람들이 지나쳐버리기 쉬운 사항이다. 그래서 보는 사람에게 불쾌감을 주지 않으려고 올드 잉글리시 십도그의 털을 맨살이 훤히 보이게 깎아놓는 슬픈 결과가 생기기도 한다. 털 손질을 근사하게 한 개가 TV 광고에 나오는 걸 보면 가족 모두 "저런 개를 갖고 싶어"라고 소리를 지른다. 하지만 정작 그 중에 새로 키우는 개를 깨끗하게 씻기고 브러싱해주고 빗질해줄 마음이나 시간이 있는 사람은 없다. 개에 대한 호기심이 시들해지면 더욱 그렇다.

● 아프간 하운드의 털은 길고 결이 아주 곱고 가늘다. 털을 제대로 관리하려면 조심스럽게 꼼꼼하게 손질해야 한다.

목욕

온대기후의 사람들은 대체로 개를 목욕시키는 일을 내키지 않아 한다. 목욕을 시키면 부정을 탄다는 식의 온갖 불길한 미신을 믿기 때문이다. 이런 생각은 중세시대 사람들이 몸을 닦는 데 가졌던 금기와 맥락을 같이한다.

개 중에는 굳이 목욕시킬 필요가 없는 견종도 있다. 털이 짧고, 먼지나 때가 묻었을 때 몸을 흔들어서 털어버리는 개들이 여기에 속한다. 그러나 그렇게 해도 여전히 냄새는 사라지지 않고 배어 있다.

사실 규칙적으로 목욕을 시켜서 나쁜 결과가 생기는 견종은 거의 없다. 브리더 중에는 개의 털 상태가 나빠지는 이유를 목욕과 연관시키는 사람도 있다. "새 주인이 강아지를 너무 자주 목욕시켰거나 손질을 많이 했다"고 나쁜 털 상태에 대해 손쉬운 변명을 하기도 한다.

목욕시키는 장소

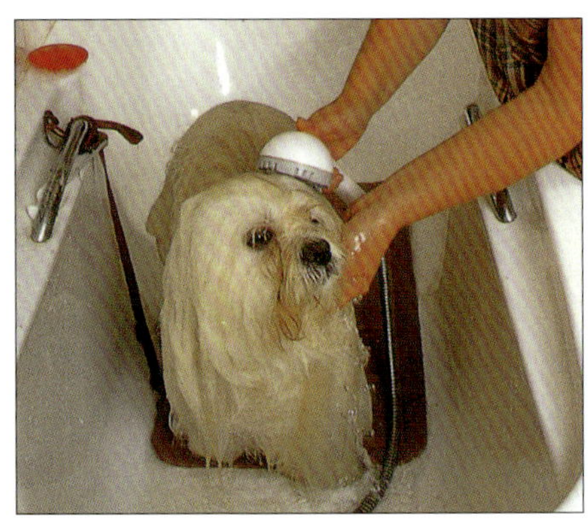

1 일찍 습관을 들이면 목욕시키기가 좀더 쉬워진다. 하지만 목욕을 좋아하는 개는 사실 찾아보기 어렵다.

2 몸집이 작은 견종은 이중 배수시설이 되어 있는 세면대가 적당하지만, 덩치가 큰 견종은 가족들이 쓰는 욕조를 이용할 수밖에 없다.

❂ 대부분의 개는 발톱을 정기적으로 깎아주어야 한다. 이 때 자신이 없으면 전문가에게 맡기는 게 안전하다. 직접 손질하다가 손톱깎이로 발톱 밑의 속살을 찌르기라도 하면 개를 달래서 발톱을 깎는 것이 영영 불가능해질지도 모른다.

이들의 주장에 따르면 몇몇 견종은 절대로 목욕을 해서는 안 된다. 바로 이런 개들이 수술을 받기 위해 병원에 데려갔을 때 수의사들이 냄새 때문에 괴로워 코를 막는 바로 그런 개들이다.

열대나 아열대기후의 개들은 반드시 1주일에 1번씩은 목욕해야 한다. 이렇게 규칙적으로 목욕을 하면 진드기 때문에 생기는 질병을 피할 수 있다. 또한 도그쇼에 출전한 이 기후지역의 개들이 털 상태가 나쁘다는 증거는 찾아볼 수 없다.

개를 목욕시킬 때 사용하는 샴푸는 3가지가 있다. 약물 효과가 직접적인 샴푸와 기생충을 예방하는 샴푸, 그리고 수의사가 추천하는 샴푸 등이다. 특히 수의사가 추천하는 샴푸는 개의 피부 상태에 따라 처방한 것이다. 알레르기에 민감한 개라면 이런 샴푸를 써서 상태가 악화될 수도 있지만 그런 경우는 드물다. 믿을 수 있는 회사에서 만든 샴푸라면 이런 문제는 거의 일어나지 않는다.

목욕시키는 요령

1 아주 작은 개는 세숫대야가 좋은데, 세숫대야 를 엎어서 물이 튈 염려가 있으므로 목욕시킬 때 방수복을 입는 것도 좋다.

2 개를 문질러 닦아서 반쯤 말리면, 개가 물에 서 나오자마자 몸을 마구 흔들어서 사방에 물 이 튀기는 것을 막을 수 있다.

3 몸을 빨리 제대로 흔들어야만 털이 완전히 마 른다.

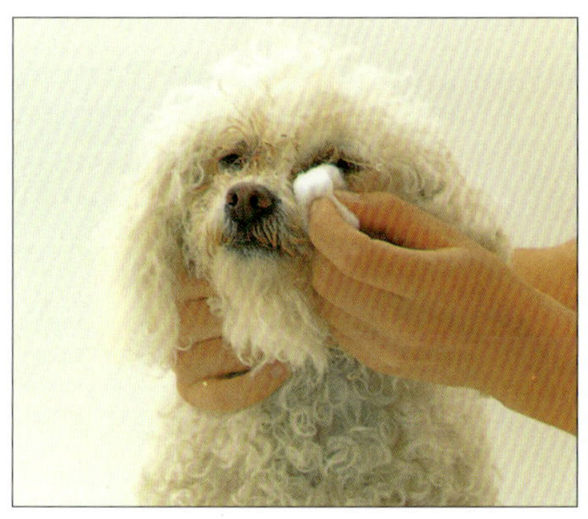

4 목욕시킬 때 개의 눈에 물이 들어가지 않도록 주의한다. 목욕이 끝나면 눈가를 말끔히 닦아 준다.

5 털이 너무 젖지 않고 약간 젖은 상태에서 브러 싱을 해야 엉킨 털을 가지런히 정돈하기 쉽다.

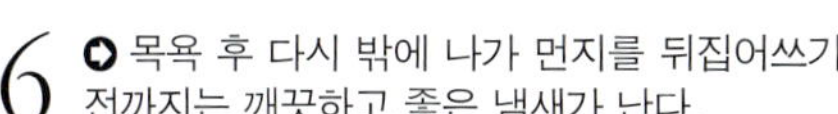

6 ❂ 목욕 후 다시 밖에 나가 먼지를 뒤집어쓰기 전까지는 깨끗하고 좋은 냄새가 난다.

번식
Breeding

사람들이 무분별하게 번식시킨 개들이 지금 수많은 보호시설에 넘친다. 따라서 번식을 결정할 때에는 버려진 개들의 더 수를 늘리는 잘못된 행동은 아닌지 심사숙고한 뒤 번식 여부를 결정해야 한다. 일단 새끼를 낳겠다고 결정했으면, 이것은 매우 보람이 있는 경험이 될 것이다.

절대로 새끼를 분양해 돈을 벌겠다는 기대로 이런 결정을 내려서는 안 된다. 기대대로 되는 일은 거의 없기 때문이다. 분양하지 못한 채 생후 12주가 지난 식욕이 왕성한 강아지 8마리를 감당해야 할 상황을 상상해보자. 얼마나 끔찍하겠는가! 잘못된 판단으로 번식시키는 경우가 너무 많으므로 주의해야 한다.

● 키우는 개가 새끼를 낳는 것은 보람 있는 일이다. 하지만 힘든 일이므로 절대 가볍게 생각해서는 안 된다.

번식 여부의 결정

우선 교배종의 수캐나 암캐가 자신과 똑같이 생긴 새끼를 낳을 거라는 기대가 부질없다는 것을 알아야 한다. 여러분의 개를 보고 친구들이 '저 개와 똑같은 새끼'를 갖고 싶다고 해서 번식시키지만, 새끼 중에서 단 한 마리라도 어미를 똑같이 닮은 새끼가 태어날 가능성은 아주 희박하다.

교배종은 나름대로의 번식 이유 때문에 순종견보다 훨씬 다양한 유전자 풀(genetic pool, 어떤 생물집단 속에 포함되는 유전정보의 총량)을 보인다. 부모견의 유전적 특성 가운데 어떤 것을 선택하느냐는 순전히 우연적인 것이므로, 강아지의 특징도 매우 다양하게 나타난다. 같이 태어난 강아지들끼리의 차이만큼, 부모견과 그의 새끼들 또한 많이 다르다.

조상견 중에 혼혈이 있는 개를 번식시킬 경우에 그 새끼는 여러분의 친구들이 기대했던 부모견의 모습과는 아주 다르기 때문에 여러분의 친구들은 분양 받는 것을 포기하고 말 것이다.

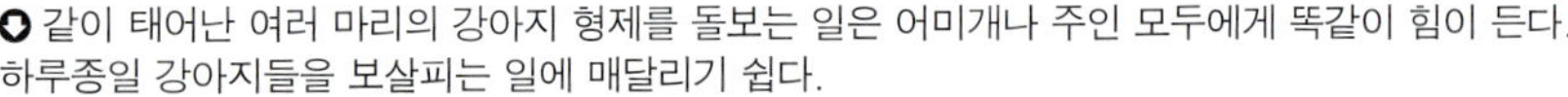

이런 일이 일어나는 게 교배종에만 한정되지는 않는다. 순종견 역시 주위 사람들이 부모견과 똑같이 생긴 강아지를 원한다는 이유로 번식시킬 경우가 많다. 암캐가 발정해서 짝짓기까지는 약 2주일이 걸린다. 그리고 새끼를 낳을 때까지 다시 9주일이 걸리고, 이 강아지들이 새 주인한테 분양될 정도로 자라기까지 8주일이 더 걸린다. 그러므로 친구들이 강아지를 분양 받겠다고 약속한 후 19주가 지나야 분양할 수 있다. 그런데 이렇게 4개월이 지나면 강아지를 갖고 싶은 열망도 시들해지고 친구들의 상황도 달라지기 마련이다. 아니면 강아지를 갖고 싶은 나머지 이미 다른 곳에서 분양 받기 쉽다. 이런 태도가 너무 부정적이라고 생각한다면 친구들에게 조금이라도 강아지 분양계약금을 걸어놓으라고 제안해보라.

하지만 이런 우려에도 불구하고 번식을 해야만 할 합리적이고 마땅한 이유가 분명히 있다.

부모견 중 한쪽이 순종으로서, 우수한 작업견 혈통을 이어받아 그 분야에 능력이 뛰어난 개이거나, 전문 브리더들이 교배를 추천할 만큼 훌륭한 도그쇼 견종이어야 한다. 쇼에 얼마만큼 자질을 보이는지 판단하려면 직접 쇼를 관람시킨다.

이런 조건에 맞는 개여도 강아지들이 태어났을 때 여러분이 직접 키울 가능성이 없거나, 부득이하게 강아지를 맞

○ 같이 태어난 여러 마리의 강아지 형제를 돌보는 일은 어미개나 주인 모두에게 똑같이 힘이 든다. 하루종일 강아지들을 보살피는 일에 매달리기 쉽다.

○ 스탠더드 슈나우저는 슈나우저 종류 중 중간 크기로, 영어권 국가에서는 그리 흔한 견종이 아니다. 하지만 키우는 즐거움은 크다.

○ 에어데일 테리어는 유행이 지난 견종이라고 생각하는 사람들이 많다. 테리어 종류 중에서는 버릇이 덜 나쁜 편이지만, 테리어의 전형적인 기질을 갖고 있다.

○ 건강한 강아지는 주위를 뛰어다닐 정도로 자라서 여기저기 돌아다니며 말썽을 부리기 시작한다.

지 않는 다른 가정으로 보내야만 하는 나쁜 상황일 경우에는 교배를 삼간다. 이름이 알려진 전문 브리더는 절대로 이런 일을 하지 않는다. 순종 강아지를 분양 받는 사람은 부모견 모두가 훌륭한 견종임을 입증한 최상급 강아지를 원한

다는 것을 명심해야 한다.

한 배에서 태어난 강아지들을 보는 것은 매우 흥미롭다. 하지만 7~8주가 지나면 그 재미의 대가가 값비싸다는 것을 느낄 만큼 일거리가 벅차진다. 그레이트 데인의 혈통이 섞였음을 서서히 나

타내기 시작하는 6~14주의 교배종 강아지들을 키우게 되면 듣는 것처럼 강아지 키우는 일이 즐겁지 않다는 것을 절실하게 느낄 것이다.

기르는 개가 수캐든 암캐든 상황은 마찬가지다. 여러분의 이웃의 암캐와 교미했다면, 책임은 똑같지 않더라도 새끼들에 대해서는 공동책임을 져야 한다.

새끼를 낳으면 수캐가 한곳에 정착한다는 통념은 전혀 사실이 아니다. 또한 암캐에게는 새끼가 필요하다는 생각 역시 전혀 사실이 아니다. 이 두 가지 말을 뒷받침해줄 수 있는 어떤 의학적 근거도 없다. 오히려 수캐는 이런 통념과 정반대라는 편이 맞을 것이다.

○ 임신한 암캐는 특별히 관리와 영양 공급에 신경써야 한다. 하지만 새끼를 낳을 때까지 규칙적인 운동이 필요하다.

○ 강아지들이 지내는 상자 안의 청결상태는 모두들 '개답다' 고들 한다.

적당한 짝 고르기

종견

종견, 즉 번식견은 언제나 최고 수준의 개 중에서 선택한다. 최고라는 말이 단지 인기가 좋은 것을 의미할지도 모르지만, 인기가 높다는 말은 작업견(working dog)으로서나 쇼독(show dog)으로서 관심을 끌 만큼 충분한 장점이 있음을 의미한다.

누군가가 기르는 애완견을 종견으로 쓰는 경우는 드물다. 하지만 주위에서 종견으로 해달라고 열성적으로 요청하면, 교배시키기에 앞서 그 견종에 대해 잘 아는 전문 브리더에게 조언을 구해야 한다. 교배시키기는 상당히 숙달된 기술이 필요하기 때문이며, 이 기술을 배우고 싶다면 전문가에게 견습생으로 배우는 것도 괜찮다.

보다 훌륭한 종견, 즉 인기 높은 개일수록 교배비용이 비싸다. 참고로 강아지 1마리를 분양 받는 비용보다 조금 덜

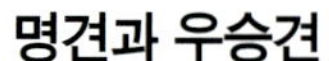

이 멋진 러프 콜리가 종견으로 이상적이다.

든다. 새끼가 태어나면 종견 소유자가 원하는 강아지를 고를 수 있도록 합의하는 경우도 있다. 이것은 종견 소유자가 태어난 한 배의 새끼 중에서 가장 훌륭하다고 생각하는 강아지를 골라 가질 수 있는 권리를 의미한다. 이것은 종견을 제공하는 비용을 대신하거나 비용을 깎아주는 것을 감안한 것이다.

그러나 암캐의 짝짓기 상대로 가장 인기 있는 수컷을 선택할 필요가 없을 뿐더러 바람직하지도 않다. 경험 많은 브리더에게 문의하면 암캐의 외모와 혈통을 기준으로 어떤 수캐가 적절한지를 조언해줄 것이다. 개를 기르는 사람들 중에는 혈통을 중시하는 사람도 있지만, 암수가 서로 잘 어울리는지를 먼저 생각하는 사람도 있다. 견종에 대해 공부한 후에 사육장을 방문하여 이상적으로 생각하는 개와 가장 잘 맞는 개를 고른다.

명견과 우승견

영국에서 혈통 있는 개를 등록하는 일은 영국애견협회(The Kennel Club of Great Britain)에서 전담하고 있다. 나라마다 이처럼 견종별 표준형과 특성을 명시하는 일을 담당하는 국립애견협회가 있다. 미국애견협회(The American Kennel Club)는 미국 유일의 등록 관할 단체는 아니지만, 영국애견협회나 호주애견관리국(Australian National Kennel Council)이 속해 있는 세계애견연맹(FCI)과 같은 업무를 담당한다.

세계 각국의 애견협회는 상호 협력 관계를 맺고 있어서, 한 나라에 등록된 개가 다른 나라에 수출되면 그 나라에서 재등록이 가능하다. 공식혈통서는 애견협회에 등록된 모든 순종견을 판단하는 세세한 항목들을 근거로 만들어진다. 부모견이 애견협회에 등록되어 있지 않으면 그 자손들도 자동적으로 등록될 수 없는데, 예외의 경우도 있다. 혈통서는 최소한 4대에 걸친 혈통을 기록하는데, 일부 전문 브리더들은 이보다 훨씬 더 오랜 기록을 담은 혈통서를 제시하기도 한다.

나라마다 도그쇼의 챔피언 타이틀을 수여하는 기준이 다르다. 영국에서는 쇼독과 작업견에게 챔피언 타이틀을 주는데, 이 두 가지 타이틀을 모두 차지한 개도 있다.

영국에서 챔피언십 우승견이 되려면 각각 다른 심판에게서 3종류의 도전

복서는 영국에서 매우 인기가 높다. 암캐에 어울리는 복서 수컷을 찾기란 어렵지 않다.

● 개를 번식시킬 생각이라면 혈통서와 교배 기록을 주의 깊게 살펴봐야 한다.

● 또 다른 인기 견종인 케언 테리어.

● 처음에는 소박한 생각으로 번식시키지만, 이 요크셔 테리어처럼 챔피언을 차지하는 성공을 거둘 수도 있다.

인가증(Challenge Certificate)을 받아야 한다. 이 중 하나는 개가 생후 12개월이 지난 다음에 딴 것이어야 한다. 도전인 가증은 견종별로 가장 우수한 수캐와 암캐에게 수여된다. 도전인가증이란 명칭은 심판이 각 부문(class)에서 한번도 탈락한 적이 없는 개들을 초청하여 오픈 클래스의 우승견에게 공개적으로 도전할 수 있는 기회를 준 것에서 비롯되었다.

　호주는 영국과 체제가 똑같지만, 미국 챔피언십은 점수제인 것이 다르다. 견종·복종성·사냥 실기테스트·양몰이시합 등 분야별 획득점수를 기준으로 수상이 결정된다.

　작업견 챔피언은 작업능력(워킹 트라이얼) 테스트의 성적으로 결정된다.

올바른 강아지 분양법

태어난 강아지를 분양할 생각이 없다면 암캐를 교배시키는 것은 무의미하다. 강아지가 태어난 후 틀림없이 분양 받겠다고 약속한 게 아니라면 강아지를 좋아하는 사람들의 마음에 드는 새끼를 낳게 하는 것이 가장 유리하다. 여러분의 암캐를 분양한 사람에게 이와 관련해 도움을 받을 수 있을 것이다. 대개의 견종에서 좋은 강아지는 비싼 가격을 받을 수 있다. 이름 있는 브리더에게는 언제 어디서 강아지를 낳는지에 대한 문의가 정기적으로 들어온다. 여러분의 암캐를 분양한 브리더라면 기꺼이 분양 받기를 원하는 사람들을 소개해주고, 그들에게 암캐의 견종에 대해서 자세히 설명해줄 것이다.

● 생후 3주가 된 강아지들은 보고만 있어도 기분이 좋다. 하지만 이 강아지 한 쌍도 1주일만 지나면 말썽꾸러기로 변해버린다.

● 같이 어울려 노는 것은 강아지의 학습과정에서 아주 중요한 부분이다.

짝짓기

발정기

수캐는 생후 6개월이면 성적으로 성숙해진다. 이 시기가 지나면 성적인 행위가 주기적으로 나타나는 게 아니어서 언제 어디서나 짝짓기를 할 수 있는 상태가 된다.

암캐는 대개 생후 9개월이면 처음으로 발정하고 그 이후에 6개월마다 일정하게 발정기가 온다. 첫 발정이 좀 빨리 와서 생후 6개월에 나타나거나, 만 1살이 넘을 때까지 오지 않더라도 전혀 이상이 있는 것이 아니다. 마찬가지로 발정 주기가 6개월 이상이더라도 걱정하지 않아도 된다. 그러나 발정 주기가 6개월보다 짧고 불규칙하다면 무언가 이상이 있는 것이다. 이럴 때는 수의사에게 검진을 받아야 한다.

암캐의 발정기는 약 3주일간 지속된다. 발정기의 암캐는 외음부가 조금 부풀어오르고, 얼마 지나지 않아 피가 섞인 분비물이 나온다. 처음 발정이 시작될 때는 보통 이 분비물에 피가 많이 섞여 있지만, 10일쯤 지나면 점점 색이 희미해진다.

발정기의 징후가 처음 보일 때 서둘러 짝짓기를 시도해서도 안 되지만, 암캐 스스로도 발정기 중반까지는 수컷을 받아들이지 않는다. 이 때가 발정기가 시작된 지 10일 정도 지난 시기로, 암캐의 몸이 임신할 수 있게 변화한다.

사람들은 대개 발정기 때 암캐에게서 나는 냄새를 알아채지 못한다. 그러나 수캐는 상당히 멀리 떨어진 곳에서도 그 냄새를 맡을 수 있기 때문에, 가까이에 수캐가 살지 않는다고 해서 여러분의

암캐가 짝짓기를 할 수 없을 것이라고 생각하면 잘못이다.

또한 남매이기 때문에 암캐와 수캐가 같이 지내면서 수컷이 암컷에게 관심을 보이지 않을 것이라고 생각한다면 이 역시 틀린 생각이다.

짝짓기와 임신

암캐가 발정기의 첫 징후를 보이고 나서 12일 정도 지났을 때 진짜 발정을 한다. 이 때부터 암컷은 교미하려고 접근하는 수캐를 받아들인다. 그리고 이 때부터 5~7일 사이가 임신가능 기간으로, 난자가 자궁으로 들어가는 배란이 이루어진다. 배란 시점은 일정하지 않지만, 암캐의 수태 가능한 기간을 가장 잘 판단하는 것이 바로 암캐와 수캐다. 물론 암캐

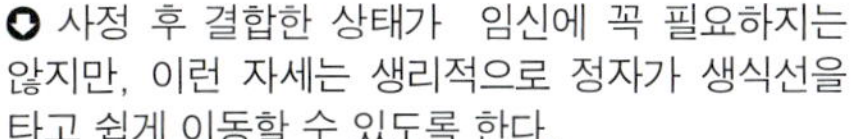

◆ 암캐의 배란기에 짝짓기가 이루어진다. 사정은 빨리 이루어진다. 사정 후 결합이 임신을 위해 꼭 필요하지는 않다.

◆ 사정 후 결합한 상태가 임신에 꼭 필요하지는 않지만, 이런 자세는 생리적으로 정자가 생식선을 타고 쉽게 이동할 수 있도록 한다.

가 임신에 실패했을 때는 임상결과를 토대로 배란시기를 적절하게 조정할 수 있다.

교미 시간은 길어질 수도 있다. 일단 수캐가 사정한 후에도 암컷은 수컷의 성기를 질 근육으로 단단히 조인 채 그 상태를 유지한다. 이 시간은 약 20분간 지속된다. 수캐가 암캐의 등에서 내려와서 고개를 다른 방향으로 돌리기도 하지만, 둘은 여전히 결합한 채로 서 있다. 이렇게 결합해 있는 자세가 임신을 성공시키는 데 필수적인 것은 아니지만, 모든 브리더들은 이렇게 있는 것을 선호한다.

교미한 후로 약 63일간이 임신기간이다. 짧게는 60일에서 길게는 67일까지 달라질 수 있지만 모두 정상이다. 하지만 이 기간을 벗어날 경우에는 반드시 수의사를 찾아가 검사를 받아야 한다. 정상적인 임신기간에서 벗어난다고 해서 반드시 문제가 있는 것은 아니며, 단순히 정상과 좀 다른 경우일 수도 있다.

암캐는 신체적으로 완전히 성숙하기 전까지는 교배시키면 안 된다. 첫 출산에 이상적인 나이는 만 2살 이후다.

◆ 임신 중인 암캐는 임신기간 동안 지속적으로 운동해야 한다. 암캐는 임신기간 동안 점점 더 차분해지는 경향이 있다.

◆ 적어도 분만 1주일 전에 암캐에게 분만 자리를 보여주어야 한다. 분만을 앞두고 주변 환경에 익숙해질 수 있는 시간적 여유를 주기 위해서다.

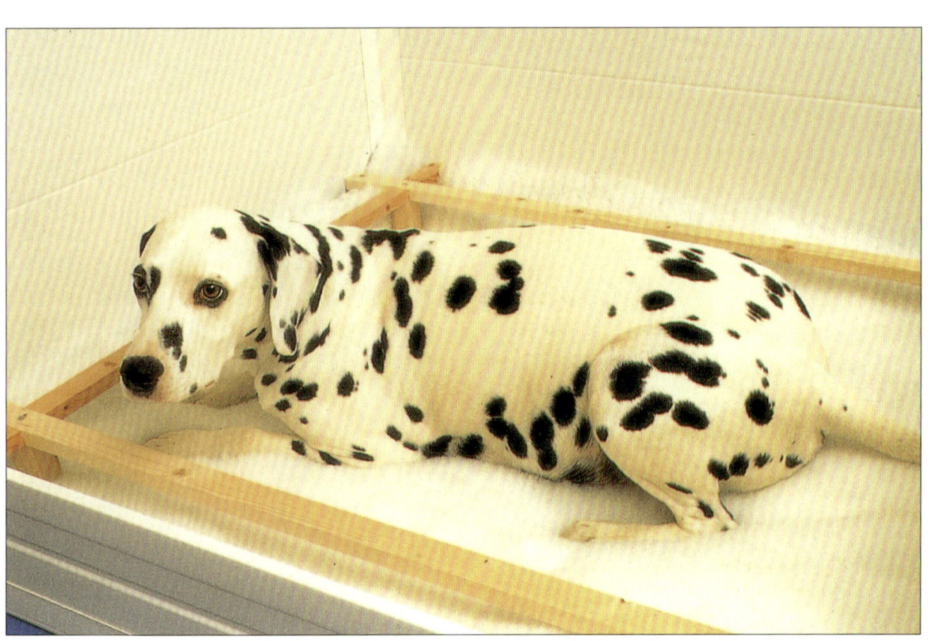

분만

분만은 자연스럽게 이루어지므로 보통 사람의 도움이 전혀 필요하지 않다. 그러나 대개는 필요하기도 전에 사람이 끼어드는 경우가 많다.

분만에 대한 준비로 먼저 수의사에게 미리 분만 예정에 대해 알린다. 수의사가 직접 분만예정일을 확인해줄 수도 있지만, 진료 일정표에 예정일을 표시해 놓도록 부탁하는 것이 안전하다.

또 분만 장소를 미리 알아보고, 어미 견이 그곳을 마음에 들어하는지도 꼭 확인한다. 분만 1~2주일 전에 특별히 마더들이 적당하다고 보여주는 상자들은 대부분 어미견이 새끼들을 깔아뭉개지 못하도록 가장자리에 울타리를 쳐놓았다. 새끼를 다루는 요령이 상당히 서툰 어미견이 종종 있기 때문이다. 강아지를 낳고 나면 주변이 많이 지저분해지므로 분만상자에 깔 침구는 한 번 쓰고 버리는 것이어야 한다. 대개 신문지를 깔아주므로, 예정일 몇 주 전부터 신문을 버리지 않고 모아둔다.

어미견이 음식을 거부하면 대부분은 분만이 다가왔다는 신호로, 체온계가 있으면 이때쯤 체온을 재보는 것도 좋다. 평소 개의 체온은 약 38.5℃이다. 이보다 2~3℃ 정도 떨어지면 앞으로 24시간 이내에 분만을 시작한다고 보면 정확하다.

분만하기 며칠 전에 많은 어미견들이 어딘가에 분만장소를 만들기 시작하는데, 보통 그 장소는 새끼 낳기에 부적당한 곳이기 쉽다. 분만 몇 시간 전부터 대부분의 어미견들은 안절부절 못하고 불안해한다.

사람과 지내는 데 길들여져 있는 애

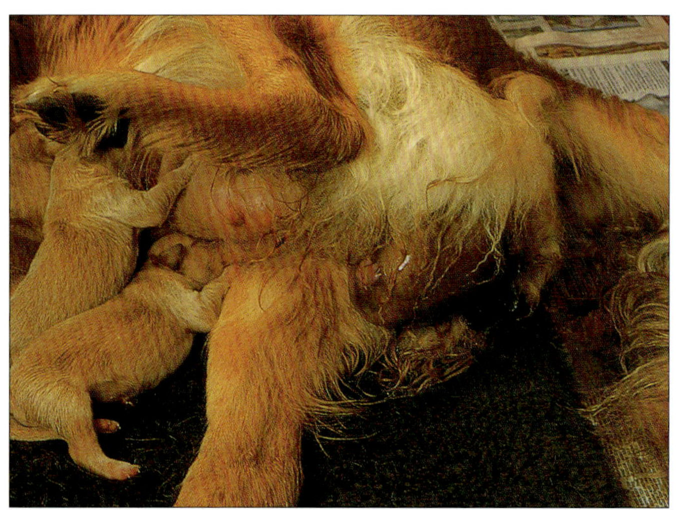

1 어미견이 새끼를 낳는 데는 시간이 오래 걸리지만, 사람이 도와주지 않아도 된다.

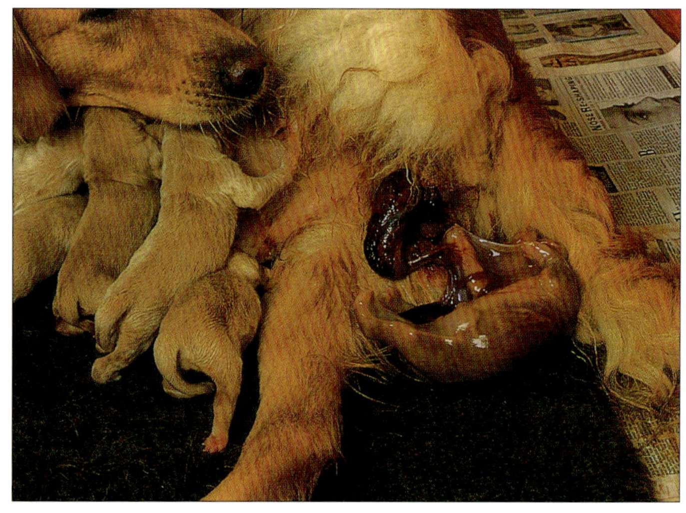

2 새끼를 감싼 막이 터지면서 강아지가 나오면, 어미견은 보통 이 양막을 먹어버린다. 탯줄을 잘라줄 필요가 없다.

련된 자리에 어미견을 데려가서 이제부터는 새로운 잠자리에서 지내야 한다고 알려준다. 가장 이상적인 분만장소는 사람들이 지나다니지 않고, 아이들이 뛰노는 곳과 떨어진 모퉁이가 좋다. 그리고 여러분이나 수의사가 어미견을 돌봐야 할지도 모르므로 계단 아래공간은 적당하지 않다.

출산을 앞둔 어미견에게는 반드시 분만상자를 준비해줘야 한다. 상자 크기는 어미와 최대 12마리의 새끼들이 모두 들어갈 수 있을 정도로 커야 한다. 브리

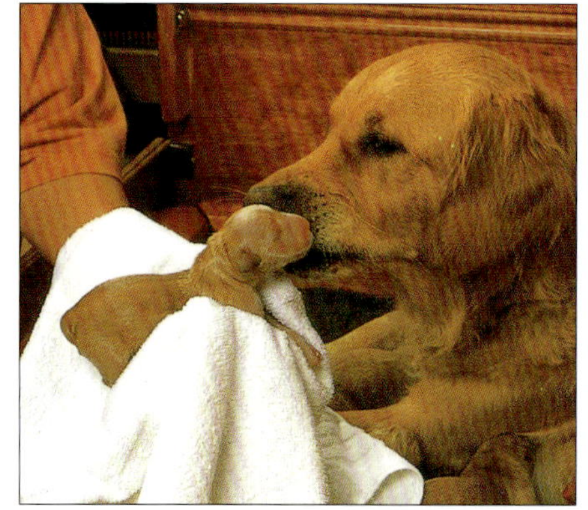

3 갓 태어난 강아지는 어미가 핥아주는데, 그게 안 되면 수건으로 감싼 뒤 문질러 자극해서 호흡을 잘 하는지 확인해야 한다.

완견들은 첫 번째 새끼를 낳는 바로 그 순간까지 가족들의 관심과 위로를 받고 싶어한다. 그러나 일단 강아지를 낳으려고 애쓰기 시작하면서부터는 주위 사람들에게 무관심해지고 오로지 새끼를 낳는 일에만 몰두한다.

어미견이 힘을 주기 시작하면서부터 마침내 첫 번째 강아지가 나오기까지는 몇 시간이 걸린다. 이렇게 계속 안간힘을 쓰면서도 어미견은 두려워하지 않는다. 단, 1시간 정도 힘을 주다가 돌연 멈추면 담당 수의사에게 문의해야 한다.

○ 갓 태어난 강아지들은 온종일 젖을 빨거나 잠을 자면서 보낸다. 만일 안절부절못하며 불안정한 모습을 보이면 빨리 수의사에게 보여야 한다.

양막이 보이면 강아지가 곧 태어난다는 첫 신호다. 이것은 태아를 감싸고 있는 막으로, 마치 작은 물주머니처럼 생겼다. 질을 통해 양막이 보일 때 이것을 제거하려고 해서는 안 된다. 양막은 산도를 넓혀서 뒤따르는 강아지가 빠져나올 수 있도록 해주기 때문이다.

강아지는 머리가 먼저 나오기도 하고 꼬리가 먼저 나오기도 한다. 두 경우 모두 흔하므로 꼬리가 먼저 보인다고 해서 잘못된 출산은 아니다.

첫 번째 강아지는 처음 모습을 보인 후 다 나오기까지 시간이 좀 걸린다. 자주 산도 안으로 사라진 것처럼 보이기도 한다. 어미견이 계속 힘을 주는데도 강아지가 꽉 끼어서 아래나 위로 꼼짝하지 못하거나, 어미견이 힘주는 것을 포기하고 힘들어서 드러누워버리는 경우가 위험한 경우이므로 이 때는 빨리 수의사에게 보여야 한다.

제왕절개 수술

분만시 수의사의 도움이 필요한 경우는 제왕절개 수술을 해야 할 때다. 분만을 어렵게 해도 어미견이 너무 작으면 수의

사라도 어떻게 손쓸 방법이 없다. 예전에는 질 속에 기구를 삽입해 분만을 도왔지만, 요즘에는 이런 방법은 더 이상 쓰지 않고 수술을 보다 선호한다. 이는 생명을 중시하기 때문이기도 하지만, 대개는 마취로 인한 위험률이 낮아지고 여러 해에 걸쳐 외과수술 기술이 크게 발달하여 수술 성공확률이 그만큼 높아졌기 때문이다.

기운찬 강아지들을 분만하고 어미견이 건강하게 산후 회복을 하려면, 수술을 일찍 하는 게 좋다. 이 문제는 분만 전에 수술담당 수의사와 상의해서, 주인과 수의사 모두 수술에 대한 상대방의 의견을 잘 이해한 상태가 되어야 한다. 어미견이 계속 힘을 주다가 탈진하여 위

○ 새끼가 한번에 많이 태어난 경우에는 강아지마다 제몫을 잘 챙겨 먹는지 일일이 확인해야 한다.

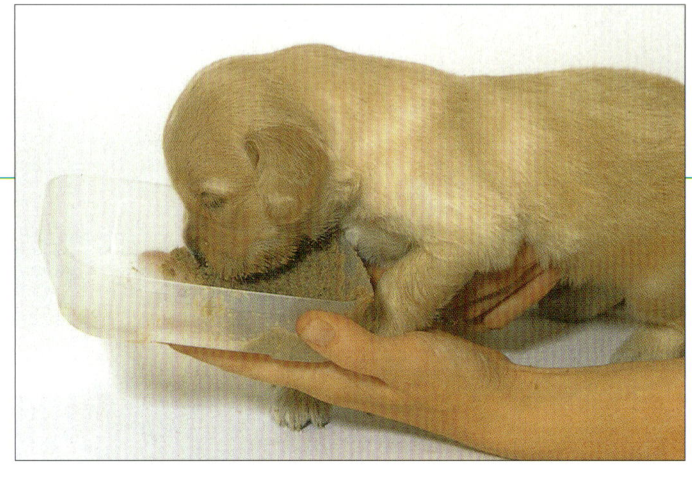

◐ 강아지는 생후 2주부터 고형식을 먹을 수 있다.

험해지기 전에 수의사를 불러야 한다.

안타깝게도 몇몇 견종은 자연분만이 힘들다고 알려져 있어서, 정상분만에 실패할 조짐이 나타나기도 전에 정해진 것처럼 제왕절개 수술을 한다. 이런 견종을 기르는 전문 브리더들은 해당 견종이 사람들에게 계속 인기를 얻으려면 번식 문제를 어떻게 풀어가야 할지 다시 생각해봐야 한다.

이처럼 특수한 경우가 아니면 제왕절개 수술은 보통 응급상황일 때 한다. 많은 수의사들은 어미견이 분만할 때 문제가 생기면 직접 가정을 방문하기보다는 병원으로 데려오도록 요청한다. 그래야 수술 도구와 설비들을 손쉽게 이용할 수 있기 때문이다.

어미견과 강아지가 건강하면 수술 후 집에 돌아가 익숙한 환경에서 지내는 것이 가장 좋다. 수의사 역시 수술 후 되도록이면 빠른 시일 안에 어미와 새끼들을 퇴원시킬 것이다. 일단 집에 돌아오면 어미견을 잘 달래서 새끼들을 받아들여 젖을 먹이게 해줘야 한다. 제왕절개로 태어난 새끼들은 그저 자고 있는 사이에 생겨난 존재에 불과하기 때문이다. 어미에게 새끼들을 조심스럽게 보여주면 분명 효과가 있다. 그렇지만 새끼에게 젖을 물리기까지 처음에는 어느 정도의 도움이 필요하다. 강아지가 젖을 제대로 빨면 그 다음부터는 어미견 스스로 무엇을 해야 할지 깨닫게 될 것이다.

1~2일이 지나면 제왕절개 수술을 받은 어미견도 자연분만을 한 어미견과 똑같이 돌봐주면 된다.

분만 이후

강아지에게 젖을 먹인 다음에는 반드시 항문을 깨끗히 닦아줘야 한다. 이것은 대소변을 원활하게 볼 수 있도록 자극을 주는 것으로, 이렇게 하지 않으면 배설

하지 못해서 치명적일 만큼 심각한 변비 증세를 앓게 된다. 새끼들의 항문을 핥아주는 일은 어미견이 해야 할 일인데, 수술로 어미견이 계속 마취상태여서 이 역할을 제대로 못할 때는 강아지 꼬리를 어미에게 대주면 어미견은 금방 무엇을 해야 하는지를 깨닫는다.

보통 어미견은 적어도 처음 2주 동안은 대소변을 보라고 해도 완강하게 버틸 정도로 갓 태어난 새끼들 곁에서 꼭 붙어 지낸다. 이런 경우에도 그리 걱정할 필요는 없다. 시간이 지나면 점차 강아지를 두고 대소변을 보러 갈 것이므로 어미견 스스로 하고 싶을 때까지 그냥

내버려둔다.

건강한 어미견이라면 새끼를 낳은 지 얼마 지나지 않아 식욕이 왕성해진다. 처음 며칠 동안은 어미견이 강아지들 곁에서 먹이를 먹도록 해줘야 한다. 이 때 먹이를 충분히 주고, 특히 마실 것을 충분히 준비해 놓는다. 이 때 어미견은 특히 우유를 좋아한다. 혹시 하루에 한 번만 먹이를 주는 원칙을 세웠다면 일찌감치 포기하는 편이 낫다. 그냥 어미견이 먹고 싶을 때 언제든지 먹을 수 있게 해주어야 한다. 많은 새끼를 돌보고 젖을 먹이는 어미견의 역할은 여간 고된 일이 아니기 때문이다.

◐ 어미젖이 모자라 제몫을 못 찾아 먹는 강아지에게는 우유를 먹인다. 애견용 우유는 모유를 대신할 보충식품으로 충분하다.

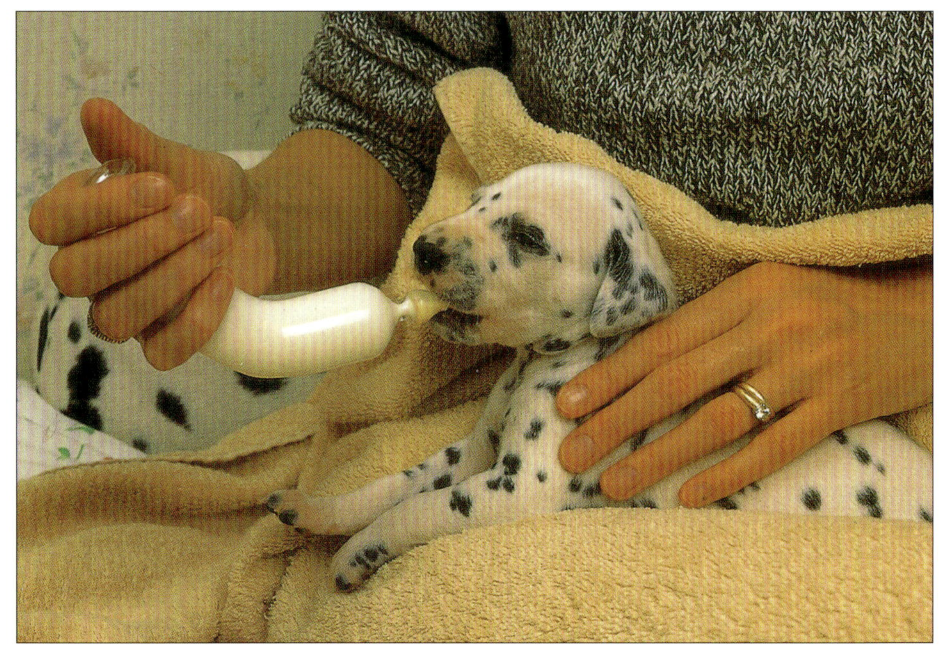

강아지 키우기

생후 2주일 동안이 강아지를 키우기 가장 쉬운 시기다. 이 때 강아지들은 별로 움직이지 못한다. 몸을 열심히 꿈틀거리면서 잠자리 주위를 돌아다니지만, 잘못하여 분만상자 밖으로 떨어지면 다시 올라가지 못할 정도이다. 이런 까닭에 대부분의 분만상자는 앞쪽이 높다.

이 시기에 어미젖을 먹는 강아지는 다른 보충식품을 먹을 필요가 전혀 없다. 대부분의 시간을 얌전히 자면서 보내는데, 그렇지 않은 강아지라면 빨리 수의사에게 진단을 받아야 한다.

강아지는 생후 약 10일이 지나면 두 눈을 뜨는데, 몇몇 견종은 아주 늦게 눈을 뜬다고 알려져 있다.

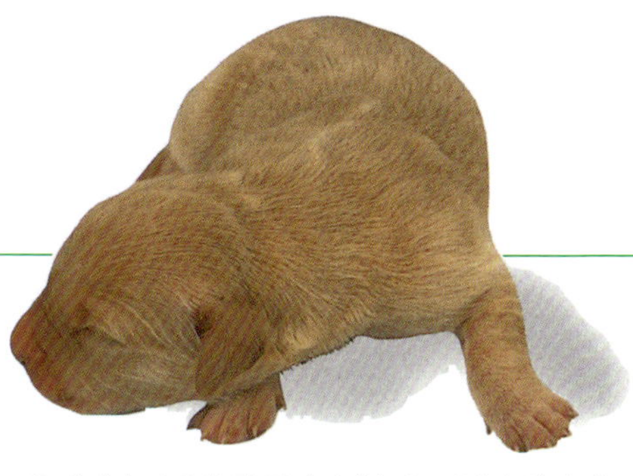

● 태어난 지 3일 된 강아지의 눈은 여전히 감겨 있다. 이 때는 젖을 빨려고 어미에게 다가가는 것 외에는 거의 움직이지 않는다.

● 생후 3주일이 되면 강아지는 분만상자 밖으로 나오려고 한다.

● 생후 5주의 강아지는 활발하고 민첩하며, 어느 새 세상에 대해 조금씩 배워 나간다.

생후 3주 무렵이면 강아지들은 훨씬 활발하게 돌아다닌다. 몇 차례씩 분만상자 밖으로 떨어지는데, 이 때는 상자 앞쪽을 더 튼튼하고 높게 만들어야 한다. 또한 이 시기에는 강아지에게 어미젖 말고 보충식을 주어야 한다. 이 보충식은 손으로 직접 먹여주어야 한다.

많은 사람들이 직접 손으로 먹일 때 아주 조심해야 한다고 생각하지만, 사실은 큰 고깃덩이에서 조금 떼내 손가락으로 먹이면 그만이다. 이 때 손가락이 말

짱하다면 운이 좋은 것이다.

생후 3주가 되면 어미젖을 떼기 시작하는데, 이것은 어미의 건강을 염려해서다. 한 번에 많은 새끼를 낳아 육체적으로 큰 부담을 겪었기 때문에 어미는 새끼들을 기르는 동안 체중이 상당히 줄어들 수밖에 없다. 비교적 젖을 일찍 떼서 이유를 시작하면 어미견은 이러한 엄청난 부담을 조금은 덜 수 있다. 어차피 강아지들도 이 시기에 이르면 좀더 딱딱한 먹이를 찾게 된다.

생후 3주가 된 강아지에게는 처음으로 구충제를 먹인다. 구충제를 먹일 때는 조언을 구하자. 요즈음 시판되는 구충제는 아무런 부작용이 없다.

3~5주까지 강아지에게는 어미젖보다는 다른 보충식의 비율을 점차 늘려가야 한다. 이렇게 6주가 지나면 완전히 이유식으로 바꾼다. 하지만 어미견은 이 때가 되어도 강아지들에게 젖을 물리므로, 어미견에게도 이유기를 이해시켜야 한다. 강아지가 어미젖을 빨면 모유가 계속 나오므로 6주가 지나면 젖을 빨지 못하게 젖을 말려야 한다. 생후 6주가 된 강아지는 주인이 선택한 음식으로 영양분을 섭취해야 한다. 이 때가 바로 2차 구충제를 먹이는 시기다.

● 생후 8주가 되면 강아지는 어미 품을 떠나야 한다. 이는 어미견의 부담과 주인의 일손을 덜어주기 위해서다.

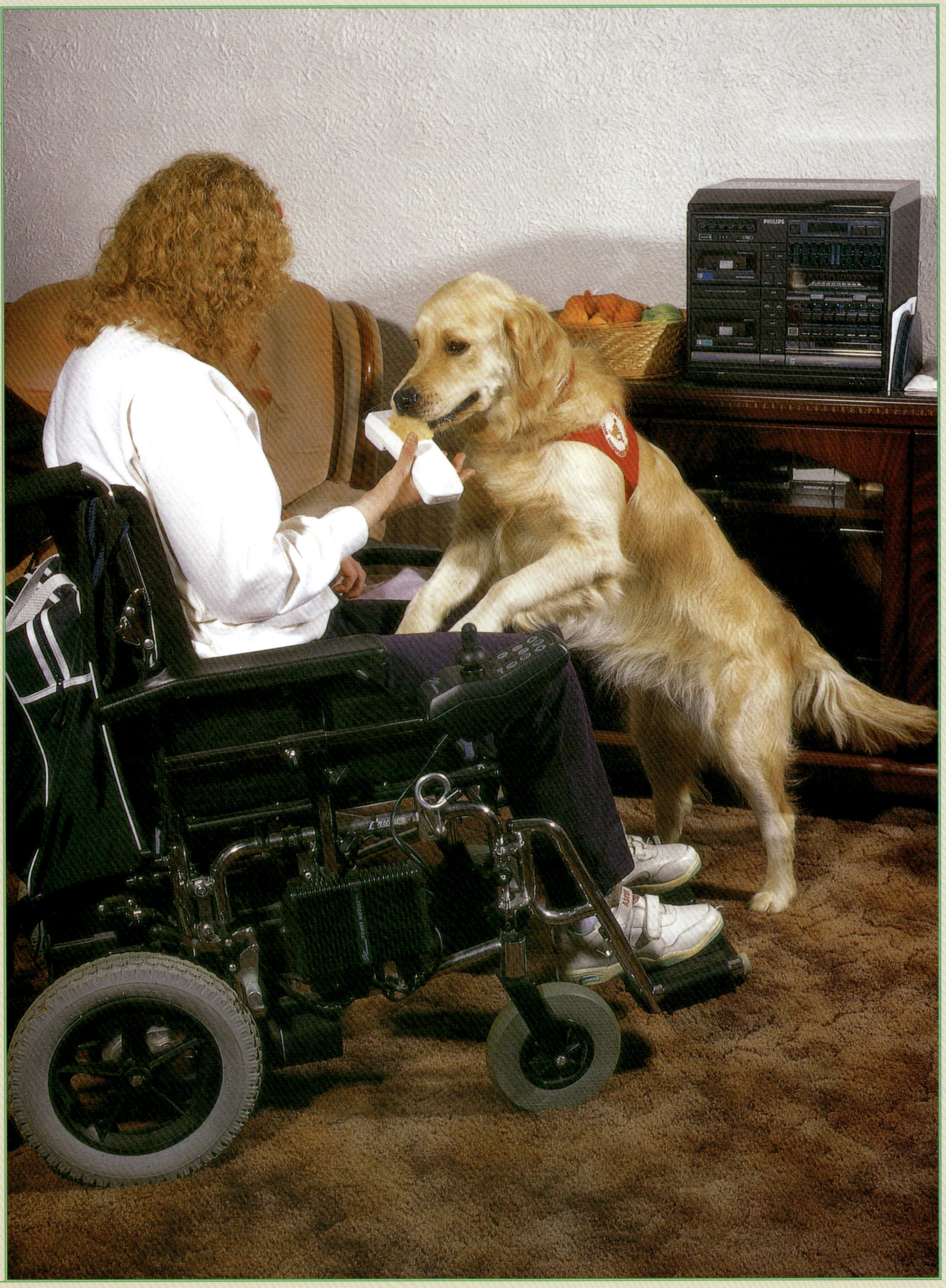

길들이기
Training

모든 개들은 우리가 일반적으로 생각하는 것보다 훨씬 많은 학습능력을 갖고 있다. 영화에 등장하는 스타 개나 애견 장애물 경기에서 우승하는 어질리티 챔피언(agility champion), 또는 집안일을 도울 보조견으로 키우려면 특별한 능력을 지닌 개이어야 하고 그 개를 키우는 주인도 남달라야 한다. 하지만 기본적인 복종훈련과 사회화 훈련을 받을 수 없을 만큼 문제가 있는 개는 없다.

훈련이 잘된 개는 해서는 안 될 행동을 할 가능성이 적다. 개들은 보통 심심할 때 나쁜 버릇이 생기기 쉽기 때문이다. 개는 훈련과정에서 받는 새로운 자극을 즐길 뿐 아니라 주인을 기쁘게 하는 일을 무엇보다 좋아한다.

❂ 잘 훈련받은 개가 주인을 도울 수 있는 방법은 여러 가지다.

강아지의
사회화 훈련

◐ 강아지를 훈련시키는 것은 빠를수록 좋다.

◐ 강아지의 사회화는 사람과 접촉하는 것에서부터 시작한다.

모든 강아지는 가능한 많은 개와 사람을 만나는 기회를 가져야 한다. 이것이 사회화 훈련의 핵심으로서, 훈련이 효과적으로 이루어지면 앞으로 일어날 수 있는 행동장애를 미리 예방할 수 있다.

강아지가 온 바로 그날부터 새로운 사람을 만나게 한다. 너무 많은 사람을 만나서 강아지가 당황하면 안 되지만, 더 많이 만날수록 사람과 더 잘 어울릴 수 있다. 집에 온 손님들에게는 강아지를 만지고 껴안을 때 조심해서 다루어달라고 미리 부탁을 해놓는다. 그래야만 강아지가 사람들이 자기 친구라고 느끼게 된다. 그러나 예방접종을 하기 전에는 다른 개와 접촉할 때 질병에 감염되지 않도록 각별히 신경써야 한다. 손님 중에 개를 키우는 사람이 있다면 새로 데려온 강아지가 2차 예방접종을 끝낼 때까지 방문을 미루어달라고 부탁한다.

같은 집에 살기 때문에 가능한 빨리 만날 수밖에 없는 경우가 아니면, 새로 온 강아지가 예방주사를 맞고 수의사가 "아무 걱정 없다"고 말한 다음에 개들끼리 만나게 해야 한다. 이 시기는 거의 생후 12주 무렵이다.

영국에서는 최근 흥미롭고 유익한 강아지 훈련방법의 하나로 강아지 파티가 인기다. 말 그대로 1주일에 1~2번씩 강아지를 키우는 사람들끼리 자신의 강아지를 데리고 카페나 야외장소에 모여 1시간쯤 즐기는 것이다. 생후 12주부터 6~7개월의 강아지까지 크기와 연령에 관계없이 함께 모여 자유롭게 노는데, 이 때 주인들의 통제를 거의 받지 않는다. 이러한 모임에서는 덩치 작은 강아지도 덩치 큰 강아지에게 주눅드는 일이 거의 없으며, 서로 동료이므로 다른 개가 가까이 다가와도 두려워하지 않아도 된다는 걸 배운다. 강아지 파티는 개 주인에게 유익한 실전 교육이 된다.

이 강아지 파티는 영국에서 개 훈련에 혁신적인 변화를 몰고 왔다. 강아지 그룹마다 경험 많은 훈련 책임자가 순수한 놀이부터 초기 단계의 복종 훈련까지 자연스럽게 진행한다. 리드줄 훈련은 여기서 항상 다루는 것으로 리드줄을 잡아당기지 않고 단순히 개가 뒤따라 걷게 하는 연습인데, 좀더 수준 높은 훈련으로 나아갈 수 있는 바탕이 된다.

◐ 강아지 놀이모임(애견카페·애견동호회모임·애견훈련소 등)에서 생김새와 크기가 다른 개들을 만나면서 낯선 개를 만났을 때의 공포를 극복할 수 있다.

◐ 세계 곳곳에서 기본훈련 강좌가 각 지역에서 이루어진다. 1주일에 1번씩 참가하는 것으로 충분하다.

기초 훈련

○ 강아지를 불렀을 때 달려오도록 과자 등의 상을 주면 아주 효과적이다.

개에게 좋은 습관을 길들이려면 말을 잘 들었을 때 상을 주는 것이 가장 효과적이다. 물론 야단치는 것도 필요하다. 아주 어릴 때부터 강아지들은 "안 돼"라는 의미의 말이나 행동을 이해할 수 있도록 배운다. 어미견은 강아지가 아주 어릴 때부터 몇 가지 규칙을 가르치는데, 이제부터는 강아지의 새엄마인 주인이 이 일을 맡아야 한다.

혼한 예로 신발끈을 물어뜯었을 때 "안 돼"라고 단호하게 말하면서 콧잔등을 톡톡 치면, 강아지는 곧 살아가면서 해서는 안 되는 것들이 있으며, "안 돼"라는 말을 들으면 절대 해서는 안 된다는 사실을 배우게 된다.

이런 훈련과 마찬가지로, 강아지들끼리 서로 서열을 정하는 것도 아주 일찍부터 시작된다. 개들은 자신보다 서열이 낮다고 여기면 누구에게든 달려들어 덥석 물어 상하관계를 확실하게 하려고 한다. 이 때 역시 단호하게 "안 돼"라고 말해서 저지해야 나중에 마음의 상처를 받지 않는다. 강아지를 길들일 때 인내와 지속적인 노력만큼 중요한 것은 없다.

실내훈련

가장 먼저 해야 할 훈련이다. 대부분의 강아지들이 새 주인한테 오기 전에 실내훈련을 받아본 적이 없을 것이다. 하지만 사육장이나 분만상자에서 형제 강아지들과 지낼 때에도 일단 여기저기 돌아다닐 수 있을 정도로 자란 다음부터는 잠자리에서 대소변을 보는 것은 엄격하게 금지해야 한다. 이 용변가리기 습관을 실내훈련을 시킬 때 그대로 활용할 수 있다.

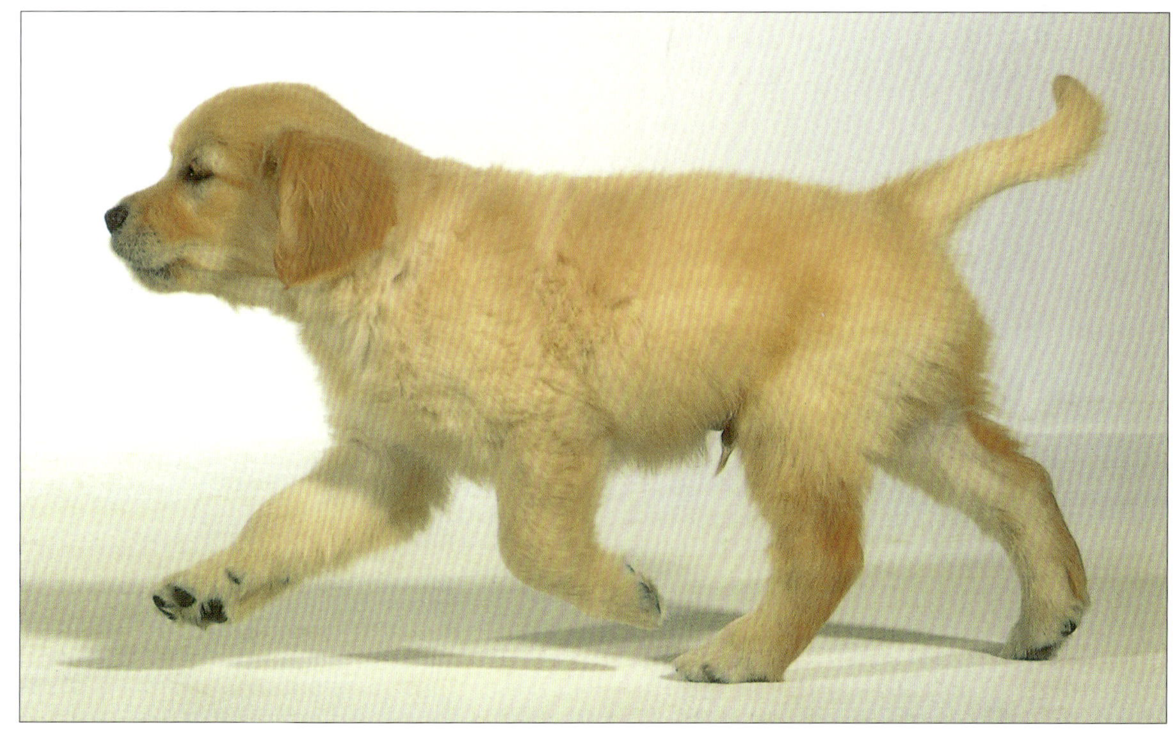

○ 생후 8주가 되면 강아지는 자신감이 생긴다. 이 때 실내훈련과 리드줄 훈련을 시작한다.

강아지에게 정해진 장소에서만 용변을 보도록 가르치는 방법에는 2가지가 있는데, 둘을 동시에 사용해도 된다.

첫 번째 방법은 항상 잘 감시하는 것이다. 강아지들은 소변을 볼 때 몸을 웅크리는데, 대변을 볼 때는 이보다 더 웅크린다. 강아지가 이런 자세를 취하면 곧바로 정해놓은 용변 장소에 옮겨다 놓는다. 만약 이런 신호를 놓치더라도 강아지가 아직 스스로 어떻게 해야 하는지를 알지 못하기 때문에 야단치면 안 된다. 무엇을 잘못했는지 알지 못하는 강아지를 야단치는 것은 무의미하다.

두 번째 방법은 신문지를 이용하는 것이다. 신문지를 강아지가 뛰어다니는 바닥 전체에 깔아놓아 강아지가 용변을 볼 때 신문지 위가 적당하다는 것을 깨닫게 한다. 이렇게 해서 바닥에 깔아놓은 신문지의 크기를 점차 줄여가면 강아지는 작은 공간에서도 용변을 볼 수 있게 된다. 한참 지난 후에 신문지를 아예 집 밖에 내다놓는다. 강아지는 여전히 신문지 위에 용변을 보려고 밖으로 나가게 되고, 그러다가 드디어 용변을 보려면 집 밖으로 나가야 한다는 것을 깨닫게 된다.

🔵 강아지가 용변을 볼 것 같은 조짐을 알아차리는 것이 중요하다. 강아지가 잠에서 깨자마자, 그리고 먹이를 먹은 후에는 곧바로 밖으로 데리고 나가 용변을 보게 한다.

두 방법 모두 효과가 있는데, 강아지에 따라 더 적절한 방법을 쓰면 된다. 밤에는 신문지를 활용하고 낮에는 철저하게 강아지를 지켜보는 방법을 병행하면 가장 좋은 효과를 볼 수 있다. 나이든 강아지들 중 용변가리기 훈련이 전혀 안 된 경우가 많다. 또한 간혹 다른 이유로 새로 배운 훈련을 잊어버리는 경우도 있지만, 그렇다고 절대 강아지를 혼내면 안 된다.

개의 본능을 이용하면 용변가리기 훈련에도 큰 도움이 된다. 건강한 개라면 자신의 잠자리를 대소변으로 더럽히지 않는다. 이런 본능은 개가 제 자리에서 자도록 가르칠 때도 아주 효과적이다. 개의 집을 안락하게 꾸며주면, 개는 주변이 소란스러울 때 조용히 와서 쉴 수 있는 자기만의 공간으로 삼는다. 강아지가 실내훈련에 잘 익숙해지지 않을 경우에는 개집에서 재운 뒤, 개집 문을 열자마자 강아지를 집 밖 정원의 정해진 용변 장소에 옮겨놓아본다.

하지만 개집이 강아지를 가두는 감옥이 되어서는 안 되고, 오히려 안전한 쉴 곳이 되어야 한다. 물론 때로는 개집 문을 반드시 닫아야 한다는 원칙을 가르치는 것도 필요하다. 개가 좋아하는 과자나 간식을 주면 강아지가 이 원칙에 따르도록 길들일 수 있다.

🔵 실내훈련을 위해 신문지를 이용할 경우에는 먼저 바닥 전체에 신문지를 깔아야 한다.

기초 리드줄 훈련

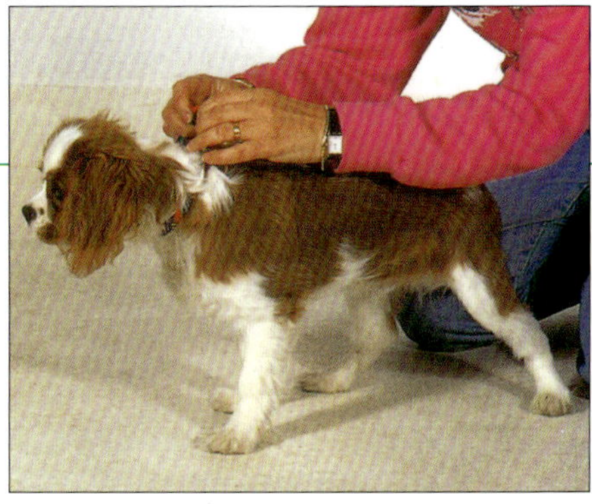

1 부드러운 목줄을 매주면 뻣뻣한 새 가죽 목줄
보다 강아지가 훨씬 더 잘 견딘다.

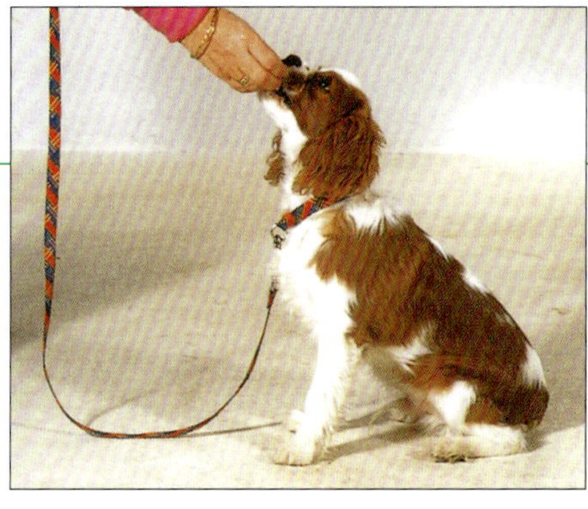

2 리드줄을 매는 시기가 오면, 먹을 것을 상으로
주어서 줄을 매면 기쁜 일이 생긴다고 인식하
게 한다.

부르면 달려오는 훈련

'이리 와' 라는 말이 떨어지면 강아지는
본능적으로 자신의 주인에게 달려간다.
이런 본능을 먹을 것으로 자극을 준다.
이름을 부를 때 강아지가 행동을 하면
먹을 것을 주는 것이다. 반복훈련을 하
면 곧 강아지는 자신의 이름과 먹을 것
을 연관시킬 줄 알게 된다. 하지만 강아
지가 곧장 달려오지 않더라도 짜증내거
나 야단쳐서는 안 된다. 강아지는 부르
면 달려오는 것보다 언제 달아나야 하는
지를 훨씬 더 빨리 터득하기 때문이다.

리드줄 훈련

리드줄에 익숙해지게 하려면 강아지가
재미를 느끼도록 훈련해야 한다.

첫 단계로 목줄을 걸어준다. 강아지
가 낯선 느낌 때문에 벗기려고 버둥거릴
때 먹을 것을 주어 강아지의 관심을 돌
려서 목줄이 피부에 닿아 근질거리는 느
낌을 잊게 한다.

두 번째로 가벼운 리드줄을 목줄에
거는데, 이 단계는 강아지가 목줄에 익
숙해질 때까지 기다린 다음에 한다. 그
전에 줄을 매고 이리저리 끌고 다니는
것은 금물이다. 마지막으로 줄을 잡고
조금씩 느슨하게 감는다. 이 때 먹을 것
을 주며 강아지의 이름을 부른다.

차멀미 극복 훈련

차멀미를 극복하는 훈련은 어렸을 때 일
찍 시작해야 한다.

어떤 강아지는 전혀 차멀미를 하지
않기도 하지만, 아이들과 달리 차멀미를
하는 강아지도 훈련을 받으면 대부분 이
문제를 극복할 수 있다. 강아지가 멀미
를 하면 바로 대응책을 세워야 한다. 그
렇지 않으면 개는 차만 보면 구토를 떠
올리게 되고, 차에 태우기 무섭게 차멀
미의 전조증세로 침을 질질 흘릴 것이

3 먹을 것을 주면 개는 리
드줄로 자기를 구속하는
것에 신경을 쓰지 않게
된다.

다. 만일 차멀미를 계속하는데도 그냥
내버려두면 강아지는 결국 자동차 여행
을 싫어하고 두려워하게 된다.

가까운 거리를 자동차로 여행하는
방법이 차멀미 극복에 효과적이다. 일단
멀미 없이 차를 탈 수 있고, 여행의 마지
막에는 늘 산책이나 놀이가 기다리고 있
음을 강아지가 인식하게 되면 처음의 긴
장과 불안감을 쉽게 떨쳐버릴 수 있다.

이 방법이 효과가 없으면 멀미약을
먹이거나, 좀더 장거리 여행을 해본다.
멀미약을 먹일 때는 약의 효과가 나타나

려면 시간이 좀 걸린다는 사실을 알아야
한다. 길을 나서기 약 1시간 전에 약을
먹이면 된다. 대개 여행이 길어질수록
약효가 높다. 대부분의 멀미약은 먹으면
졸음이 오므로, 가족 휴가를 떠나기 전
에 먹이면 더욱 편하다.

대개 몇 차례 훈련 삼아 자동차 여
행을 하면 더 이상 멀미를 하지 않게 된
다. 하지만 이런 방법으로 대책을 세우
기 전에 멀미를 하는데도 그냥 내버려두
는 시간이 길어지면 그만큼 효과가 늦게
나타난다.

강아지의 행동

개는 무리를 지어 사는 동물로, 이를 통해 개의 여러 가지 행동 특성을 설명할 수 있다. 따라서 강아지를 기르면서 문제가 생기면 주인은 '무리의 리더' 로서 생각하고 행동해야 한다.

무리를 짓는 동물의 집단행동 중 하나로, 개들은 사람과의 관계를 지배와 복종 관계로 받아들인다. 따라서 강아지들은 본능적으로 위계질서 속에서 자신의 위치를 확립하기 위해 많은 시간을 쏟는데, 이런 노력은 무리 속에서 높은 위치를 차지하기 위한 것이다.

견종에 따라 지배하려는 본능은 각각 다르다. 예를 들어, 테리어 종류는 지배 본능이 강한 반면 조렵견들은 그다지 애쓰지 않는다. 무리 속에서 서열상 우위를 차지한다고 해서 반드시 편안해지는 것은 아니다. 특히 그들의 주인이 보내는 신호에 일관성이 없을 때, 혼란을 겪게 된다. 일단 서열이 뚜렷하게 결정되면 대개는 자기 지위에 합당한 역할에 기꺼이 적응한다. 그리고 더 이상 다른 존재를 자기 통제 아래에 두려고 하지 않는다.

개가 평생 자기가 지낼 집으로 데려온 뒤에는 되도록 빨리 자신의 서열을 확립해야 한다. 개는 함께 살 사람들 모두가 서열상 자기보다 우위에 있다는 것을 알아야 한다. 하지만 야단치는 방법으로 위계질서를 이해시킬 수는 없다. 서열을 인식시키는 몇 가지 간단한 비결이 있다.

식사

리더가 먼저 먹는다. 여러분이 식사하기 전에 개를 먼저 먹이는 것이 편할 때가 많지만, 이것은 개를 혼란스럽게 만드는 행동이다. 만일 가족과 개가 비슷한 시간에 같은 장소에서 식사하는 경우라면 강아지를 기다리게 해야 한다. 강아지의 식사시간은 가족의 식사시간과 충분한

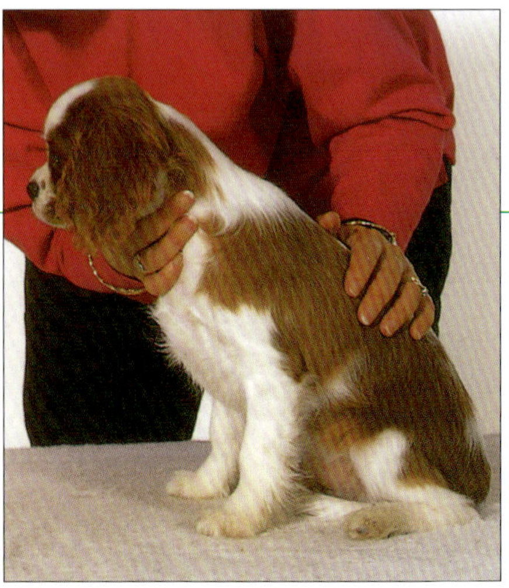

⊙ 강아지를 쓰다듬어주는 것에서 한 단계 나아가면 털 손질이 시작된다.

간격을 두는 것이 가장 좋다. 그래야 개가 혼란스러워 하지 않는다.

어렸을 때부터 강아지가 여러분 곁에서 음식을 줄 때까지 기다리도록 길들이면 좋다. 그릇을 내려놓기 전에 앉아서 기다리는 것을 가르친다.

털 손질

손으로 만져주는 것은 개에게 전달하는 아주 강한 커뮤니케이션 방법이다. 적절한 통제 아래 매일 털을 손질해주면서 누가 더 우위에 있는지가 드러난다. 손으로 만지면 어떤 강아지는 자신에게 해를 끼치거나 누르려는 것으로 받아들여 화를 낸다. 이럴 때는 신경쓰지 말고 계속한다. 어떤 강아지라도 여러분이 정성껏 손질해주는 의도를 금세 알아차릴 것이다.

물고 뜯기

대부분의 강아지는 아주 어릴 때 여러분의 손가락을 비롯하여 모든 것을 입으로 핥는다. 시간이 지나면 이 행동이 무는 것으로 발전한다. 이런 행동은 어린 강아지들에게 아주 정상적인 행동으로, 입으로 핥고 코로 문지르고 냄새를 맡으면서 새로운 세상을 배워나간다. 물어뜯는 행동은 상하관계를 배울 때 거치는 첫 단계지만 좋은 행동이 아니므로, 강아지가 물어뜯으면 바로 "안 돼" 라고 말하여

⊙ 강아지가 탁자 위에 얌전하게 앉는 습관이 들면 바로 털 손질을 시작한다.

제지시키고 엄격하게 야단친다. 이 때쯤이면 "안 돼"의 의미를 알고 있을 시기이므로 필요하다면 살짝 때려도 괜찮다. 여러분이 무리의 리더임을 잊지 말아야 한다!

놀이와 싸움

강아지들은 모두 놀이를 좋아한다. 놀이 역시 훈련이다. 단, 놀이를 할 때에는 세심한 배려가 필요하다.

강아지와 힘겨루기 놀이는 피한다. 줄다리기는 재미있지만 자칫 상대를 제압하려는 신경전이 될 수도 있다. 즉, 강아지가 이기거나 줄에 매달려 으르렁거리거나 할 것이다. 꼭 해야 한다면 힘을 절제하고 강아지가 너무 흥분한 것 같으면 즉시 놀이를 중단한다. 그냥 놀이를 멈추고 줄을 감은 다음에 자리를 뜨는 것으로 충분한 가르침이 될 것이다.

강아지는 공을 쫓아 달리는 놀이를 좋아한다. 하지만 삼켜서 질식할 만큼 작은 공이나 막대기는 피해야 한다. 공을 던진 다음 강아지에게 다시 가져오는 것을 가르친다. 이 때 절대 그 공을 주우려고 강아지 뒤를 쫓아가면 안 된다. 강아지가 공을 물고 멀리 달아나도 관심 없는 듯 행동한다. 그러다가 강아지가 공을 가지고 돌아오면 쓰다듬어주면서 칭찬하고 상을 준다. 이렇게 해서 여러분은 이제 막 복종훈련을 시작한 것이다.

기초 식사훈련

1 강아지를 자리에 앉히기 위해 먼저 먹이를 보여준다.

2 강아지가 자리에 앉으면 그 때 밥그릇을 내려놓는다.

3 강아지가 밥그릇에 머리를 들이밀기 전에 잠시 기다리게 한다.

4 마지막으로 강아지에게 음식을 준다.

기본적인 복종훈련

복잡한 세상에서 개들은 문제를 일으키지 않고 자신을 둘러싼 사회질서에 잘 적응해야 한다. 개의 역할과 의무는 매우 다양한데, 충분한 훈련으로 주인에게 순종하는 것을 배우고 말썽을 부리지 않는 것이 최우선이다. 이를 위해 주인은 개한테 명령에 순종하는 기본적인 복종훈련을 가르쳐야 한다.

복종훈련이란 주인이 권위적으로 때려서 말을 잘 듣게 길들인다는 의미가 아니다. 이런 방법은 동물학대일 뿐만 아니라 원래의 훈련 목적도 이룰 수 없고, 개들에게 공포심만 키워줄 뿐이다.

기본적으로 훈련은 개와 주인 모두에게 즐거워야 한다. 개들은 머리를 쓰다듬어주면서 칭찬하고 상으로 간식을 주면 기꺼이 자신의 역할을 해낸다. 단, 이 때 반드시 여러분이 기대하는 것이 무엇인지를 인식시켜야 한다. 제1법칙은 바로 '개를 혼동시키지 말라' 는 것이다.

개는 즉각적으로 반응할 뿐, 10분 전의 일에 대해서는 반응하지 않는다. 그동안에 몇 가지 다른 일이 생기기 때문이다. 예를 들어 마음껏 달리고 있는 개에게 되돌아오라고 불러보자. 아무리 불러도 개는 돌아올 줄 모른다. 주인은 짜증이 나서 화난 목소리로 다시 개를 부르지만, 마찬가지다. 하는 수 없이 달려가서 붙들어 세운 뒤에 찰싹 때린다. 심지어 리드줄로 때리기까지 한다.

이를 통해 개는 무엇을 배울까? "만일 주인이 부르면 멀리 달아나야지. 잡히면 때릴 테니까 말야. 주인이 리드줄을 들고 있을 때도 역시 달아나야지. 왜냐하면 그걸로 날 칠 테니까."

개의 이런 반응은 논리적으로 전혀 틀리지 않다. 여러분이 개에게 기대하는 것보다 훨씬 그럴듯하다. 복종훈련의 제2법칙은 바로 '개처럼 생각하라' 이다. 사람처럼 복잡하게 생각하면 안 된다.

뒤따라 걷기

1 줄을 느슨하게 맨 채 주인 곁에서 상으로 간식을 받지 않을까 하고 냄새를 맡는 강아지.

2 여전히 줄을 느슨하게 맨 채, 주인에게 관심을 쏟고 있는 강아지.

3 걸으면서도 주인 곁에 붙어 있는 강아지. 여전히 상으로 주는 간식을 기대하고 있다.

4 결국 주인을 얌전히 따라 간 다음에야 상으로 간식을 먹을 수 있음을 깨닫는다.

뒤따라 걷기

'기초 훈련'에서는 강아지가 목줄과 리드줄에 적응하는 방법을 설명하였다.

그 다음 단계가 복종훈련의 시작이다. 우선 리드줄을 잡아당기지 않고 걸어가도록 가르친다. 이것은 보통 줄을 맨 개들에게 절대 쉽게 가르칠 수 있는 훈련이 아니다.

처음에는 사람이 없는 조용한 장소에서 훈련하는 것이 좋다. 강아지는 이미 목줄에 리드줄을 매고 있다는 것을 알지만, 그것이 자신을 묶어둔다는 것은 모른다. 줄을 잡고 "붙어"라고 명령하고 개와 훈련장소를 한 바퀴 돈다. 개가 줄을 잡아당기면 바로 걸음을 멈추고 "이리 와"라고 말하고 오지 않을 때는 간식으로 유도한다. 강아지와 밀고 당기는 신경전을 벌이면 절대 안 된다. 마치 당나귀에게 당근을 주듯이, 개에게 먹을 것을 주겠다고 약속하고 다시 훈련장소를 돈다. 그러면 강아지는 곧 구속감이 주는 두려움에서 벗어날 것이다. 여러분은 개처럼 생각해야 한다는 원칙을 늘 기억해야 한다. 마음대로 움직이지 못하게 제재를 받는 대신에 맛있는 간식을 얻는 것은 공정한 거래인 셈이다.

이 첫 단계의 복종훈련을 개가 잘할 때까지 반복해야 한다. 그러나 훈련시간은 1번에 몇 분으로 짧게 해야 한다. 여러분은 곧 지루해지지만, 정작 강아지는 그 시간을 훈련이 아니라 맛있는 간식을 먹는 시간으로 기다릴 것이다.

전문 훈련사들은 종종 먹을 것으로 훈련을 유도하는 방법을 쓰면 안 된다고 주장한다. 자주 먹을 것을 주면 개가 일을 잘할 때마다 먹을 것을 기대한다는 것이다. 이런 주장은 사실이다. 그러나 견종에 따라서 훈련의 난이도가 많이 달라지는 것 또한 사실이다. 예를 들어, 보더 콜리는 주인을 기쁘게 하려는 마음이

○ 길게 늘어나는 자동 리드줄은 아주 유용한 훈련도구다. 모든 리드줄은 비상시 개를 통제할 수 있을 만큼 튼튼해야 한다.

강해서 머리만 쓰다듬어주어도 충분한 보상으로 여긴다. 하지만 테리어 종류는 이와 아주 다르다. 테리어 역시 머리를 쓰다듬어주는 것을 좋아하지만, 결코 맛있는 음식만큼 기뻐하지는 않는다.

일단 개가 리드줄에 묶이는 두려움을 극복하면 몇 가지 규칙을 가르친다. 개는 리드줄을 매면 한결같이 일단 저항해야 한다고 생각하고 시험삼아 줄을 당겨본다. 바로 여기서 모든 일이 어긋나기 시작한다. 주인은 개가 리드줄을 잡아당기면 리드줄을 자신쪽으로 다시 끌어당긴다. 그럼 개는 고개를 개줄 안쪽으로 돌려 뒤에 서 있던 주인을 자기 뒤로 잡아당기는 것이 당연하다고 빨리 터득하게 된다.

줄을 끌어당기는 버릇은 그냥 내버려두면 안 된다. 즉시 걸음을 멈추고 "이리 와"라고 부른다. 개가 돌아오면 칭찬해주고 먹을 것으로 상을 준다. 그런 다음 다시 훈련을 시작하는데, 이번에는 줄을 아주 짧게 잡고 개가 여러분보다 멀리 앞서지 않도록 한다. 항상 리더가 앞장서서 걷는다는 것을 기억하자. 개와 여러분 중 누가 리더인가?

만일 줄을 느슨하게 해서 걷는 것이

잘 안 되고, 개도 자주 앞장서려고 할 경우에는 몇 가지 보충훈련이 필요하다. 그 중 가장 간단한 도구를 사용하는 방법이 음료수 깡통이다. 빈 깡통에 조그만 자갈을 채우면 소리가 나는데, 이것을 개가 앞장서려고 버틸 때 개 앞에 던진다. 깜짝 놀란 개는 이런 행동을 하지 않게 된다. 필요할 때마다 깡통을 던져보라. 개는 리드줄을 당기면 깜짝 놀랄 만큼 시끄러운 소리가 난다고 생각할 뿐, 주인이 줄을 제대로 조절하지 못해서 일어난 일이라고는 전혀 생각하지 못할 것이다.

깡통을 이용하는 것보다 비용이 들지만, 아주 효과적인 방법이 있다. 바로 신축성 있게 길게 늘어나는 자동 리드줄을 구입하는 것이다. 많은 사람들이 이 줄을 사용하는데, 산책하는 동안 개가 마음대로 주인 주변을 걸어다닐 수 있고, 주인도 개를 손쉽게 통제할 수 있다.

이 자동 리드줄은 줄을 잡아당기는 개의 버릇을 고칠 때 유용하게 쓰인다. 줄을 맨 개가 앞장서 달리도록 내버려둔다. ― 물론 리드줄이 당겨질 때까지 멀리 가게 내버려두면 안 된다. ― 그러다가 개가 마음대로 달려도 되겠다고 느낄

앉기

때쯤 리드줄로 제동을 걸면 개는 갑자기 멈춰 서게 된다. 목줄에 자동 리드줄을 걸면 개 목에 상처가 나는 불상사를 막을 수 있다. 갑자기 행동을 멈추게 하면 개는 리드줄이 갈 길을 막거나 자기를 끌어당기는 데 쓰이는 것이 아니라, 자신의 행동을 통제할 때 쓰인다는 것을 깨닫는다. 적절한 순간에 명령을 내리는 훈련을 하면 개는 달리다가 갑자기 멈추는 것이 리드줄과 연관있다는 사실을 금방 인식하게 된다. 현명한 주인은 자동 리드줄 손잡이에서 나는 '찰칵' 하는 소리를 달리는 개를 멈추게 하는 신호로서 이용할 줄 알게 된다.

잡아당기면 목이 죄어지는 초크체인(choke chain)은 주인 곁에서 걷도록 훈련시킬 때 필요한 보조 도구인데, 거칠게 사용해야만 효과가 있고, 사용할 때 개에게 상처를 입힐 수 있기 때문에 따로 설명하지 않겠다.

초크체인은 당기면 쉽게 풀리는 슬립 리드줄(slip lead)과 혼동하기 쉬운데, 이 두 가지는 다른 것이다. 슬립 리드줄은 보통 가죽이나 나일론으로 된 리드줄로, 한쪽 끝에 고리가 달려 있어 올가미처럼 묶는다. 목줄과 리드줄이 벗겨져 개가 달아날 위험이 있을 때 사용하며, 느슨하게 풀기도 쉬워서 초크체인처럼 거칠게 개의 목을 죄지 않는다.

리드줄이 느슨한 채 개와 나란히 걸을 수 있고, 오라고 명령할 때 민첩하게 개가 행동한다면 말 잘 듣는 순종적인 개를 키울 날이 얼마 안 남은 것이다.

앉기와 엎드리기

'붙어서 걷기' 다음으로는 명령에 따라 앉는 것과 엎드리는 방법을 훈련시킨다.

일상생활에서 개를 유심히 관찰해 보면 먹을 것을 향해 뛰어오르지 못할 정도로 줄을 짧게 잡고 개 앞에 서 있다

1 앉기를 가르치려면 우선 개를 마음대로 세울 수 있어야 한다.

2 엉덩이 부분을 살짝 누르면 앉기 자세로 유도할 수 있다.

3 단계가 높아지면 손의 지시만으로도 앉거나 엎드리게 할 수 있다.

가 먹을 것을 든 손을 개의 머리 위로 올리면, 개는 그 자리에 앉아서 고개를 들고 음식을 받아먹으려고 애를 쓰는 모습을 볼 수 있을 것이다. 이 때 맛있는 것을 준다. 이런 방법으로 앉는 훈련을 시키는 것이다. "앉아"라고 말하면서 이 행동을 여러 번 반복하면 개는 마침내 "앉아"라는 말을 "먹을 것을 줄테니 앉아"라는 의미로 받아들이게 된다.

엎드리기 훈련은 앉기 훈련의 연장이다. 일단 앉는 훈련을 익히면 그 훈련과 같은 방법으로 줄을 짧게 잡은 상태에서 개의 앞발 사이에 먹을 것을 놓는다. 이와 동시에 개에게 "엎드려"라고 말하면서 등을 아래로 살짝 누른다.

이밖에도 다른 복종훈련이 많지만, 모두 위와 같이 하면 된다. 주인과 개 모두 행복한 관계를 만들려면 무엇보다 인내하고 칭찬해주는 것이 중요하다.

애견훈련소

기본적인 복종훈련은 숙련된 기술이 필요하지 않지만, 강아지를 처음 키우는 사람들에게는 이것도 어려울 수 있다. 복종훈련은 애견학교에 들어가거나, 애견동호회 활동을 통해 받을 수 있다. 대부분의 훈련소는 자신이 알고 있는 지식을 초보자에게 전해주려는 전문가나 경험 많은 애견가들이 운영하고 있다. 훈련은 핸들러수강생·개·개 주인을 대상으로 하는데, 수강자들이 애견챔피언대회에 출전할 만큼 열성적이지 않아도 가정에 잘 적응하는 애완견으로 훈련시키는 것이 목표다. 하지만 이 분야에 관심을 갖고 상급과정을 배우기 위해 참여한 사람은 힘들지만 이제부터 상당히 매력적인 취미생활을 시작했다고 생각하면 된다.

기존의 복종훈련 강좌에서 파생된 것으로 링(ring) 훈련 강좌가 있다. 이 강좌는 복종훈련과 기본은 같지만, 잘 훈

엎드리기

1 앉기 다음에 엎드리기를 가르친다. 앉기 훈련과 마찬가지로 먹을 것을 상으로 주면 훈련하기 쉽다.

2 일단 개가 고개를 숙이면 자연스럽게 앞발이 나와 엎드리는 자세가 된다.

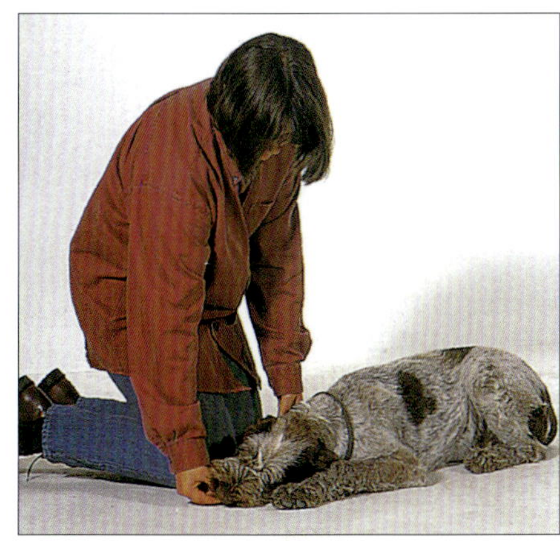

3 개가 엎드린 자세로 얌전하게 있으면 칭찬하면서 간식을 주어 이 자세를 유지하게 한다.

○ 사역견들도 앉거나 엎드리기 훈련과 아주 비슷한 훈련을 통해 길들여진다.

련시켜서 도그쇼에 출전시키려는 특별한 목적이 있다. 다른 개들과 사람들이 많이 있는 곳에서 개가 줄을 맨 채 잘 행동하게끔 가르치는 데 중점을 둔다. 낯선 사람들이 자세히 들여다보아도 얌전히 있도록, 그리고 커브를 돌 때 주저앉지 않고 줄을 맨 채 똑바로 서 있도록 훈련시키는데, 이 역시 복종훈련 강좌에서 연습하는 내용이다.

어질리티와 플라이볼 경기

영국에서 큰 인기가 있는 2가지 애견스포츠는 모두 상급 복종훈련에서 생겨났다. 어질리티(agility)와 플라이볼(flyball)이 그것이다.

어질리티에 출전한 개들은 시소 올라타기, 터널 통과하기, 점프, 탁자에 올라가 몇 초 동안 '기다려' 혹은 '엎드려' 자세로 있기, 장애물 사이로 지나가기 등의 경기를 한다. 각 종목마다 정해진 시간에 통과하지 못하면 감점된다. 각 종목마다 규칙이 엄격한데, 예를 들어 시소 종목에서 시소가 땅에 닿기 전에 개가 시소에서 뛰어내리면 감점당한다.

플라이볼은 사람들이 개와 함께 할 수 있는 스포츠이다. 크러프트 도그쇼(Crufts dog show, 영국에서 개최하는 역사 깊은 세계 최대의 도그쇼)는 플라이볼 경기장에서 시끄러운 함성이 들리면 사람들이 그냥 지나치지 못하고 꼭 와서 볼 정도로 인기가 높다. 플라이볼 코스는 짧은 직선코스로 그 끝에 덫과 발판지렛대를 설치한 상자가 놓여 있다. 신호가 떨어져서 주인이 개를 풀어주면, 개는 빠르게 달려가서 발판지렛대를 밟고 위로 뛰어오른다. 그러면 공이 공중으로 높이 날아오르고, 개는 그 공을 물고 잽싸게 되돌아와 주인에게 갖다준다. 시간은 1초까지 정확하게 잰다. 플라이볼은 주로 릴레이 경주로, 4팀에 각각 약

6마리의 개들이 서로 실력을 겨룬다.

두 경기 모두 많은 후원자들한테 뜨거운 호응을 받고 있다. 이들 경기에 참여하려면 핸들러는 물론 참가하는 개들도 많이 노력해야 한다.

사냥 실기테스트(필드 트라이얼)와 사냥개 능력테스트

사냥 실기테스트가 살아 있는 새를 쏘는 것처럼 실제 사냥과 가능한 비슷한 환경에서 시험이 이루어지는데 비해, 사냥개 능력테스트는 사냥개의 업무 수행능력만을 평가한다.

이 두 종류의 테스트는 각각의 시험 종목이 다양한데, 우선 견종에 따라 시험종목이 달라진다. 예를 들어, 리트리버는 사냥감이나 사냥감 모형을 물어오는 과제가 주어진다. 또한, 스패니얼은 사냥터에 숨어 있는 사냥감을 찾아내어 쫓는 것까지가 과제이다. 스프링어 스패니얼은 사냥터의 부지런한 일꾼인데, 시험과제는 '사냥감을 찾아다니고(hunt), 사냥감 있는 곳을 가리키며(point), 사냥감을 가져오는(retrieve)' 등의 여러 테스트를 거친다.

작업견

오랜 옛날부터 사람은 기르는 개를 단순히 친구로만 여기지 않고 일을 도와주는 동료로도 생각했다. 개들이 처음 고대인들의 움막으로 찾아온 것은 아마 먹을 것과 어울려 사는 따뜻하고 안락한 생활에 이끌렸기 때문일 것이다. 그런데 사람들은 곧 개들이 낯선 사람들을 보면 다가오지 못하게 경계하고, 못 보던 침입자가 나타나면 공격하는 등 그 주변을 지키는 역할을 한다는 사실을 알게 되었다.

사람과 더불어 살게 된 후로 개는 계속 일을 해왔다. 개는 훈련을 통해 길들일 수 있는 동물이었기에, 몇백 년이 넘는 오랜 세월 동안 인간세상에 필요한 다양한 역할을 해왔다. 강도가 침입하면 사납게 짖어대는 단순한 일에서부터 오로지 싸우고 공격하는(중세시대 군용견으로 활약한 마스티프 종류가 전형적인 예다) 투견(war dogs)의 역할까지 여러 가지 일들을 수행해왔다.

세월이 흐르면서 개의 역할은 점차 순화되었고, 오늘날 대부분의 개들이 맡고 있는 가장 중요한 역할은 가정에서 사람들의 동반자인 반려동물이 되는 것이다. 이 역할은 결코 과소평가할 수 없다.

경비견(guard dogs)은 강도 높은 훈련을 받으며 훈련사의 통제에 철저하게 따르도록 길들여진다. 경찰서와 감호시설, 그리고 군부대에 경비견을 두는데, 이들은 경계를 서고, 침입자가 들어오면 구석으로 몰거나 공격하며, 덮쳐서 쓰러뜨린다. 이런 경비견들이 통제불능이 되는 경우는 매우 드물다.

일찍부터 경비견으로 훈련시킬 수 있는 어린 개에 대한 수요는 늘 일정하게 있어왔다. 경호기관에서 원하는 개들은 저돌적이고 용맹스러운 개로, 일반인은 기르기에 벅차다. 경비견의 대부분은 저먼 셰퍼드 도그인데, 감당할 수 있는 사람이 기를 때는 큰 기쁨을 주지만 제대로 통제하지 않으면 위험한 개다.

작업견들에게 맡겨진 가장 오래된 임무 두 가지는 가축을 지키는 일과 가축을 모는 일이다. 이 두 일은 각각 다르지만 종종 혼동된다.

콜리와 영국의 다양한 양치기 개(목양견)들은 대대로 가축을 모는 일을 해왔다. 양치기의 명령에 따라 양 떼를 모는 것이 이들의 역할이다. 즉 양 떼 주위를 돌면서 한 방향으로 몰고, 무리에서 벗어난 양들을 무리 속으로 돌려보내는 일을 한다. 그런데 이 때 개들은 양 떼를 보고 움직이는 것이 아니라 양치기의 지시에 따라 움직인다.

개는 철저하게 훈련받은 '공격'으로 양 떼를 한 방향으로 몰아간다. 양의 발뒤꿈치를 물 정도로 바짝 쫓아가서 양치기가 지시한 방향으로 양 떼를 몬다. 이 일을 얼마나 잘 하느냐가 목양견의 능력을 판단하는 기준이다. 양치기에게 훈련 받기도 하지만, 정작 개들은 다른 누구보다도 부모견으로부터 많은 것을 배운다.

○ 잉글리시 스프링어 스패니얼은 전통적으로 부지런한 조렵견으로 알려져 있다.

다재다능한 조렵견인 스프링어 스패니얼은 최근 또 다른 작업견 활동 분야인 탐지견으로 자리매김하고 있다. 세관과 많은 경찰서에서는 탐지견 팀을 구성하여 불법 밀수된 마약을 찾아내는 데 탐지견을 동원한다. 이밖에도 탐지견은 의심스러운 물질을 냄새로 판별해내는 예리한 능력을 갖고 있어서 이를 활용할 수 있는 여러 가지 업무를 수행하고 있다. 탐지견으로 활동하는 견종이 여럿 있지만, 스프링어 스패니얼의 실력이 가장 뛰어나다.

○ 개를 훈련시킬 때는 치밀한 관리와 전문적인 감독 아래 실시해야 한다.

○ 이 경찰견은 훈련사가 요구할 때는 공격성을 보이도록 철저하게 훈련받았다.

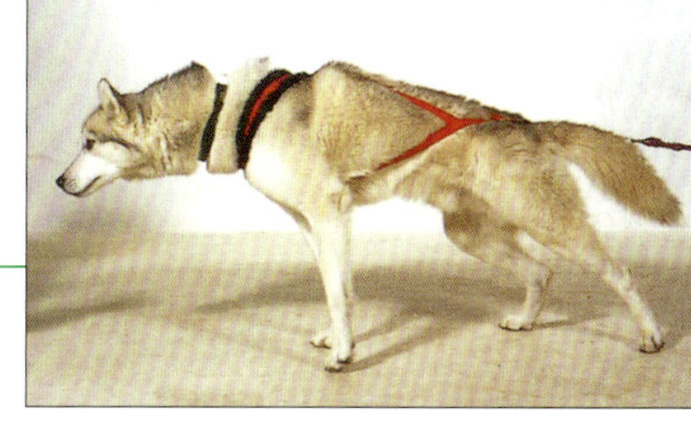

○ 경비견을 기를 때 몇 가지 법적 규제가 있다. 이는 법을 준수하는 일반 시민들이 위험에 처하는 것을 막기 위해서다.

○ 시베리안 허스키는 썰매를 끌기 위해 특별히 길러진 견종이지만, 이 견종에 맞는 적합한 환경이라면 가정에서 키우는 애완견으로도 손색이 없다.

○ 경찰이나 세관에서는 마약을 찾아내는 데 탐지견들을 널리 이용한다.

유럽의 많은 목양견은 이와 달리 늑대와 같은 포식자들로부터 양 떼를 보호하는 가축 경비견으로 일한다. 이런 목양견 중 일부 작업견들은 실제로 아주 어릴 때부터 양들과 함께 자라는 경우가 많다. 이들은 양들과 함께 자라더라도 양들보다 더 침입자의 공격에 맞설 수 있는 능력을 갖추었다.

이런 개들이 함께 일하던 초원에서 벗어나 사람과 같이 생활하면서 집과 재산을 보호하는 경비견으로 탈바꿈한다. 물론 대부분의 견종처럼 이 개들도 적당한 훈련을 받으면 주인에게 한없이 충실한 애완견이 된다.

수백 년 동안 개는 앞 못 보는 사람들에게 길을 안내하는 안내견으로 이용되어왔다. 대표 단체인 영국의 「전국안내견협회」와 미국의 「가이딩 아이즈(Guiding Eyes)」, 한국의 「삼성 맹인 안내견 학교」, 「이삭 도우미 개학교」 등은 안내견을 체계적으로 훈련시키고 관리하고 있다. 안내견으로 쓰이는 견종은 골든 리트리버나 래브라도 리트리버가 있는데, 다른 견종도 훈련시킬 수 있다. 안내견 훈련도 개마다 특정 개인에게 맞추어 훈련시키는데, 입문과정을 마친 후 주인을 정해주는 방법이 더 낫다고 생각하는 성급한 신청자들도 있다.

시각장애인을 위한 안내견 훈련이 성공을 거두자, 사람들은 개가 장애인을 도울 수 있는 방법을 적극적으로 개발하였다. 영국에서는 청각장애인을 위한 보청견 프로그램인 「청각장애인을 위한 보청견(Hearing Dogs for the Deaf)」이 잘 정착되어 있다. 훈련 받은 보청견들은 초인종이 울리면 청각장애인인 주인에게 이를 알려주도록 훈련받는다.

가장 성공적인 서비스견 조직은 「팻 독스(Pat Dogs)」와 「펫 파트너스(Pet Partners)」이다. 여기서 훈련 받은 개들은 주인과 함께 병원이나 말기환자 시설 등을 방문한다. 그곳의 환자들 중에는 집에 두고 온 개를 그리워하는 사람들이 많기 때문에 이 개들에게 말을 걸고 어루만져주면서 위안을 얻는다. 치료견 활동의 치료효과는 뚜렷이 나타나고 있다. 모든 개들이 다 적합하지는 않지만, 어떤 견종이라도 이 일을 할 수 있다. 일단 사람들과 어울리는 걸 좋아해야 하지만, 너무 지나치게 좋은 기분을 드러내는 개는 적합하지 않다.

○ 해리어는 사냥개 중에서 가장 오래된 견종이지만 한번도 애견협회에 등록된 적이 없다.

○ 범인이나 실종자, 그리고 잃어버린 물건을 찾아내는 일은 세계 곳곳에 널리 퍼져 있는 저먼 셰퍼드 도그가 담당하는 또 다른 전문 기술이다.

문제 행동

개가 문제 행동을 반복하는 것은 그동안 문제를 일으켰을 때 야단치지 않거나 허용해서 개가 그런 행동을 해도 괜찮다고 받아들였기 때문이다. 대체로 문제 행동은 사람이 일관성 없는 태도를 보여 개에게 혼란을 일으켰기 때문에 일어난다.

가령 여러분이 소파에 앉아 있을 때 강아지가 귀엽다고 무릎 위에 앉혔다면, 나중에 몸집이 커졌을 때 무릎 위에

❂ 집 안에 있는 물건을 물어뜯는 행동은 단순히 지루하거나 주인과 떨어지는 것이 불안할 때 나타난다.

❂ 뛰어오르는 것이 아마도 가장 흔하게 나타나는 못마땅한 행동일 것이다. 이것은 나중에 고치기보다는 애초부터 하지 못하도록 길들이는 게 훨씬 낫다.

앉으면 안 된다는 사실을 이 강아지가 어떻게 알 수 있을까? 어느 날 문득 여러분이 개를 무릎에서 밀쳐내면 개는 이해하지 못하고 반항하며 대들 것이다.

문제 행동을 고치는 것은 처음에 잘못된 행동을 못 하게 하는 것보다 더 어렵다. 복종훈련은 앞으로 일으킬지도 모르는 행동장애를 극복하는 데 상당히 효과적이다. 많은 애견가들이 개에게 좋은 행동습관을 가르치면서 문제 행동에 대해 관심이 깊어지는 경우가 많다.

지배 행동

무엇이든 제 마음대로 하려는 태도가 실제로 문제를 일으키는 가장 흔한 원인이다. 이러한 지배하려는 행동은 무는 버릇으로 이어진다. 보통 개들은 가족 가운데 한 사람, 또는 여러 사람이 가족을 이끌어가는 리더라는 사실을 배워 나가지만, 자신이 어린아이보다 서열이 높다고 생각하는 개들도 있다.

지배 행동이 항상 교정되는 것은 아니지만, 가족이 모두 협력한다면 이런 행동을 통제할 수는 있다. 통제 방법은 가족과 개의 서열을 재확립하는 것이다.

제1법칙은 여러분이 이긴다는 확신 없이는 절대로 개와 맞서지 않는 것이다. 지배적인 행동을 하는 개들은 이런 경우 자신의 서열을 지키기 위해서 공격적

이고 사나워진다. 개가 달려들어 물어버리면 여러분이 언성을 높이는 것보다 더 나쁜 결과를 일으키므로 주의해야 한다.

이 때는 우선 철저하게 개를 무시하고 외면하는 것부터 시작한다. 이는 가족 모두가 일관되게 행동해야 한다. 그럼 대부분의 개들은 곧 관심을 끌기 위해 스스로 가족들에게 다가온다. 하지만 다가와도 절대 관심을 보이면 안 된다. 안전하다고 생각하면 긴 리드줄을 달고, 이 줄을 이용하여 개가 여러분이 원하는 대로 따르도록 훈련한다.

만일 문제 행동이 계속 되어 소파에서 내려오게 할 때마다 개가 으르렁거린다면 냉담하게 소파 아래로 끌어내린다. 이제부터는 개에게 여러분의 권위를 확실히 인식시켜야 한다.

음식을 주는 방법도 바꾼다. 개를 기다리게 한 뒤 개에게 음식을 가져다 주지 말고, 개가 음식을 먹으러 여러분에게 다가오게 한다. 음식을 준 다음에는 다시 개를 무시한다.

개에게 인사하는 것도 삼간다. 관심을 얻고 싶으면 스스로 다가올 것이다. 다가와도 반기지 않고 거부한다. 여러분의 냉담한 태도를 조금 누그러뜨릴 만큼 개의 행동이 나아졌다고 판단들기 전에는 절대로 받아들이지 않는다. 침실에도 들어오지 못하게 하라. 이제 개는 자신이 우위에 있다고 주장할 만한 기회 — 예를 들어, 여러분의 침실에 들어오지 못함으로써 — 를 다시 얻지 못할 것이다. 의자나 소파에 올라가는 버릇을 단호하게 막아야 한다. 의자처럼 높은 곳에 올라앉으면 개는 자신이 높은 존재가 되었다고 믿게 되므로 주의해야 한다.

바로 리드줄을 풀어줄 필요는 없다. 이것을 이용하면 위험하지 않게 개를 잘 통제할 수 있다. 개와의 힘겨루기에서 완전히 지배하는 쪽은 여러분이어야 한다. 놀이를 시작하는 것도, 놀이를 끝내

방문객을 공격하는 개

1 방문객에게 사납게 달려드는 것은 대개 두려움을 느끼고 방어하는 것이다.

2 개가 좋아하는 과자를 주어서 방문객이 침입자가 아니라는 것을 인식시킨다.

3 행동 통제 훈련이 잘된 개는 이러한 공격적인 행동을 고치기 쉽다.

는 것도 여러분이 결정해야 한다. 무엇보다 개와 정면 대결을 피하는 것이 중요하다. 개와의 정면 대결은 개가 자신이 이겼다고 느낄 수 있기 때문이다. 동시에 여러분이 새로운 위계질서를 세우고자 할 때에는 다른 가족도 이와 똑같이 일관성 있게 행동하는 것이 중요하다.

대부분의 개들은 지배적인 행동 때문에 문제를 일으키지 않는다. 만일 그랬다면 사람이 그토록 좋아하는 벗이 될 수 없었을 것이다. 하지만 일단 이러한 행동을 보이기 시작한 개는 그 행동을 철저하게 통제해야 한다. 그렇지 않으면 나중에 문제를 일으키기 때문이다.

지배적인 행동이나 공격적인 행동을 처음 보였을 때 이를 통제할 수 없다고 생각하면 빨리 앞에서 설명한 간단한 원칙을 따라 행동해야 한다. 그리고 더 나빠지기 전에 전문가에게 보여야 한다.

물어뜯는 행동

개의 바람직하지 않은 행동 중 가장 흔한 것이 사람을 무는 행동이다. 지배 욕구에서 비롯된 공격성이 원인이라고 하지만, 지배 성향이 약한 개들에게 무는 버릇이 있다면 이것은 두려움 때문이다. 누군가 공격한다고 느끼거나 도망가야 할 때 개 스스로 보호할 수 있는 방법은 무는 것이다. 두려움 때문에 사람을 무는 행동은 도망칠 수 없을 때 일어난다.

낯선 존재에 대한 두려움이 문제다. 강아지 때 사람들을 만날 기회가 적었던 개들은 타고난 본능대로 사람들을 모두 낯선 존재로 여기고 그에 따라 반응한다. 어렸을 때부터 훈련하면 이런 공격적인 반응을 확실히 예방할 수 있다. 어릴 때 사람들과 만날 기회가 적었고 낯선 사람을 보면 불안해하는 개라면, 서서히 그리고 조심스럽게 사회성을 키워

○ 개가 불러도 오지 않으면 처음 상태로 되돌아간 것이다.

주는 방법밖에는 대안이 없다. 사람들을 많이 만나서 아무도 낯설게 느껴지지 않으면 물어 뜯는 버릇도 사라진다. 이 같은 방법은 차를 무서워하는 강아지에게도 유용하다. 하지만 강아지가 몹시 두려워하는 대상과 직접 마주치는 방법은 문제 행동을 절대로 치료할 수 없다.

이상한 행동

개를 이길 수는 없다고 생각하는 사람이 있을지도 모르지만, 우리는 모두 개가 고집부리는 것을 어느 정도 눈감아준다. 완벽한 개는 없고, 또 그런 부족한 점이 개의 매력이기도 하다고 여긴다.

주인을 위험에 빠뜨리지는 않지만 아주 이상한 문제 행동을 보이는 개들이 있다. 아주 흔한 행동이 주인이 외출하면 집 안의 물건들을 찢거나 부수는 개

○ 개들이 그들의 사촌인 늑대처럼 울부짖는 것은 당연하다. 집 안에서 기르는 개가 그렇게 울부짖는다면 그것은 대개 고통과 좌절의 표현이다.

○ 개가 맛있는 것을 달라고 애원할 때 어느 선까지 눈감아주어야 할지 빨리 결정해야 한다. 그리고 그 선을 꼭 지켜야 한다.

다. 이런 행동 역시 불안함에서 비롯되었다고 생각하고 그냥 방치하면 좀처럼 나아지지 않는다. 때로는 이상 행동의 원인이 매우 복잡하게 얽혀 있어서, 주인이 많은 노력을 기울여야 고칠 수 있는 경우도 있다. 그리고 이런 이상 행동을 고치려면 반드시 동물 행동심리 전문가의 도움을 얻어야 한다.

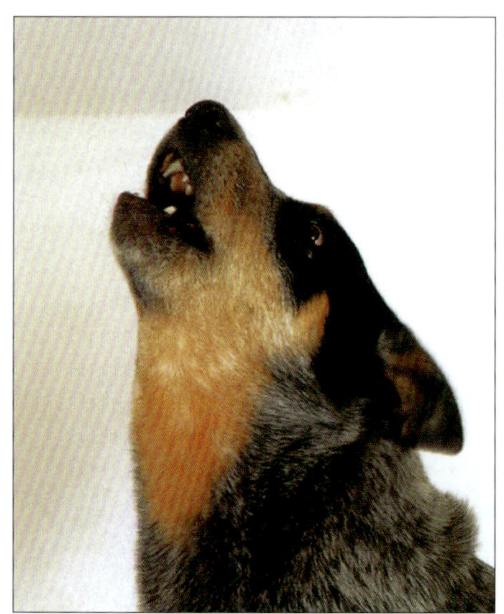

짖는 행동

개는 두려움을 느낄 때 하는 행동을 관심을 끌기 위해서도 이용한다고 한다. 만일 강아지가 어떤 대상을 보고 짖었을 때 주인이 관심을 보이며 자신을 어루만져줬다면, 강아지는 곧 주인의 관심을 끌려면 짖어야한다고 생각하게 된다. 또한 주인이 바로 반응하게 하려면 좀더 과격하게 짖는 것이 효과적이라는 생각도 하게 된다.

건강 관리와 응급 치료
Health Care and First Aid

개가 아픈지 알 수 있으려면 건강한 개의 기준이 어떠한가를 알아야 한다. 건강한 개는 민첩하고 활동적이며 주변에 대한 관심과 호기심이 많다. 강아지는 한참 뛰어놀다가 어느 틈에 깊은 잠에 빠지기도 하는데, 이것은 지극히 정상적인 행동이다. 건강한 개는 눈이나 코에서 분비물이 나오지 않고 깨끗해야 한다. 또한 코끝이 촉촉하고 윤기가 흐르는데, 이 상태는 물론 개가 무엇을 하고 있었느냐에 따라 조금씩 달라질 수 있다.

사람들은 종종 자신이 기르는 개의 코가 건조하면 걱정하지만, 개가 좋아하는 뼈다귀를 찾아 한참 땅을 파헤친 후라면 코끝이 말라 있는 건 당연한 일이다. 귀 역시 깨끗해야 하고 귀지가 없어야 한다. 털은 비듬이 없고, 견종에 따라 털 상태나 길이, 모양은 다르지만 대체로 윤기가 흘러야 한다. 피부에는 염증이나 얼룩이 없어야 한다. 개의 동작에도 문제가 없어야 한다. 즉, 한쪽 다리에 힘을 더 실어 절룩거리며 걷거나 한쪽 다리로만 걷는 것을 더 편안해하는 일 없이 자연스럽게 걸어야 한다. 건강한 개는 식욕 역시 좋아야 한다. 음식을 주면 먹으려고 달려들고, 또 맛있게 먹는다.

◐ 동물병원의 진료실은 편안한 곳이어야 한다. 병원에 오는 일이 개에게 절대로 부담이 되어서는 안 된다.

수의사와의 첫 만남

동물을 전혀 키워보지 않은 사람은 개를 분양 받기 전에 집 근처 동물병원의 수의사를 알아두는 것이 바람직하다. 수의사는 개인의 선호도에 따라 선택하면 된다. 친구의 소개나 다니기 편리한 병원을 고를 수도 있지만, 직접 동물병원을 방문하여 진료가 어떤 식으로 이루어지는지, 진료 시간과 의료 시설은 어떤지 알아보는 것이 무엇보다 중요하다. 새로 기르는 개와 관련해 이런 문제들을 상담하면 수의사들은 보통 흔쾌히 설명해줄 것이다.

강아지를 분양 받아 데려온 지 하루가 지나기 전에 가족들은 강아지에 대해 애착을 느끼게 될 것이다. 하지만 수의

사의 진찰 결과 어떤 문제가 발견되어 강아지를 돌려보낼 수밖에 없는 상황이 벌어질 수 있으므로, 강아지와 가족들 간에 정이 들기 전에 강아지의 건강 검진을 받아야 한다. 따라서 강아지를 데려오는 날 바로 검사를 받을 수 있도록 미리 병원에 예약하는 것이 현명하다.

강아지를 병원에 데려가면 수의사는 우선 분양 전에 검사하는 간단한 건강 검진을 다시 한 후 정밀 검진을 한다. 이 때는 폐와 심장, 귀, 피부, 다리와 발, 나아가 비뇨기와 생식기관에 이르기까지 최대한 자세하게 진료한다.

이 진찰 과정이 강아지를 놀라게 해서는 안 된다. 수의사가 진찰에 앞서 강아지에게 신뢰감을 주기 위해 친근하게 장난을 걸면서 낯을 익히면, 강아지는 두려움 없이 정밀검사를 받을 수 있다.

아직 1차 예방접종을 하지 않은 강아지는 대부분 이 때 접종을 받는다. 주사를 맞힐 때도 강아지가 겁을 먹지 않도록 조심해야 하는데, 대개 강아지들은 주사를 맞고 있다는 사실조차도 못 느낀다. 강아지가 소리를 지르며 울부짖는 최악의 경우에는 주사를 놓은 다음에 잘 어루만져준다. 이 모든 과정이 차분한 가운데 진행되어야 한다.

수의사는 이외에도 기생충 구제와 벼룩 예방에 대해서도 상담해주고, 예방접종을 한 다음 면역력이 생길 때까지 다른 개들과 얼마동안 접촉을 피하도록 권한다.

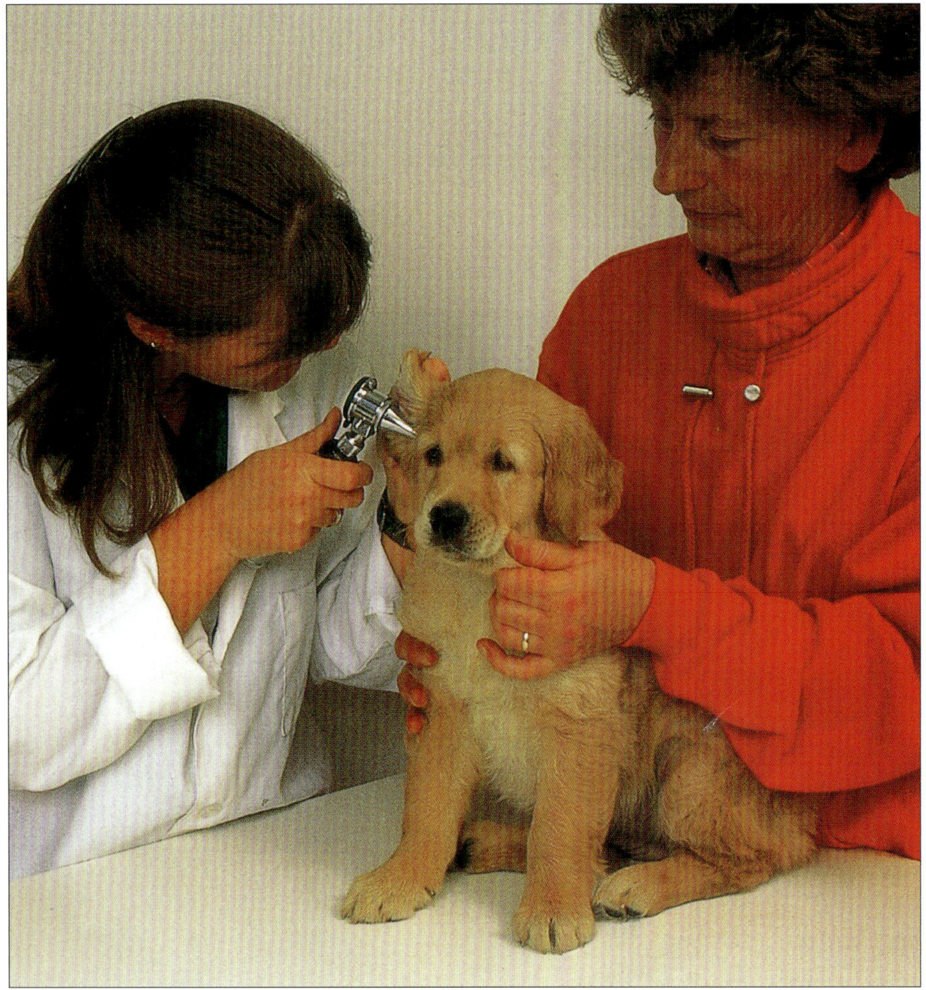

❶ 동물병원에 갔을 때는 개를 가능한 통제하지 말고 편안한 마음으로 긴장을 풀 수 있게 해준다.

❶ 자신감을 갖고 대하면 대부분의 개들은 진찰하는 동안 별다른 통제 없이도 말썽을 일으키지 않는다.

예방접종

예방접종을 하면 개에게 대표적인 4가
지 질병을 예방할 수 있다. 우선, 하드패
드병(hardpad, 디스템퍼와 유사한 질병
으로 발바닥이 딱딱해지는 병)을 포함한
디스템퍼(distemper), 급성 세균염인 간
장과 신장에 감염을 일으키는 렙토스피
라병(leptospirosis), 바이러스에 의한 간
염, 그리고 전염성이 강한 파보바이러
스에 의한 파보 장염 등이다. 1차 예방
접종시에는 이 4가지 외에 켄넬 코프
(kennel cough) 예방 백신을 포함하기
도 한다.

1차 백신 접종은 보통 생후 7~8주
에 실시한다. 그러나 분양자의 사육장에
서 감염 위험 인자가 발견되면 이보다
빨리 접종해야 발병을 막을 수 있다. 그
런데 아주 이른 시기의 예방접종은 정기
접종을 한다는 이유로 소홀해지는 경우
가 많다.

2차 예방접종은 생후 12주에 실시
한다. 접종과 접종 시기 사이는 시간 간
격을 두는데, 왜냐하면 강아지의 면역체
계가 1차 접종한 백신에 적절히 대응할
수 있는 시간 여유를 주는 것이다. 2차
예방접종은 좀더 오랫동안 세균에 감염
되지 않도록 면역력을 높여준다.

1년에 1회 지속적으로 접종하는 백
신은 '효능촉진제(booters)'로 알려져
있다. 많은 사람들은 개가 나이를 먹을
수록 이 효능촉진제의 중요성에 대해 대
수롭지 않게 여긴다. 백신의 성분 중에
는 단 한 번 접종으로 평생 동안 면역력
을 보장하는 것도 있지만, 절대로 과신
해서는 안 된다. 왜냐하면 반드시 1년에
1회 효능촉진제가 필요한 성분이 있기
때문이다.

평생 면역

개의 감염증 가운데 어떤 질병은 평생
1번 이상은 발병하지 않는다. 따라서 이
런 질병을 예방하는 백신은 평생 동안
면역력을 보장한다. 바이러스성 간염도
이런 질병 중 하나다.

효능을 촉진시키는 백신 접종

하지만 어떤 감염증은 1번 이상 걸리지
는 않지만 평생 동안 면역이 보장되지는
않는 것이 있다. 물론 약효가 지속되는
동안에는 확실하게 면역력을 발휘한다.
이런 종류의 질병으로는 디스템퍼, 디스
템퍼와 같은 바이러스에 의한 하드패드
병이 대표적이다. 디스템퍼 백신의 경우
에 발병하지 않도록 면역력을 높이려면
2년마다 1번씩 백신을 접종해야 한다.

이밖에 백신 접종으로 면역력이 생
기기는 하지만 지속 효과가 상대적으로
짧아서 발병할 수 있는 감염증이 있다.
그러나 이러한 감염증은 위험하기 때문
에 백신 접종해야 한다. 여기에는 렙토
스피라병이 있다. 이 감염증은 주로 다
른 개나 여우에 의해 옮겨지지만 간혹
쥐에 의해 감염되기도 한다.

개가 걸릴 수 있는 질병들을 모두
예방하기는 어렵지만, 일반적으로 흔히
접종하는 백신들은 감염을 확실히 막아
준다.

켄넬 코프

후두와 기관에 감염성 염증을 일으키는
켄넬 코프는 완전한 예방법이 없다는 것
이 특히 문제다. 이 질병은 병을 앓고 있
는 개가 기침할 때 내뱉은 침이 공기를
통해 감염된다. 사육장에서 생활하는 개
라도 철망 사이로 코를 부비며 아주 가
깝게 접촉해야 감염된다. 적어도 도그쇼
와 경연대회, 또는 훈련소에서 개들끼리
어울리는 것이 감염의 원인이다.

켄넬 코프는 여러 가지 감염인자가
섞여서 일으키는 질병이다. 이 병에 가
장 효과적인 백신이라도 모든 바이러스
에 작용하지는 못한다. 백신은 콧속에
분무기로 뿌려준다. 대부분의 사육장에
서는 개 주인에게 개를 다른 사육장이나
훈련소에 보내기 전에 반드시 켄넬 코프
예방주사를 접종하도록 조언한다. 강아
지를 분양 받기 전에 백신을 접종해야
한다고 주장하는 사람들도 있는데 이 역
시 설득력이 있다.

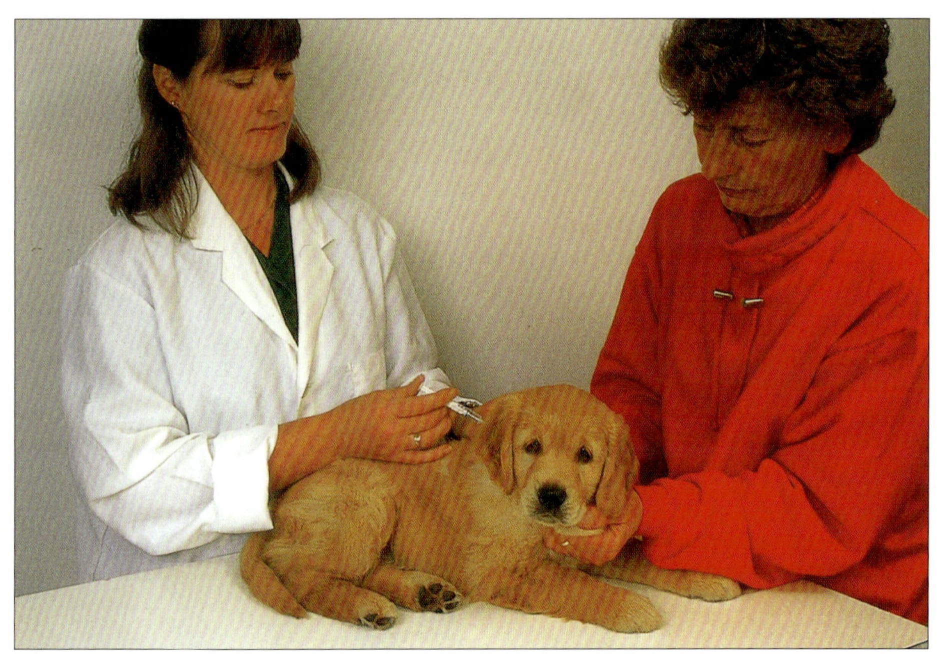

몸 속 기생충

개는 내부 기생충과 외부 기생충 모두에 쉽게 감염된다. 가장 흔한 기생충으로는 개촌충과 개회충이며, 그밖에 개선충·개구충·개편충·개원충·필라리아 등이 있다.

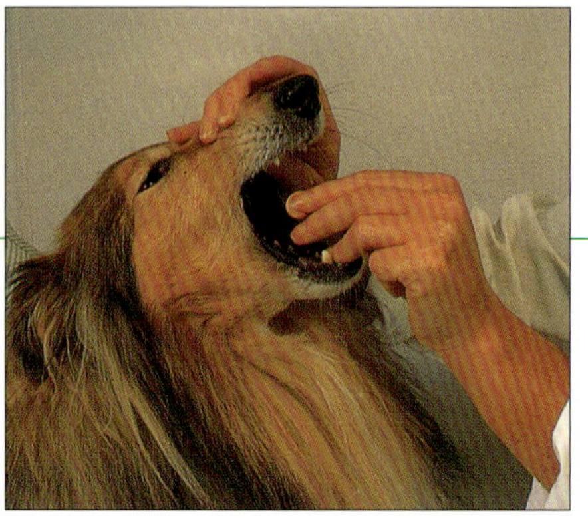

◑ 알약은 혀 뒤로 직접 넣어준다. 개가 알약을 뱉어내지 않도록 맛있는 것으로 감싸서 먹인다.

◑ 개는 속이 거북할 때 풀을 뜯어 먹는데, 대부분 단순히 조금 뜯어 먹는 걸 좋아할 뿐이다.

개촌충

나이에 상관없이 감염되지만, 나이 든 개가 어린 강아지보다 잘 감염된다. 개촌충이 기생하는 대표적인 숙주가 개와 개의 촌충 유충을 먹은 벼룩이다. 개가 그 벼룩을 먹음으로써 감염되어 촌충알이 개 몸 속에서 부화한다.

개촌충은 개의 배설물 속에 섞여 마치 쌀알처럼 보인다. 개가 항문 부위에 지나치게 신경쓰면 개촌충에 감염되었다는 증거다.

개에 기생하는 촌충은 간단하게 구제할 수 있다. 요즘은 복용하기 전에 금식할 필요 없이 간편하고, 부작용도 거의 없으며(간혹 구토를 동반하는 경우가 있다), 효과도 높다.

6개월에 1번씩 구충제를 먹이는 것이 좋다. 하지만 개촌충에 다시 감염되는 것을 막으려면 무엇보다 개 몸에 있는 벼룩과 집 안에 있는 벼룩을 없애는 것이 중요하다.

개회충

개회충은 특히 강아지에게 많다. 개회충은 감염된 개의 대변을 통해 개에게로 직접 감염 즉, 산책 중에 회충알이 들어 있는 대변을 입으로 접촉하는 과정에서 체내로 알이 들어간다. 들어간 알은 소장에서 부화한다. 강아지들은 태어날 때부터 개회충에 감염되어 있을 확률이 높은데, 이것은 어미견의 자궁을 통해 감염되기 때문이다. 개회충은 어미의 체내 조직에 잠복해 있다가 임신 중에 분비되는 호르몬에 의해 활성화된다. 이 회충들이 어미의 몸 속에서 혈액의 흐름을 따라 돌아다니다가 아직 태어나지 않은 강아지의 몸 속으로 들어간다. 임신 초기에 어미견의 몸 속에 있는 회충 덩어리를 없애는 방법으로 구충제를 사용하는 방법이 있지만, 널리 쓰이지는 않는다.

개회충 감염을 예방하려면 생후 3～4주에 강아지들 모두에게 구충제를 먹이고, 사육장을 떠나기 전에 다시 한 번 구충제를 먹여야 한다. 일단 강아지를 분양 받아 집으로 데려온 후에는 담당 수의사의 지시에 따라 생후 6개월이 될 때까지 3～4주에 1번씩 구충제를 반복해서 먹인다.

다 자란 개는 체내에 침입한 회충도 물리칠 수 있을 만큼 면역력이 높아진다. 따라서 생후 6개월이 지나면 정기적으로 구충제를 복용할 필요가 없다. 개의 대변 속에서 회충알을 가려내기란 쉬운 일이 아니지만, 지속적으로 살펴보는 일을 게을리하면 안 된다.

◑ 개들은 모두 항문 주위를 깨끗하게 핥는다. 하지만 너무 자주 핥으면 검진을 받아야 한다.

구충제

1번 먹어서 촌충과 회충을 없애는 약물 치료 방법이 몇 가지 있다. 그 중 하나는 나이 든 개에게 6개월에 1번씩 구충제를 먹이는 것이다. 회충류는 어린이에게 나타나는 아주 희귀한 눈병의 원인이라고 추정된다. 요즘에는 발병률이 낮지만, 개에게 정기적으로 구충제를 먹이면 이런 위험한 질병을 없앨 수 있다. 회충을 제외하고 개와 사람에게 감염되는 기생충들은 서로 전염되지 않는다.

또 다른 기생충으로 개구충이 있다. 치료는 그다지 어렵지 않지만, 감염 여부를 확인하는 진단 절차가 간단하지 않으므로 수의사와 상의하는 것이 좋다. 미국에서는 개의 폐동맥과 우심실에 기생하는 필라리아(심상사상충)가 주로 문제가 된다. 필라리아는 예방약을 먹어서 죽이는데, 이 때 죽은 필라리아가 폐동맥에 쌓일 위험이 있고, 값이 비싼 편이다.

몸 밖 기생충

벼룩

우선 여러분의 개에게 벼룩이 기생한다고 가정해보자. 벼룩은 가장 흔하게 개의 몸에 있는 기생충으로 대부분 피부병의 원인이다.

벼룩은 따뜻하고 안락한 환경에서 번성한다. 예전처럼 여름에 극성을 부리다가 겨울이 되면 없어지는 게 아니다. 그러므로 벼룩 퇴치는 1년 내내 계속해야 한다.

벼룩은 아주 작고 재빨리 움직이며, 아주 멀리 뛸 수 있기 때문에 개에게 기생하는 벼룩을 육안으로 구별하기가 쉽지 않다. 그런데 벼룩은 절대로 혼자서 살지 않는다. 만일 벼룩 한 마리를 봤다면 그 주변에 아주 많은 벼룩이 더 있다고 보아도 틀리지 않다. 한 마리도 안 보이는 경우에도 벼룩은 분명 떼지어 어딘가에 숨어 있을 것이다.

집에서 확인할 수 있는 좋은 방법은 개털을 모아 신문지에 올려놓고 신문지를 물에 적신다. 여기에 빨간 얼룩이 나타나면 개에 벼룩이 기생하는 것이다. 검은 부스러기는 마치 석탄가루처럼 보이지만 사실은 벼룩의 배설물이다.

일단 벼룩이 기생한다고 확신하면, 억제하기는 어렵지만 치료는 간단하다. 벼룩에 효과적이고 안전한 살충 스프레이약과 세척제가 여러 종류 있는데(이 중에는 특히 조심해서 사용해야 하는 약도 있다), 대부분이 사용하고 나면 어느 정도 지속적인 효과가 있다. 하지만 벼룩이 다시 생기지 않도록 예방하는 것은 쉽지 않다. 예를 들어 약이 벼룩에 효과가 있는 기간이 3개월일 때, 시간이 그 정도 지나면 약효가 떨어질 수 있어서 약효 기간은 그 미만이 되어 벼룩이 다시 나타나는 것이다.

최근에는 매달 알약을 먹이는 무독성 구충제가 나왔다. 이 약은 다 자란 벼룩을 죽이는 대신, 벼룩의 번식주기를 교란시키는 작용을 한다. 벼룩 퇴치는 어떤 방법으로든 많은 노력이 필요하다. 효과를 보려면 정기적인 약 투여가 필수다.

벼룩이 숙주를 떠나는 것은 번식을 위해서임을 잊지 말자. 그러므로 여러분의 개에게 벼룩이 기생한다면 개의 잠자리, 집 안 구석구석, 카펫 속, 그리고 소파에 놓인 쿠션들 틈에 말 그대로 수천 마리의 벼룩들이 번식하고 있는 것이다.

집 안에 벼룩이 서식하지 않도록 하는 효과적인 약품들이 많이 있다. 진공청소기로 카펫을 철저하게 청소하는 것도 도움이 되지만 벼룩을 완전히 없애지는 못한다. 수천 개의 벼룩알은 온도만

따뜻하면 아주 오랜 기간 살아 있을 수 있다. 시끄러운 소음은 진동에 의해 수많은 알들을 부화시킨다. 그러므로 진공청소기로 자주 청소해야 한다. 왜냐하면, 껍질 속의 알들은 살충제에는 저항력이 높기 때문이다.

진드기

진드기는 시골에서 기르는 개에게 많이 생긴다. 미국과 오스트레일리아, 남아프리카, 열대지방에서 진드기는 아주 빠른 속도로 개에게 치명적인 질병을 옮긴다. 그래서 이들 지역에서는 1주일에 1번씩 정기적으로 개를 살충액에 담가 씻거나 스프레이를 뿌려서 진드기 감염을 막는다. 하지만 유럽 지역의 개는 그렇지 않다. 이곳에는 진드기가 옮기는 질병을 앓는 개가 많지 않기 때문이다.

진드기는 숙주의 몸에 달라붙어 피를 빨아먹는다. 피를 빨아먹은 진드기는 때때로 개의 피부에 난 사마귀로 오인하기도 한다.

개는 자기 몸에 달라붙어 있는 진드기를 한두 마리 정도는 잡을 수 있지만, 진드기는 여러 마리가 무리를 지어 있다. 성숙한 암컷 진드기는 알을 많이 낳는데, 부화한 새끼 진드기는 무리를 지어 풀잎 줄기에 달라붙어서 적당한 숙주가 나타나기를 기다린다. 그러다가 개가 지나가면 이 새끼 진드기들 가운데 몇몇이 개의 몸에 달라붙는다.

보통 진드기를 한 마리씩 잡아 없애는데, 굳이 그렇게 잡을 필요 없이 진드기를 죽일 수 있는 약을 사용한다. 기생충을 없앨 때 사용하는 액체 귀약은 변성알코올(소량의 메틸알코올이나 가솔린 등을 섞어, 그 독성이나 냄새 때문에 식용으로 쓸 수 없도록 한 에틸알코올)만큼 진드기를 없애는 데 효과적이다. 그리고 술 중에서 진(gin) 역시 효과적이다. 이것으로 진드기가 바로 없어지지는 않지만, 24시간이 지나면 틀림없이 없어진다. 이밖에 대부분의 벼룩제거제 역시 진드기를 없애는 데 효과적이다.

미국에서는 사슴과 쥐에 기생하는 진드기가 옮기는 라임병(Lyme disease)이 개들에게 심각한 위협이 되고 있다. 이 질병은 주로 날씨가 따뜻한 5~6월에 발병하여 7월에 절정을 이룬다. 다행스럽게도 백신이 개발되어 있다.

이

요즘에는 개에 기생하는 이가 보기 드물다. 대개 귀나 머리털에 유충 덩어리가 붙어 있으면 이가 기생하는 것이다. 이는 작고, 잘 움직이지 않으며, 흔히 무더기로 생기고, 개벼룩만큼 가렵지는 않다.

이는 개들끼리 접촉할 때 직접적으로 감염되지만, 사람이나 다른 동물은 옮지 않는다. 살충 효과가 있는 샴푸를 사용하면 없앨 수 있다.

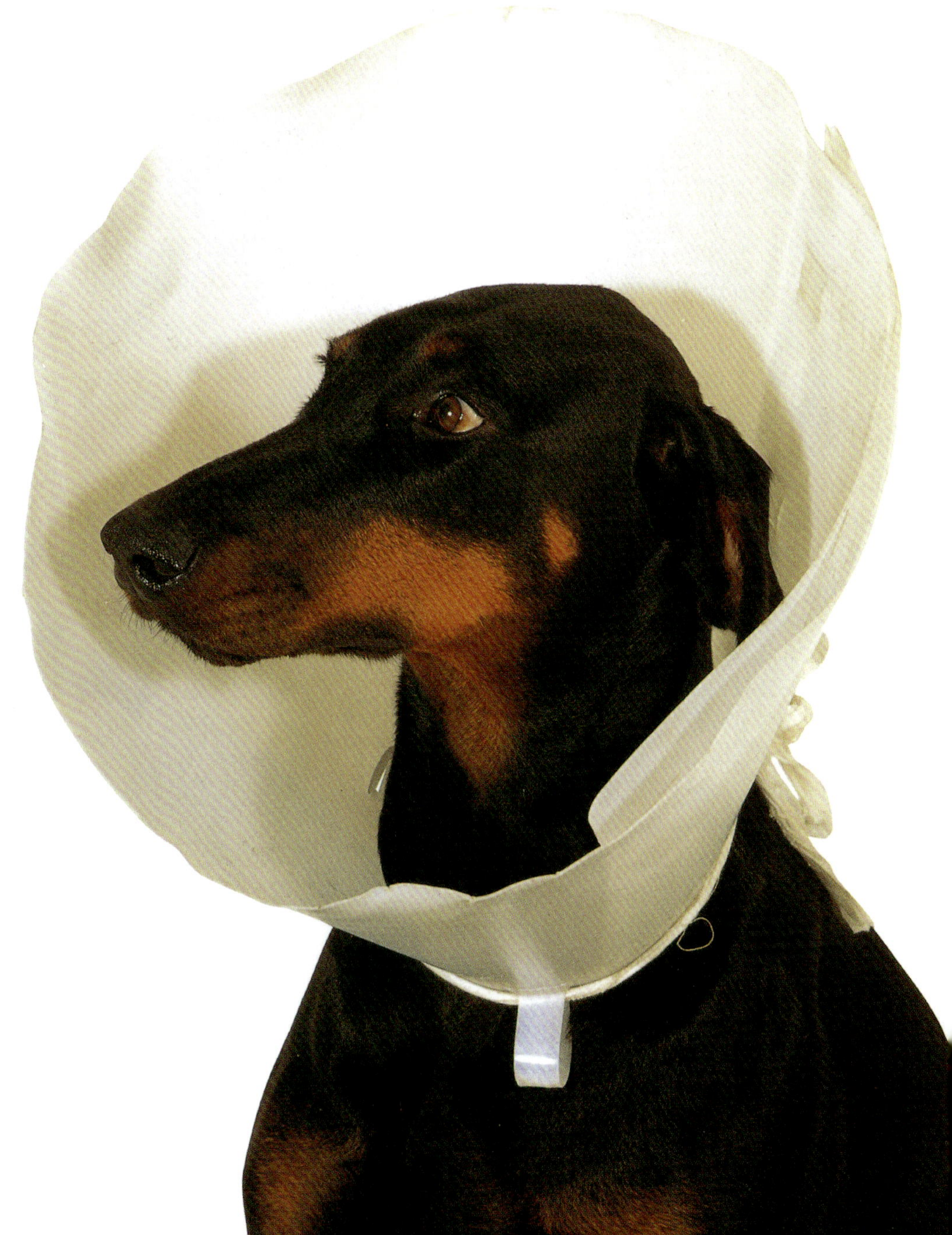

❶ 머리 주위에 상처가 있을 때 사진처럼 엘리자베스 칼라를 씌우면 상처 부위를 핥거나 물어뜯는 것을 막을 수 있다. 염증이 생기면 그 원인이 무엇인지 반드시 알아내야 한다.

질병의 신호

개가 병이 걸렸다는 첫 번째 신호로 음식을 거부한다. 아무리 입맛이 까다로와도 음식을 주면 냄새라도 맡아보는데, 병이 들면 입맛이 없어져 음식을 거들떠 보지도 않는다.

그리고 병에 걸린 개는 평소보다 행동이 느리다. 그러나 아파도 주인이 놀이나 산책을 하자고 하면 호응하는 경우가 많다.

급성 질환

'급성' 이라고 해서 반드시 심각한 질병을 의미하지는 않는다. 담당 수의사가 급성이라고 진단했다면, 단지 병이 빠르게 진행되었다는 의미다. 반면 '만성' 질병은 오랜 시간 진행하면서 그 증상이

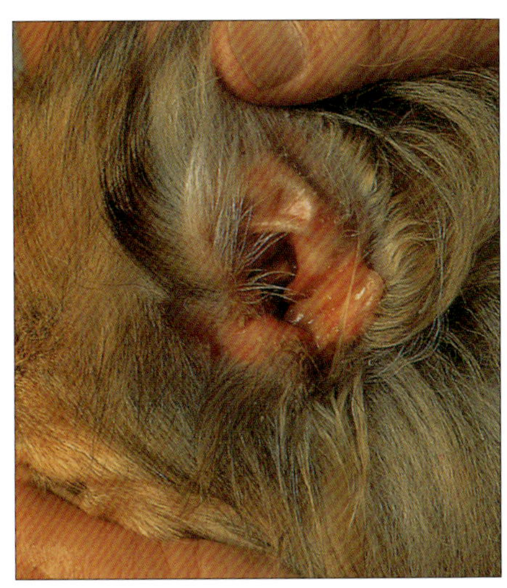

◐ 귀는 매우 민감한 기관이다. 귀에 염증이 생기면 빨리 수의사에게 보여야 한다.

서서히 나타나는 경우를 말한다.

어린 강아지들은 때때로 발작을 일으키는데 대부분 회복이 빠르다. 발작을 일으키면 잘 지켜보아 나중에 병원에 갔을 때 수의사에게 증세를 자세히 설명할 수 있어야 한다. 개가 아무 소리도 없이 그냥 쓰러졌는지, 비명을 지르거나 으르렁거리며 발작했는지, 아니면 다리를 떨었는지, 발작하는 동안 대소변을 누었는지 자세하게 설명해주어야 한다. 발작이 진정된 후에는 진단에 참고할 만한 아무런 증세도 보이지 않기 때문에 수의사가 발작의 원인을 밝혀내기가 어려워진다.

급성 질환의 또 다른 증상으로는 심한 출혈이나, 찔린 상처에서 출혈하는 경우다(응급 치료 참고). 또는 앓는 소리를 내며 괴로워하는 경우(비명, 울음, 몸을 움직일 때마다 날카롭게 짖음), 절룩거리거나 건드리면 아파하는 경우, 대변 볼 때 힘들어하거나 소변을 눌 수 없는 경우도 급성 질환의 신호다. 이밖에 심한 부상이나 상처, 몸이 붓는 부종, 눈이 감겼거나 심하게 찢어진 상처에 생긴 염증, 특히 귀나 머리 부위를 심하게 긁거나 문지르는 경우가 급성에 해당한다.

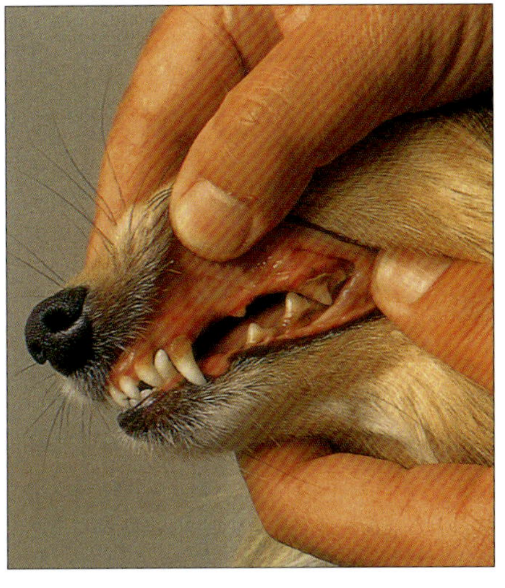

◐ 요즘의 개사료는 먹으면 이에 치석이 생기기 쉽다. 치석을 방치해서 더 심각한 질병이 생기지 않도록 관심을 기울여야 한다.

만성 질환

만성 질환의 증상은 대부분 서서히 나타나고 미세한 경우가 많아서 알아차리기 어렵다.

흔히 몇 주 동안 몸무게가 지속적으로 줄어들었다면 만성 질환을 의심해보는데, 이 때는 평소와 다름없는 식욕을 보이기도 하고, 약간의 식욕감퇴를 동반하기도 한다.

조금씩 몸이 부으면 신체 표면에 종양이 자라는 것일 수도 있다. 대개 악성은 아니지만 주의 깊게 살펴봐야 한다.

그밖의 만성 질환의 신호로는 털이 빠지는 증상이다. 피부에 염증이 생겨서 털이 빠질 수도 있지만, 염증이 없는데도 탈모 증세를 보이는 경우가 있고, 가려워서 긁기도 한다. 또 다리를 절룩거리는 정도가 점점 심해지거나 물을 지나치게 많이 마시는 것도 만성 질환의 신호다. 입이나 몸에서 악취가 나는 경우도 있다. 구토를 하는 경우는 내장에 문제가 생길 수도 있지만, 건강한 개도 구토하는 경우가 많다. 예를 들어, 어미개가 새끼 강아지들에게 주려고 먹었던 것을 토해내는 것은 아주 자연스러운 일이다.

급성 질환의 증상

팽팽하게 부푼 배 : 음식을 먹고 1~2시간 후에 배가 풍선처럼 부어오르고, 헐떡거리거나 침을 흘리는 등 뚜렷하게 고통을 호소하면 위 확장증으로 위급한 상황이다.

구토 : 구토를 여러 번 할 때, 특히 12시간 동안 증세가 지속될 때. 1~2번 토하는 것은 흔한 일로 무언가 잘못 먹었을 때 나오는 정상적인 반응이다. 아픈 척하려고 일부러 풀을 뜯어먹는 개들도 있으므로 가끔씩 풀을 먹는다고 해도 전혀 걱정할 일은 아니다. 하지만 풀을 먹은 뒤 구토가 멎지 않고 계속되면 급성 질환일 가능성이 있다.

설사 : 설사를 24시간 이상 계속할 때. 설사는 흔히 구토를 동반하는데, 배설물에 피가 섞여 나오면 빨리 치료해야 한다.

호흡 곤란 : 숨이 차고 헐떡거릴 때.

실신 : 의식이 없고 발작을 할 때.

이런 증세를 보이면 바로 병원으로 가 수의사에게 보여야 한다.

응급 치료

○ 종기나 발진이 생겼어도 개의 긴 털에 가리워져
오랜 시간 방치하는 경우가 일어난다.

응급 치료는 주인이 직접 할 수 있는 경우인지를 살펴보고 질병에 따라 구분하여 실시해야 한다. 응급 치료는 수의사에게 보이기 전까지 증세가 악화되는 것을 최소한으로 줄일 수 있다.

종기와 발진

개는 스스로 제 몸을 물어서 곪거나 종기가 나게 만든다. 가려우면 피부가 벗겨질 때까지 물어뜯는다. 벌레에게 물리거나, 쐐기풀 같은 자극적인 물질에 닿거나, 또는 몸 안팎의 특정 물질에 대한 알레르기 반응으로 발진이 생긴다. 자극 물질 때문에 생긴 상처인지 아니면 가려움을 참지 못해 스스로 긁어서 낸 상처인지 분간할 수 없는 경우도 종종 있다.

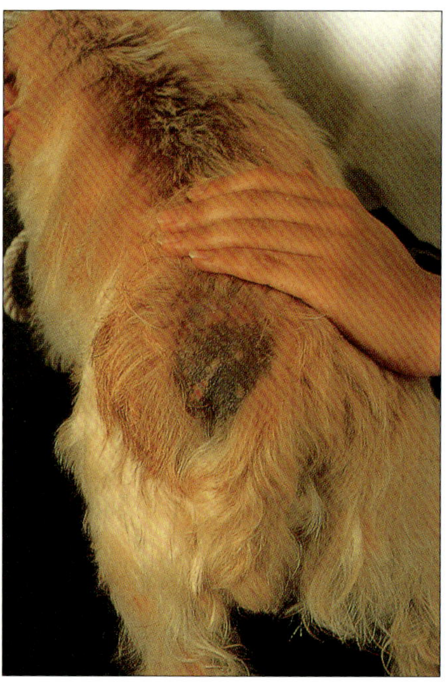

가정에서 직접 응급 치료를 하거나 동물병원을 찾아가는 것보다 우선 그 원인을 제거하는 것이 중요하다.

개가 평소보다 몸을 많이 긁을 경우는 대부분 벼룩이 원인이다. 벼룩은 절대로 한 마리만 생기지 않고 여러 마리가 모여 있기 때문에 1 ~ 2마리만 생겨도 가려움증이 시작된다. 가려움증을 없애려면 벼룩을 없애야 한다(몸 밖 기생충 참고). 벼룩을 없애면 대개 가려움증은 사라지지만, 계속되면 레스큐 크림(Rescue cream)같이 손상된 피부나 염증을 낫게 하는 약만 발라주어도 충분하다.

응급 치료 준비물

구급상자에 넣어야 할 것 중에서 가장 중요한 것이 담당 수의사의 이름과 전화번호다. 수의사의 연락처를 다른 곳에 두었어도, 하나 더 복사해서 다른 응급 치료 도구들과 함께 구급상자 안에 넣어두자.

탈지면
가제로 된 접착 붕대(각각 폭 5cm, 10cm)
가제 약솜, 살균 붕대
면봉
끝이 뾰족한 가위
체온계
끝이 뭉툭한 중간 크기의 핀셋
플라스틱 주사기(20ml)
안약, 귀 소독용 물약
살균 연고, 항생 연고
살균 파우더와 세정제
레스큐 크림
약용 액체 파라핀

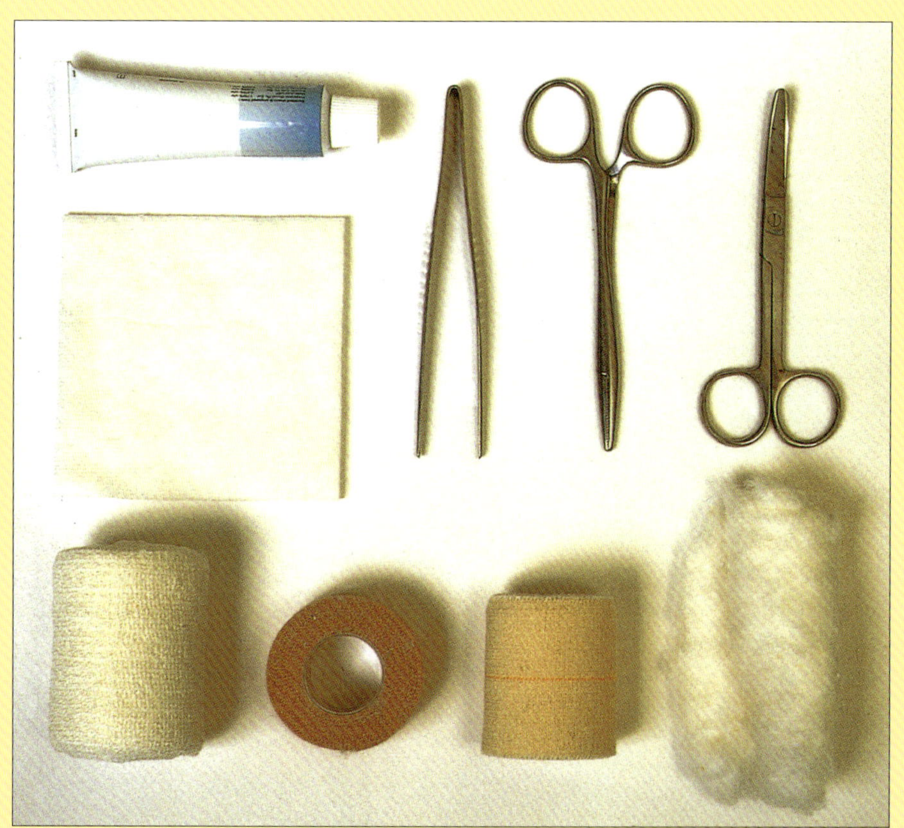

○ 응급 치료 도구 중에서 상처 부위를 더듬어 찾을 때는 절대로 핀셋을 사용하면 안 된다.
어떤 것이든 핀셋으로 제거하려면 그 위치를 정확하게 볼 수 있는 경우여야 한다.

체온 재기

1 우선 체온계를 흔들어서 수은 높이가 개의 정상 체온보다 내려가게 한다. 요즘엔 전자체온계를 많이 사용한다.

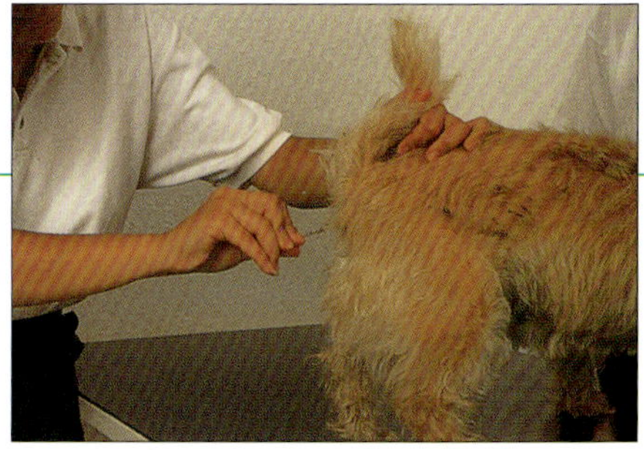

2 윤활제를 바른 체온계를 조심스럽게 개의 항문 속에 넣고 직장 옆쪽을 살짝 누른다.

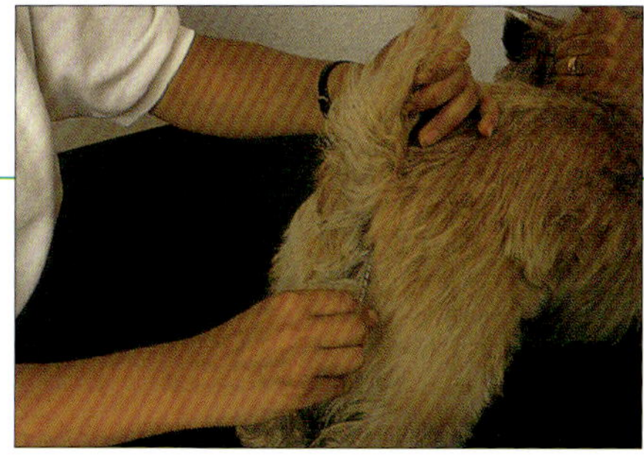

3 체온계를 넣은 채 약 60초 동안 둔 뒤 체온계를 빼내어 체온을 확인한다.

발에 붕대 감기

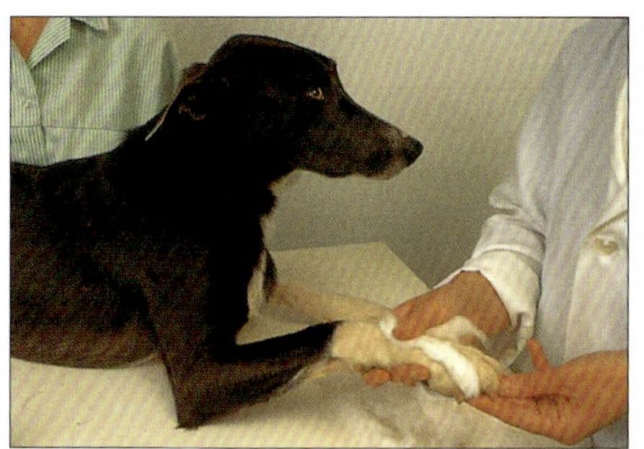

1 우선 개의 발가락 사이에 솜을 끼운다.

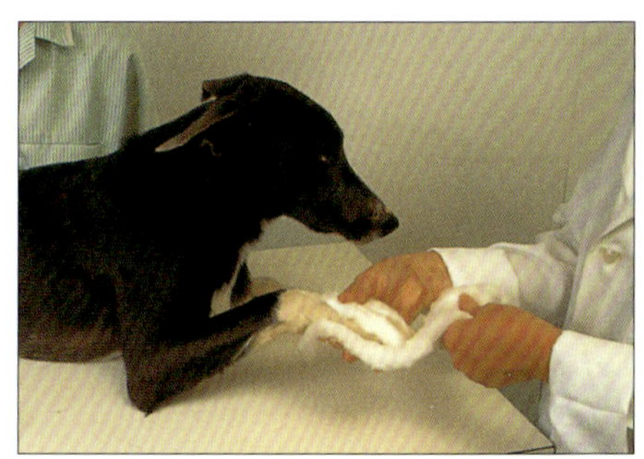

2 붕대를 감기 전에 상처 부위를 보호하기 위해 발끝까지 넉넉하게 탈지면을 덧댄다.

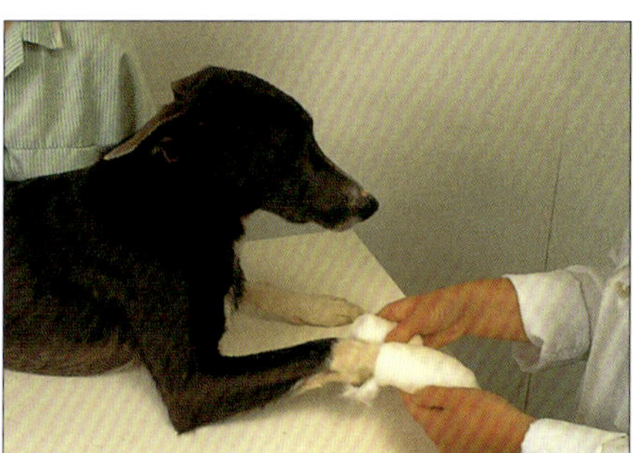

3 붕대는 발끝까지 감싸고 상처 부위보다 넓게 감는다.

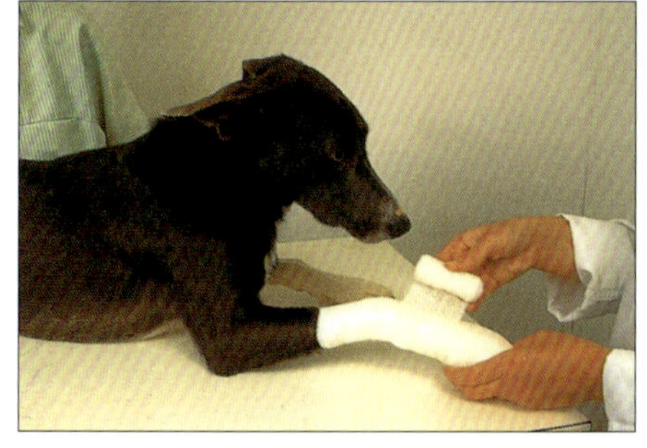

4 붕대로 다리를 단단하게 감는다. 단, 너무 단단히 감아서 혈액순환에 장애를 주지 않도록 주의한다.

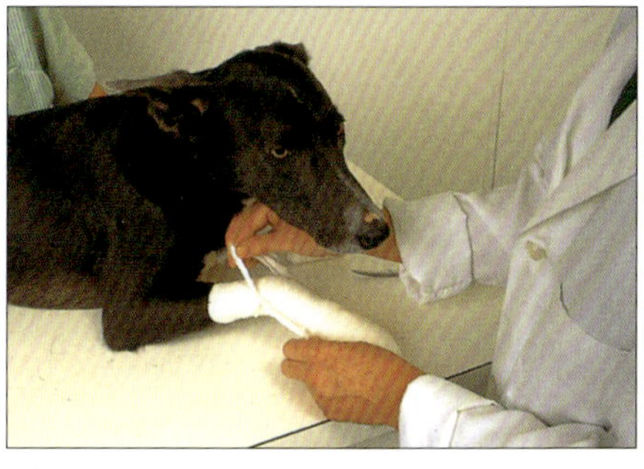

5 상처 부위 위로 붕대를 잘 묶는다.

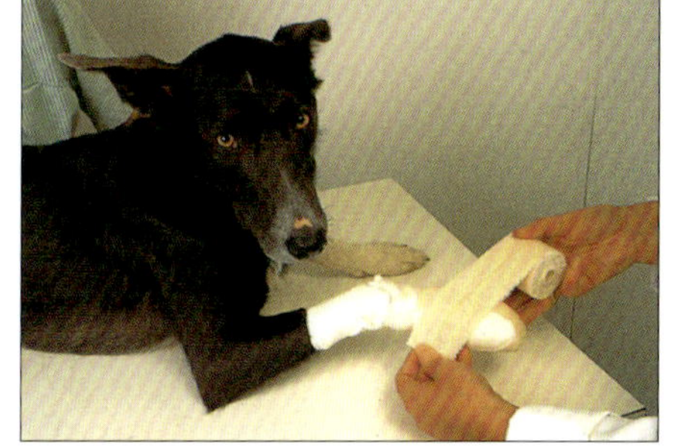

6 붕대를 감은 부위에 접착 붕대를 단단하게 감는다. 너무 꽉 끼지 않도록 주의하고, 다리 뒤쪽에서 고정시킨다.

베거나 긁힌 상처

얼마나 깊고 넓게 벤 상처인가, 또는 가려운 부위가 얼마나 넓고 또 얼마나 심한가에 따라 치료 방법이 달라진다. 개의 피부는 그다지 피가 많이 나지 않으므로 상당히 크게 베이더라도 출혈이 거의 없고, 상처 부위가 털로 덮여 있어서 알아차리지 못하고 지나치기 쉽다.

개의 몸에서 피가 나면 꼼꼼히 살펴봐야 한다. 상처 부위를 확인하면, 우선 잘 보이도록 상처 주변의 털을 가위로 깎는다. 벤 상처가 깊거나 1cm가 넘으면 주의해야 하는 경우인데 병원에서 1~2 바늘 꿰매야 한다.

일단 개를 병원에 데려가기로 결정하면, 출혈이 심하지 않은 한 상처를 건드리지 말고 그대로 둔다. 상처를 꿰매는 것보다, 여러분이 어설프게 두른 붕대를 풀고 소독하는 데 시간이 더 걸리기 때문이다.

가볍게 벤 상처나 피부 표면이 살짝 벗겨진 경우에는 따로 치료할 필요 없이 상처를 진정시키는 연고를 발라주면 충분하다. 하지만 연고를 발라주는 것이 도움이 되기보다는 개가 상처에 신경쓰게 만들어서 낫는 데 시간이 더 걸릴 수도 있다.

따라서 살짝 벤 상처는 주변의 털만 잘 다듬어주면 특별한 치료가 필요 없다. 순한 소독약으로 상처 부위를 소독하고, 혹시 상처가 부어오르지 않는지 살펴보는 것으로 충분하다. 상처가 부어오르면 이미 감염되었다는 증거다.

물린 상처

물린 상처는 감염으로 발전하기 쉽다. 구멍이 난 상처 부위는 감염 가능성이 특히 높다. 상처 부위가 여러 곳이고 넓어서 수의사의 치료가 필요한 상황이 아니면 위급하지는 않다. 하지만 24시간 내에 개를 병원에 데려가서 수의사에게 보이고 항생제를 맞아야 하는지 확인해야 한다. 그 전에 살균 연고로 상처 부위를 깨끗이 소독하는 것은 괜찮다.

출혈

상처 부위의 출혈 정도에 따라 치료가 달라진다. 피부 표면에 난 상처는 소독하고 살균 연고를 조금 발라준 다음 경과를 살펴보는 것으로 충분하다. 상처가 가벼우면 곧 출혈이 멎을 것이다.

출혈이 심하면 위급한 상황인데, 상처가 깊으므로 즉시 수의사의 진찰을 받아야 한다. 병원으로 옮기는 동안에 출혈이 더 심해지지 않도록 몇 가지 응급 처치를 해주면 큰 도움이 되어 개의 생명을 구할 수도 있다. 지혈용 압박대는 이제 더 이상 사용하지 않으므로, 상처 부위를 압박 붕대로 감아준다.

압박 붕대를 사용하는 경우는 드물지만, 구급상자에 있는 탈지면과 붕대는 요긴하게 쓰인다. 응급 상황이 생기면 탈지면을 크게 잘라서 상처 부위에 대고 붕대를 단단하게 감는다. 상처 부위가 다리일 때는 붕대를 발끝까지 감아야 하며, 상처 부위에서부터 아래쪽 전체를 붕대로 감아주는 게 좋다. 상처 부위를 단단히 감았는지 확인하고 병원에 데리고 간다.

열사병

개들 중에서도 열사병에 특히 약한 견종이 있다. 대표적인 견종이 차우차우와 불도그이며, 이외에 코가 짧은 몇몇 견

1 열사병에 걸렸다는 첫 신호는 눈에 띄게 괴로워하고 쉴새없이 헐떡거리는 것이다.

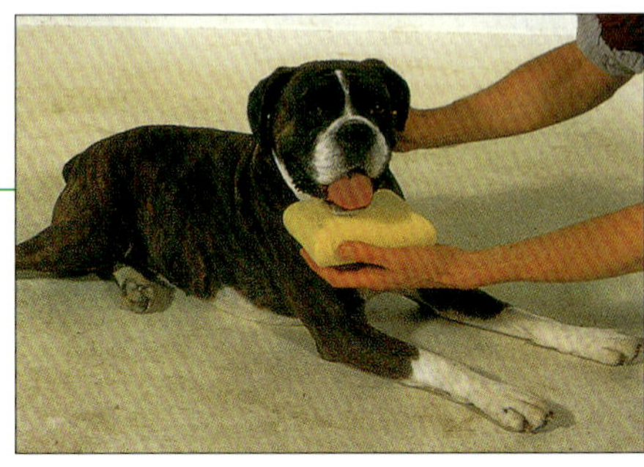

2 이 때는 바로 찬물을 적신 스펀지로 몸을 닦아주거나, 찬물을 호스로 뿌려준다. 특히 머리를 흠뻑 적셔주는 것을 잊지 말자.

종 또한 열사병에 걸리기 쉽다.

개가 열사병에 걸리는 가장 큰 이유는 사람의 실수 때문이다. 뜨거운 여름날 환기가 되지 않는 자동차 안에 개를 방치하는 경우를 흔히 볼 수 있다. 주인이 미처 생각하지 못했거나, 쇼핑 시간이 예상보다 길어져 개가 자동차에 갇힌 채 방치되는 경우이다. 여름철 문을 닫아놓은 자동차 안은 그렇게 덥지 않은 날씨에서도 개가 목숨을 잃을 만큼 기온이 상승한다. 많은 개들이 이 때문에 죽는다. 뜨거운 열기로 스트레스를 받을 때 개는 심하게 헐떡거리고, 눈에 띄게 고통스러워하며, 목이 졸릴 때와 같은 신음소리를 내며, 숨도 제대로 쉬지 못한다. 이 때 헛바닥은 부풀어오르고 파

귀에 붕대 감기

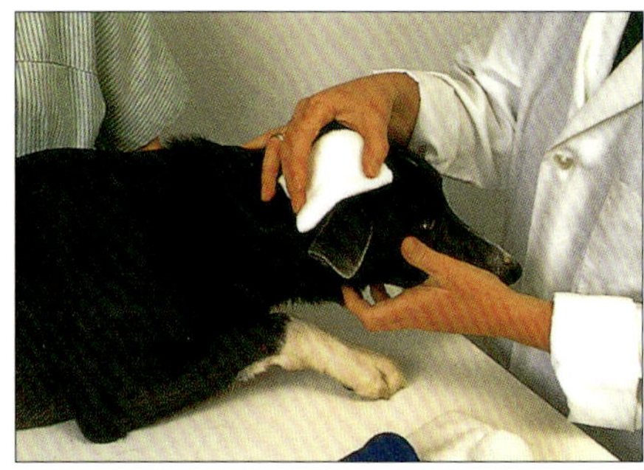

1 개들끼리 싸우다가 귀를 다치는 경우가 흔한데, 이 때는 피를 많이 흘린다. 우선 상처 부위를 깨끗이 소독하고 귀 뒤에 흡수성 패드를 댄다.

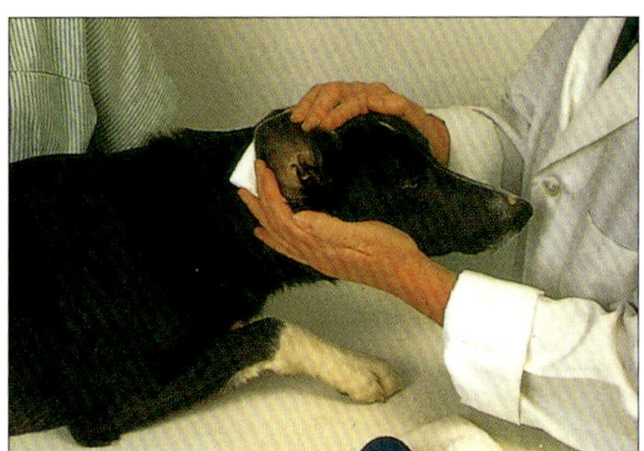

2 패드를 댄 쪽으로 귀를 살짝 젖힌다.

꼬리에 붕대 감기

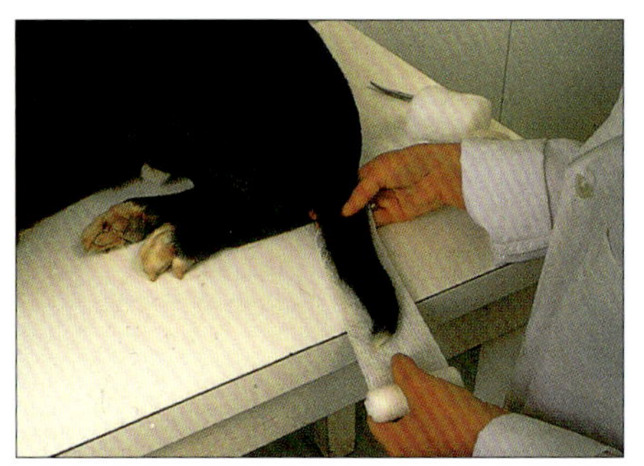

1 꼬리는 붕대 감기가 어렵다. 우선 붕대를 세로로 길게 해서 꼬리를 감싼다.

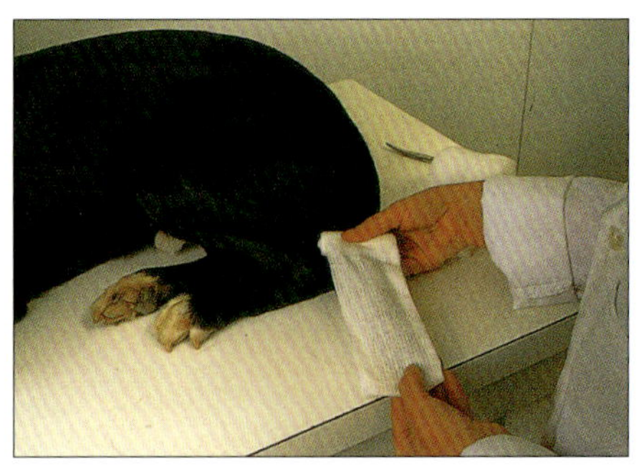

2 꼬리 길이대로 자른 붕대를 꼬리에 댄다.

3 젖은 수건을 자주 바꿔주면 열을 식히는 데 효과적이다. 또 뜨거운 곳에 있을 때도 이렇게 해주면 열사병을 방지할 수 있다.

랗게 변한다.

이런 경우에는 응급 처치를 해주어야 한다. 무조건 병원으로 데려가기보다는 주인이 직접 의식을 회복시키는 소생술을 하는 것이 우선이다.

차가운 물을 충분히 공급해주는 것이 응급 처치 방법이다. 가능하면 몸 전체를 찬물로 흠뻑 적셔주는 것이 좋다. 목욕통(근처에 큰 물통이 있으면 그것을 써도 된다)에 개를 옮겨놓고 온몸에 찬물을 끼얹어주는데, 특히 머리 부분을 흠뻑 적셔준다. 개가 숨쉬기가 조금 편안해질 때까지 이 찬물 목욕을 계속한 후에 개를 수의사에게 데려간다. 수의사는 개를 공기가 통하는 곳에 옮겨놓고 목이 부어오른 것을 가라앉히기 위해 주사를 놓는다. 만약 도그쇼 등의 행사에 참석하느라 근처에 개를 돌봐줄 수의사가 없다면, 병원에 데려가기 전에 생명을 구할 수 있는 응급 처치를 서둘러서 실시해야 한다.

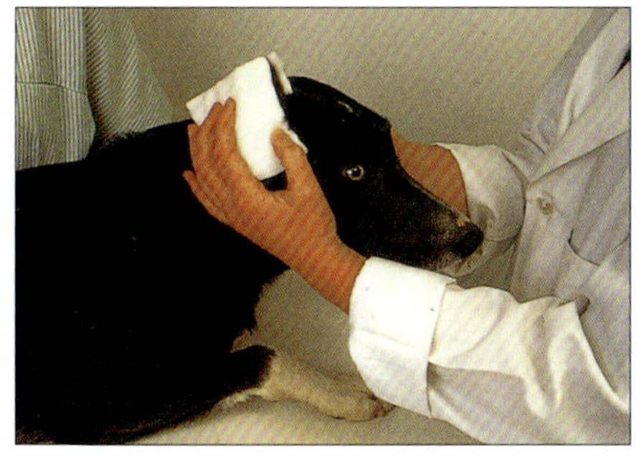

3 뒤로 젖힌 귀 위에 패드를 댄다.

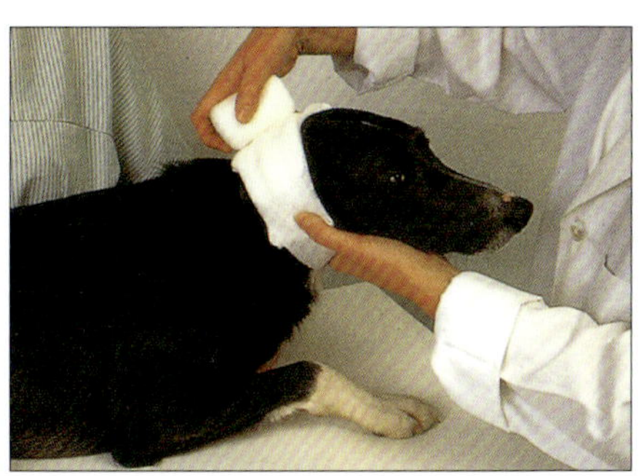

4 귀 뒤쪽에서 앞쪽으로 목에 붕대를 감기 시작한다. 상처난 귀를 감쌀 때 너무 단단하게 감지 않는다.

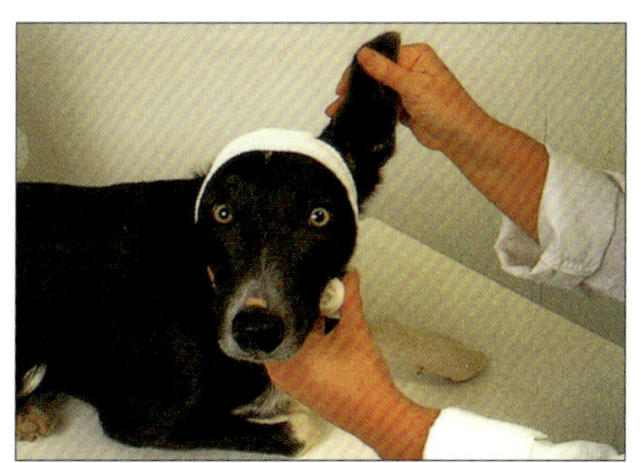

5 다치지 않은 귀는 붕대를 감지 않고 그대로 둔다.

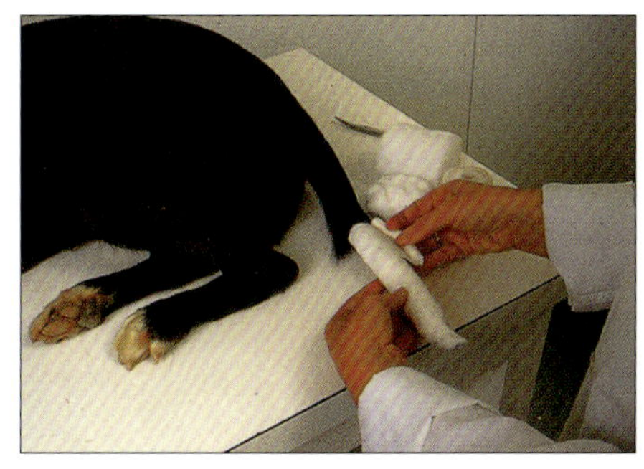

3 꼬리에 붕대를 감는다. 꼬리털이 빠져나오지 않게 붕대를 잘 돌려서 감는다.

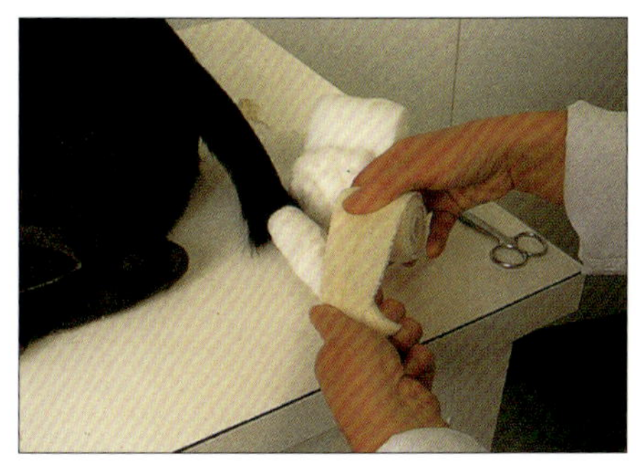

4 붕대를 다 감은 뒤에는 접착 붕대를 감는다.

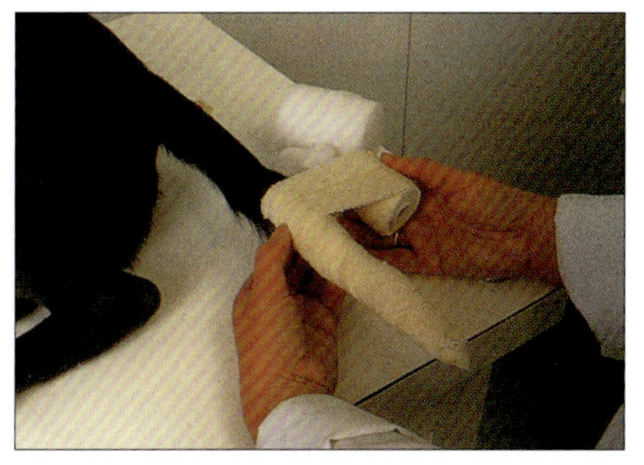

5 감은 붕대 끝까지 접착 붕대를 잘 감고 털이 빠져나오지 않도록 주의한다.

이 검사와 칫솔질

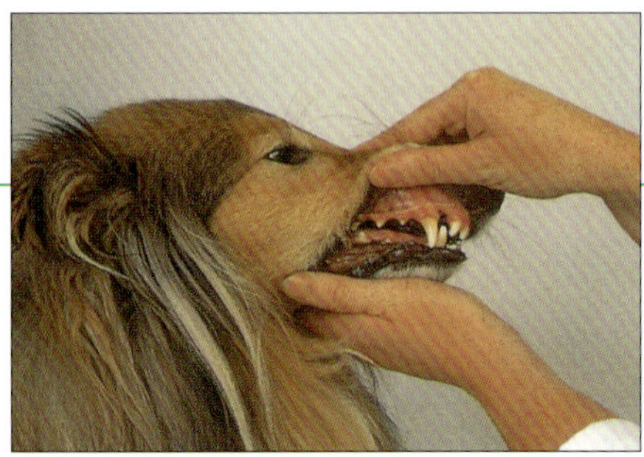

1 규칙적으로 이를 닦아주면 치태(플라크)와 치석이 조금 낀다.

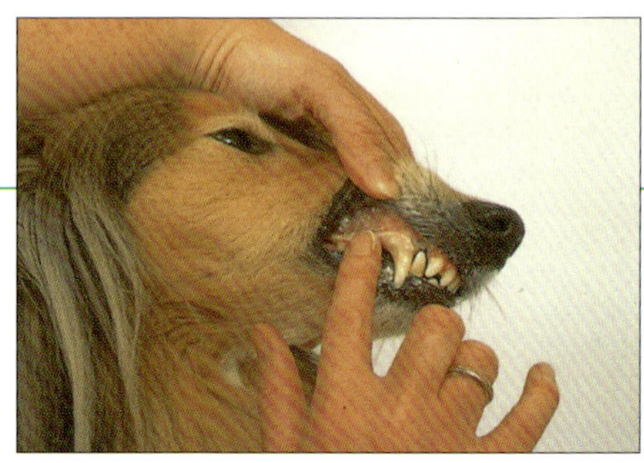

2 개가 칫솔 사용을 싫어할 때는 손가락 끝에 치약을 묻혀 닦아줘도 효과적이다.

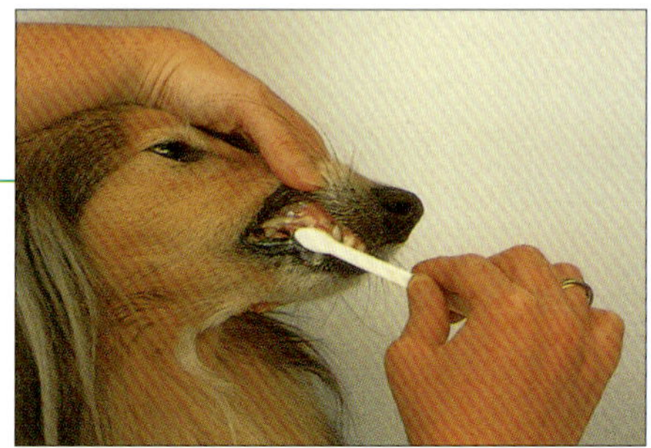

3 애견 전용 칫솔을 사용하면 개가 편안해서 잘 참는다.

눈 검사

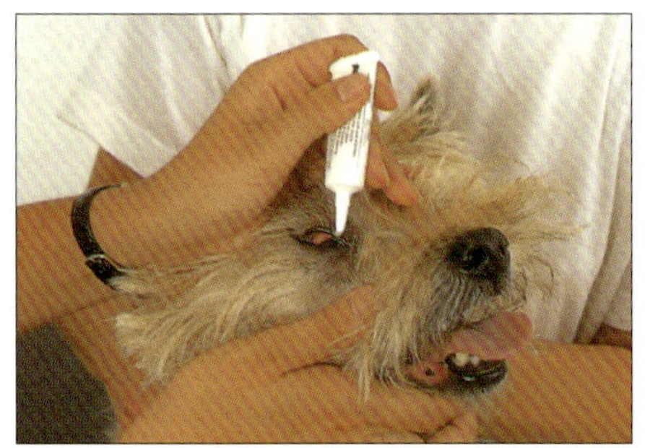

1 눈에 연고를 바르거나 안약을 넣을 때는 세심한 주의가 필요하다. 개의 눈꺼풀을 들어올려 약이 눈에 잘 들어가도록 하는 게 중요하다.

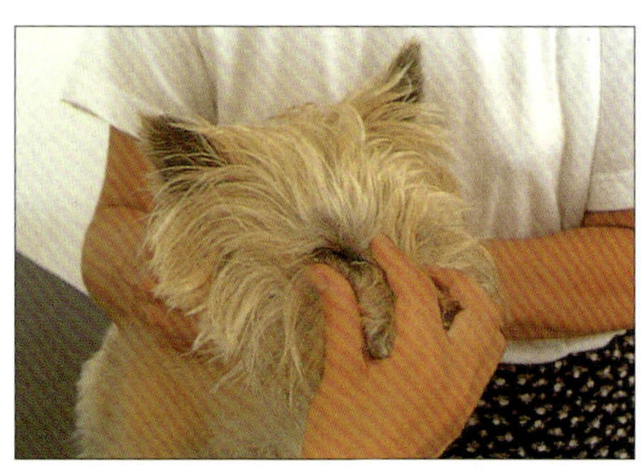

2 안약을 몇 방울 떨어뜨린 다음에는 눈꺼풀을 살살 문질러서 약이 고루 퍼지게 한다.

⬦ 아픈 개는 따뜻하고 습기 없는 곳에서 편안히 쉬게 해야 한다. 음식을 먹도록 달랠 수는 있지만, 절대로 억지로 먹여서는 안 된다. 개가 물을 쉽게 마실 수 있도록 주위에 물그릇을 놓아두는 것도 잊지 말자.

뱀에게 물리거나 독이 있는 동물에게 쏘인 상처

이런 상처들은 물리는 것을 직접 보지 않고서는 알아차리기 어렵다. 독의 종류가 무엇이며, 어느 부위를 물렸는지, 그리고 개의 나이에 따라 위급한 정도가 달라진다. 어린 강아지가 나이 든 큰 개보다 더 위험하다.

영국에서 유일한 독사는 살무사다. 특히 모래지역에 많이 서식하기 때문에 다른 지역보다 더 위험하다. 미국과 오스트레일리아, 아프리카에서 개를 무는 가장 흔한 뱀은 독사다. 독성을 지닌 북아메리카 뱀에는 산호뱀과 방울뱀이 있다.

독사들이 따뜻한 봄날 햇볕을 쬐러 나왔을 때, 개가 이렇게 나와 있는 독사들을 탐색하러 다가왔다가 뱀에게 얼굴과 머리, 또는 목 부위를 물리는 경우가 가장 많이 생긴다.

개와 함께 산 속을 산책할 때 개의 얼굴이 부어오르기 시작하면 뱀에게 물렸을 가능성을 생각해야 한다. 부어오르기는 해도 숨쉬는 것을 고통스러워하지 않으면, 생명이 위급한 상황은 아니지만 바로 치료해야 한다. 그러므로 차가 있는 곳이나 집까지 뛰어오지 않아도 괜찮다. 하지만 개는 천천히 걷게 하고, 되도록 움직이지 않게 해야 한다. 몸집이 작은 개는 안아서 바로 동물병원으로 데려간다. 영국에서 살무사에 물려서 목숨을 잃는 개는 거의 없지만, 해마다 많은 개들이 뱀의 독과 감염의 복합 작용으로

○ 되도록이면 다친 개는 움직이지 않게 한다. 개를 들어올려 병원으로 데려갈 때도 조심스럽게 다룬다.

곪은 상처로 고통받는다.

독이 없는 뱀에게 물렸을 때는 물린 부위를 깨끗하게 씻어내야 한다. 뱀 이빨에 있는 세균으로 감염을 일으킬 수 있기 때문이다.

응급 치료의 요령에서 뱀에게 물렸을 경우를 다루는 이유는 단 하나다. 즉 뱀에게 물렸을 때는 상처 부위를 입으로 빨아서 독을 완전히 뽑아내야 한다는 통념 때문이다. 하지만 절대로 그렇게 해서는 안 된다.

꿀벌과 말벌의 침 역시 뱀한테 물리는 경우와 비슷한 치사율을 보인다. 대부분 쏘인 자리가 부어올라서 기도를 막지 않으면 치명적인 상처는 아니다. 그러나 벌침에 여러 군데를 쏘여 쇼크로 개가 죽는 경우가 있는데, 이런 일은 드물다.

독거미에게 물리는 경우는 흔한 일이 아니지만, 사실 이런 사고가 미국과 영국에서 일어나고 있다. 한편 오스트레일리아의 깔대기거미과에 속하는 아트락스(atrax)는 독성이 아주 강하다.

꿀벌이나 말벌에 단 한 차례 쏘여 부어오른 경우는 대개 수의사에게 치료받을 필요가 없다. 집에서 부기를 가라앉히는 연고를 발라주고 보살펴주면 금방 낫는다. 연고를 발라주면 개가 상처를 긁는 일도 방지할 수 있다.

질식

어떤 개들은 상습적으로 돌멩이나 막대기를 씹거나 공을 쫓아다닌다. 이 때 이런 것들을 삼켜 목에 걸릴 위험이 있다. 반쯤 삼킨 공이 기도를 막으면 응급 상황이다. 이런 경우 응급 처치를 하려면 두 사람이 필요한데, 개에게 물릴 위험이 있기 때문이다. 만약 목에 공이 걸린 것 같으면 입 안을 자세히 들여다본다. 이 때 개가 입을 다물다가 손가락을 물

지 않도록 나무토막을 입에 물리는 것도 도움이 된다. 한 사람이 개의 머리를 붙잡고 있는 동안 다른 한 사람은 개의 입 속을 들여다본다. 공이 목에 걸려 있는 경우에는 손을 직접 넣는 것보다 가느다란 막대기로 들어올려 꺼내는 편이 안전하다.

나뭇조각이 이 사이에 끼거나 목구멍 깊숙이 걸리는 경우도 자주 일어난다. 핀셋을 이용하여 꺼내면 좋은데, 역시 조심해야 한다. 이런 사고로 병원을 찾으면 수의사들은 진정제를 주사한 뒤에 개의 입 속에 걸린 이물질을 빼낸다.

교통사고를 당했을 때

교통사고를 당한 개는 기본적으로 통제하기 어렵다. 따라서 어디를 얼마나 다쳤는지 살펴보기 전에 우선 무엇이든 적당한 끈을 찾아 개를 붙들어 매야 한다. 이 때 개에게 물리지 않도록 조심해야 한다.

붙들어 매는 방법은 먼저 올가미를 만들어서 개를 건드리지 않고 목에 건다. 원래 개가 하고 있던 리드줄이나 그 밖에 다른 줄로 쉽게 올가미를 만들 수 있다.

그 다음에는 개가 완전히 의식을 잃

지 않았으면 개에게 입마개를 씌운다. 교통사고를 당한 개는 정신적으로 충격을 받기 쉬워서, 두려움이나 고통을 느끼면 누구든 자신 곁에 있는 사람을 물 수 있기 때문이다.

대부분 이런 상황에서는 입마개로 쓸 만한 것을 구하기 어려울 것이다. 이 때도 노끈이나 리드줄, 또는 붕대를 이용하여 입을 막을 수 있다. 이렇게 개가

○ 개의 교통사고는 대부분 주인이 리드줄로 개를 통제한 상태에서 적절하게 훈련시키면 피할 수 있다.

◆ 몸집이 큰 개가 다쳤을 때는 목 아래와 가슴 앞쪽 사이를 한쪽 팔로 받치고, 다른 한팔로 개의 뒷다리를 늘어뜨리도록 안는다. 또한 입마개가 필요한 경우도 있다.

사람을 물지 않도록 안전하게 해놓은 다음에 개의 상태를 자세히 살펴본다.

개가 의식을 잃었다면 인공호흡 등으로 소생시키려고 애쓰지 말고 빨리 동물병원으로 데려가서 수의사에게 치료를 받아야 한다. 주위에 다른 사람이 있으면 사고로 다친 개가 갈 거라고 미리 연락할 수 있게 부탁한다.

들것이 없을 때는 외투나 담요를 대용품으로 사용할 수 있다. 하지만 주위 상황을 의식하지 못할 정도로 심하게 다친 개만이 이런 임시 들것에 실려도 얌전하게 있을 것이다.

개가 출혈이 심하면 주위의 것을 이용하여 지혈 패드를 만들어서 상처 부위를 묶은 다음에 개를 곧장 병원으로 데리고 간다.

만일 개가 한쪽 다리를 들고 있거나 절룩거린다면 골절이 생긴 것이다. 응급 처치에서는 뼈가 부러진 사람은 절대로 움직이면 안 되지만, 개의 경우는 곧바로 동물병원으로 데리고 가는 편이 수의사가 사고 장소에 도착할 때까지 기다리는 것보다 낫다. 왜냐하면

다친 동물을 실어 나르는 앰뷸런스는 없기 때문이다.

일단 물지 않도록 입을 묶은 다음에 개를 옮기는 것이 안전하다. 가능하면 부러진 다리는 건드리지 않아야 상처가 더 심해지지 않고 개도 덜 고통스럽다.

교통사고를 당한 개들은 대부분 심각한 부상을 당한 경우에도 달아나려고 한다. 그러므로 상처를 입고 돌아다니는 개를 보면 경찰 또는 동물구조센터에 신고해야 한다.

때로는 개가 교통사고를 당했을 때 경찰에 신고하면 경찰이 즉각적인 책임을 지고 개를 보살펴주기도 한다. 사고 연락을 받고 현장에 도착한 경찰은 부근의 동물병원에 연락하거나 병원 연락처를 알려줄 것이다.

독극물과 중독

개가 독극물의 피해를 입는 것은 대부분 집 주변이나 정원에서이다. 독극물에는 사람이 먹는 약이 있고, 내복약이 아닌 경우에는 표백제와 세제, 정원에서 쓰는 화학비료 등이 포함된다.

다친 개에게 입마개 하는 방법

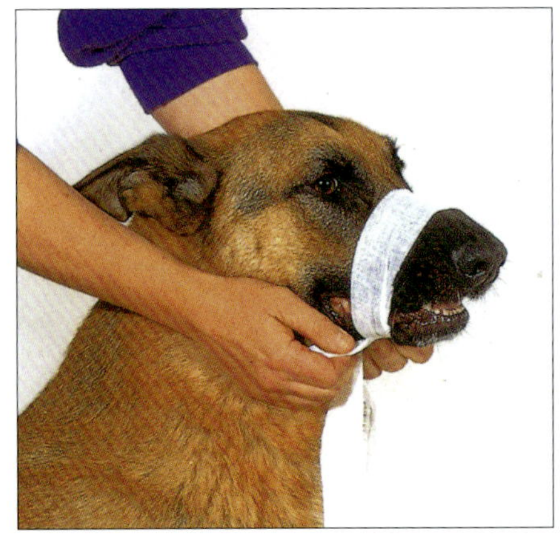

1 붕대 또는 대체할 수 있는 재료로 즉석에서 입마개를 만들 수 있다. 개의 주둥이 위에서 턱 아래까지 둥글게 감는다.

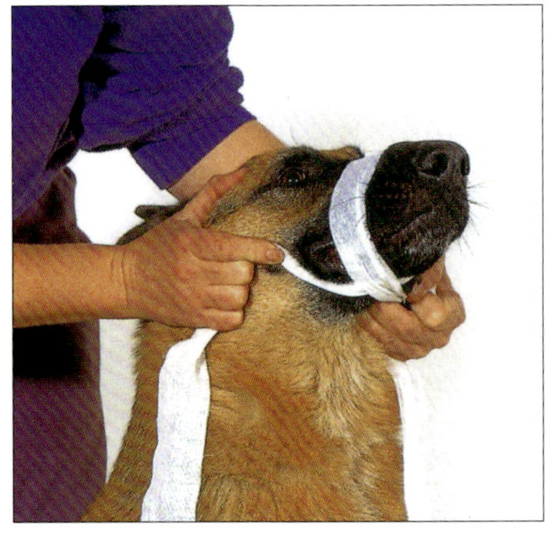

2 붕대의 양끝을 개의 양쪽 귀 뒤로 가져간다.

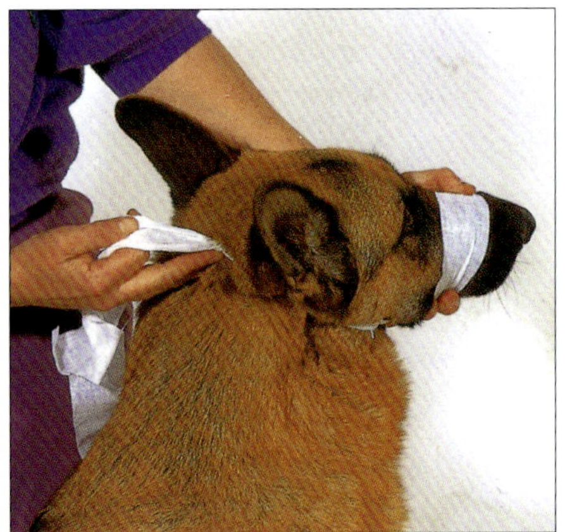

3 머리 뒤쪽에서 붕대를 단단히 묶는다. 즉석에서 만든 입마개는 단단하게 묶어야 하지만, 목이 조이지 않도록 주의한다.

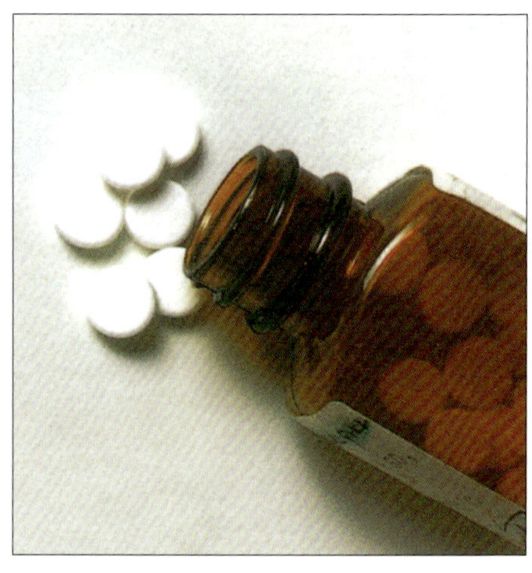

○ 개가 삼킨 독극물이라고 의심하는 용기를 수의 사에게 보여준다. 가능하면 개를 데려갈 때 그 내용 물도 함께 보여준다.

○ 담배는 개에게 독성이 있고 니코틴 중독을 일으 킬 수 있다. 다행스럽게도 담배를 삼키는 개는 거의 없다.

강아지는 아무거나 닥치는 대로 먹으고 한다. 그러므로 만일을 대비하 여 강아지가 먹어서 위험한 독극물은 강아지가 닿을 수 없는 곳에 보관해야 한다. 수납장에 넣어 잠가두는 것이 안 전하다.

강아지가 독성이 있는 무언가를 삼 켰다는 생각이 들 때는 다음의 두 가지 방법으로 응급 처치해야 한다.

1. 개를 토하게 한다. 이것이 효과 가 있으려면 독성 물질이 위에 흡수되기 전에 해야 하므로, 담당 수의사에게 연 락하기 전에 급히 서둘러서 실시한다. 그러나 담당 수의사가 처치 방법을 알려 줄 수 있는 상황이고, 또 개가 무엇을 먹 었는지 확실하게 아는 경우라면 의사에 게 상황을 알리기 전에 개를 토하게 하 면 안 된다.

구토를 유도하는 데 가장 효과적인 물질은 세탁 소다(탄산나트륨)이다. 세 탁용 소다 작은 알갱이 2알을 개의 혀 끝 에 깊숙이 넣고 입을 다물게 한 다음, 목 을 한번 약하게 쳐서 개가 그것을 삼키 게 한다. 몇 분 지나지 않아 개가 구토를

일으키므로 치우기 쉽게 신문지를 미리 깔아둔다.

2. 수의사에게 연락하거나 병원에 데려간다. 개가 먹은 독성 물질을 수의 사에게 보여주는데, 이게 없으면 독극 물이 들어 있던 용기나 포장지를 보여 줘야 한다. 달리 나쁜 결과가 일어나지 않았으면 다행이지만, 그렇지 않은 경

우에는 바로 치료받아야 할 경우도 있기 때문이다.

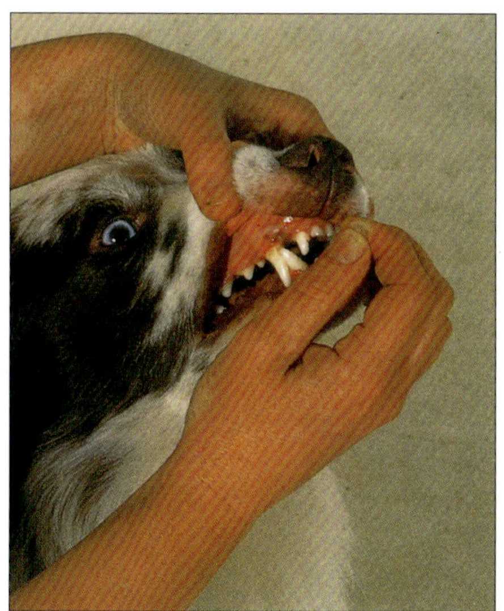

○ 개가 먹은 독성 물질이 이미 위장에 흡수되었다 면 구토를 유도하지 않는다. 30분쯤 지나면 독성 물질이 개의 온몸에 퍼지기 때문이다.

일반적인 독극물의 종류

쥐약 : 모든 쥐약은 각각 유효성분을 표시하기 위해 종류에 따라 약의 색깔이 다르다. 적당 량을 먹었을 경우에는 독성이 낮지만, 개들은 대개 많은 양을 삼킨다.
· 청색 : 혈액응고제
· 갈색 : 칼시페롤(비타민D)
· 녹색 : 알파클로랄로스(최면성 진정제)
· 분홍색이나 회색 : 감마 – HCH(살충제의 한 성분인 린덴)
쥐약을 먹었다고 의심되면 포장지나 그 내용물을 수의사에게 가져가 검사받아 야 한다.

바르비투르산염(Barbiturates) : 사람이 먹는 수면제.

염화나트륨 : 제초제.

세탁 세제 : 대개는 안전하지만 농축 세제인 경우에는 피부병이 생기거나, 삼켰을 경우에 는 구토를 한다.

부동액 : 에틸렌 글리콜.

납 : 오래 돼서 벗겨진 페인트를 개가 씹어 먹 었을 때.

민달팽이 제거용 미끼 : 메탈데히드. 개가 좋 아하는 맛으로, 요즘에는 개가 싫어하는 성분 이 들어 있다.

시가와 담배꽁초 : 니코틴.

유기 염소계 살충제 · 유기인산 화합물 : 벼룩 과 이 살충제.

패러콰트(Paraquat) : 제초제.

아스피린 : 다량 복용했을 때.

스트리크닌(Strychnine) : 해충약. 개는 해충 의 시체에서 주로 섭취한다.

두꺼비 : 두꺼비를 입으로 물었을 때. 외래종 두꺼비가 독성이 더 강하다.

진정제

유전성 질병

유전성 질병은 아비견이나 어미견, 혹은 부모견이 모두 감염되었을 때 그 유전자를 통해 여러 세대를 거치면서 전해진다. 유전을 연구하는 유전학은 매우 복잡한 과학으로, 새로운 사실을 알아갈수록 점점 더 복잡해지는 학문이다.

개의 유전병을 억제하는 데는 크게 두 가지 문제가 있다. 유전병 중에는 부분적으로만 유전되어 특정 환경의 영향을 받을 때만 발병하는 종류가 있는데, 이 유전병에 영향을 미치는 환경 요인이 무엇인지 명확하게 단정할 수 없는 경우가 많다. 유전된 요소는 단 하나의 유전자 때문이 아니라 여러 가지 유전 원인에 좌우된다.

이런 종류의 전형적인 유전병으로 고관절 형성부전이 있다. 이 병은 개의 유전병 가운데 가장 많이 알려진 질병으로, 고관절에 심한 부식이나 손상이 일어나 뒷다리를 절룩거리는 증세를 보인다.

임상적으로 보면 이 질병은 약 50%가 유전적 요인이고, 나머지는 환경적인

❂ 아이리시 세터는 더 이상 진행성 망막 위축증 때문에 고통받지 않는다. 이것은 책임감 있는 브리더들이 아이리시 세터를 괴롭혀온 이 병을 없애기 위해 부단히 노력한 결과다.

❂ 달마티안은 생후 6주가 지나기 전에 청각장애 여부를 검사해야 한다.

요인 때문이다. 어떤 환경 요인이 작용하는지는 명확히 규명되어 있지 않지만, 대체로 몸무게, 운동량, 운동 종류, 식사 등이 영향을 미친다고 한다. 이러한 환경 요인에 의한 유전병의 유전을 억제하려는 시도는 병의 증세를 살피면서 서서히 이루어져야 한다. 또한 교배를 할 때도 이런 유전병을 지닌 개들은 피해야 한다. 이것은 간단한 문제처럼 보이지만 실제로는 그렇지 않다.

많은 견종이 고관절 형성부전을 앓는데, 대개 저먼 세퍼드 도그처럼 대형견에게 많이 나타난다. 전문적인 저먼 세퍼드 도그 브리더들의 노력으로, 오래전부터 여러 나라에서 이 질병을 억제하는 계획을 진행해 왔다. 확실한 진전은 있지만 병이 느리게 진행되는 것이 문제다. 병이 천천히 진행되기 때문에 고관절 평가에서 높은 점수를 받은 암컷과 수컷을 교배시켰다가, 나중에 둘 사이에서 태어난 강아지가 이 병을 심각하게 앓고

있음을 발견하는 경우가 생긴다.

유전병의 억제와 관련된 두 번째 문제는, 이 병이 개가 어느 정도 성장한 후에 비로소 그 증세를 나타낸다는 것이다. 때문에 유전병 증세가 나타나기 전에 암컷과 수컷이 교배 프로그램에 이용되기도 한다. 이 문제는 교배 프로그램에 속한 개가 특정 질병의 증세를 보일만큼 자랄 때까지는 그 병에 걸릴 위험이 없다는 인증서를 발급하지 않는 방법으로 어느 정도 극복하였다. 고관절 형성부전을 예로 들어보자. 고관절 점수는 전문가들로 구성된 심사위원들이 해당 개의 X—선 촬영 결과를 심사하는 방식으로 이루어진다. 이 때 X—선 촬영은 개가 생후 12개월이 지난 후에야 찍을 수 있다.

유전병 중에는 직접적으로 유전되어 태어날 때부터 증세를 보이는 질병도 몇 가지 있다. 이러한 유전병은 브리더들이 협력하여 유전병 억제 계획을 얼마나 성공적으로 해나가느냐에 달려 있다.

◐ 특정 유전자 검사가 실용화될 때까지는 사진 처럼 임신한 암캐는 물론, 수캐도 건강하다는 것이 입증된 후에야 교배시켜야 한다.

또한 브리더들은 병의 증세를 나타내는 개들이 이런 질병과 비슷한 상태를 나타내는 알 수 없는 사고를 당했다고 생각하는 대신, 실제로 병에 걸려서 고통스러워한다는 사실을 제대로 인식해야 한다.

유전병을 억제하는데 브리더들의 공동 협력이 가장 훌륭하게 성공한 사례는 아이리시 세터 견종에서 나타나는 야맹증(진행성 망막 위축증)에서 볼 수 있다. 대부분의 브리더들이 적극적으로 참여하여 이 질병이 직접 유전된다는 것에 인식을 같이하여 노력한 결과, 이제 아이리시 세터에게서 이 병은 사라졌다.

최근에 진행하는 유전 억제 관리 프로그램은 달마티안에게 나타나는 청각장애이다. 오랜 세월 동안 일정 비율의 달마티안 강아지들은 태어날 때부터 완전 청각장애, 또는 부분 청각장애를 갖고 태어났다. 브리더들만이 귀가 완전히 먹은 강아지를 식별해낼 수 있어서, 이런 강아지는

태어나자마자 안락사를 시켰다.

오늘날 브리더들은 과학 실험을 이용하여 강아지를 분양하기 전에 검사를 실시한다. 이 방법으로 완전 청각장애가 있는 강아지는 물론 한쪽 혹은 양쪽 귀에 부분적인 청각장애가 있는 강아지를 가려낸다. 부분 청각장애가 있는 부모견한테 태어난 새끼에게는 완전 청각장애나 부분 청각장애가 유전되기 때문에, 여러 나라에서 많은 개를 대상으로 테스트를 실시하는 경우가 급속도로 증가하고 있다. 개의 유전병 테스트는 미국에서 비롯되었고, 미국은 아마도 이 분야에서 세계적으로 주도적인 위치에 있다.

현재 진행되는 '게놈' 연구, 즉 모든 종의 유전자 구성에 대한 연구는 앞으로 유전병의 연구와 퇴치에 혁명적인 변화를 불러일으킬 것이 확실하다. DNA 분자 구조식에서 유전병을 일으키는 정확한 위치가 밝혀진다면 질병마다 적절한 퇴치 방법을 개발할 수 있을 것이다. 이 시도가 실현되리라는 기대는 이제 헛된 꿈이 아니다. 불과 몇 년 안에 DNA 테스트는 일상적인 방법으로 자리 잡게 될 것이다.

◐ 이 저먼 세퍼드 도그처럼 사람을 기쁘게 해주는 건강한 개를 생산하는 것이 전문 브리더의 책임과 의무이다.

거세

암캐와 수캐 모두 거세를 해서 얻는 장점은 그로 인한 불편함이나 단점과 비교할 수 없을 정도로 크다. 또한, 암캐, 수캐 특유의 질병이나 문제를 극복할 수 있다. 거세된 수컷은 집을 나가 떠돌아다니지 않게 되고, 난소를 제거한 암컷은 발정하지 않는다.

영국인들은 미국인에 비해 개를 거세하는 비율이 훨씬 낮다. 미국에서 개의 거세 수술은 영국에서 고양이를 거세하는 것만큼이나 일상적이다. 그리고 수캐보다는 암캐를 거세하는 경우가 더 많다. 물론 암캐를 거세하는 경우에는 임신한 새끼를 희생시켜야 하는 위험이 따른다.

암캐와 수캐 모두 생후 6개월이 되어야 거세 수술이 가능한데, 암캐의 경우에는 난소를 제거하기 위해 첫 발정기가 시작될 때까지 기다릴 필요는 없다. 대부분 거세 수술을 빨리 하면 할수록 수술이 덜 복잡하다. 일찍 거세시킨다고

해서 개가 심리적으로 성숙하지 못하는 것은 아니다. 영국의 경우에 「전국안내견협회(Guide Dogs For The Blind Association)」에서 양성하는 개들은 모두 생후 6개월이 되기 전에 거세 수술을 받는다.

거세로 인한 몇 가지 문제점이 있는데, 몇몇 견종은 거세한 후에 털이 거칠고 무성해지며 보풀이 많이 생긴다. 아이리시 세터와 코커 스패니얼 같은 견종에서 이런 현상이 나타나는데, 이 견종들은 태어날 때는 털이 모두 비단결처럼 부드럽다. 털이 나빠지는 정도는 개에 따라 다르다. 어떤 개는 털을 다듬어줘야 하는 경우도 있다.

난소를 제거한 암캐에게 생길 수 있는 문제는 말년에 요실금이 생기는 것이다. 이는 호르몬 대체요법을 쓰면 쉽게 치료할 수 있지만, 수술에 앞서 담당 수의사와 수술 후에 나타날 수 있는 문제

○ 거세 수술을 한 개라고 해서 삶의 활기나 열정이 감소하는 것은 아니다.

점에 대해 의논하는 것이 현명하다. 현재 이 문제에 대한 연구가 진행 중이므로 답을 찾을 수 있으리라고 본다. 그런데 이런 문제는 수컷을 거세했을 때는 일어나지 않는다.

거세 후 암캐와 수캐 모두 체중이 늘어나는 일이 흔한데, 이렇게 되지 않도록 주의해야 한다. 식이요법에 관한 연구 보고에 따르면, 거세한 개는 거세하지 않은 개에 비해 영양섭취 필요량이 대략 최대 15% 정도 적다고 한다. 거세 수술을 한 뒤 체중이 느는 것을 막으려면 하루 식사량을 줄이는 수밖에 없다. 모든 체중 조절 식이요법이 그렇듯이, 이미 늘어난 몸무게를 줄이는 것보다 처음부터 체중이 증가하지 않도록 조절하는 편이 더 쉽다. 거세 수술을 한 후에 개의 몸무게가 일정하게 유지된다고 확신할 때까지는 한동안 규칙적으로 몸무게를 재어보자.

만일 집에서 개를 한 마리 이상 키우려고 생각한다면 상황이 조금 달라진다. 두 마리의 성별이 다른 경우에 성별이 같을 때보다 더 잘 어울리는 경향이 있다. 물론 암캐가 발정기일 때는 예외다. 집에 두 마리의 개가 있을 때 이들은 바로 서로의 서열을 명확하게 정하려고 한다. 그러나 거세하지 않은 암캐끼리 지내는 경우에는 서로 서열을 명확하게 하려고 들지 않는데, 둘 중 어느 하나가 발정기에 접어들면 이 때 여러 가지 문제점이 생긴다.

여러 마리의 개를 키우기 시작하면 이와 같은 서열 문제에 부딪히는데, 이 문제는 개들 사이에서 자연스럽게 정리되므로 주인이 나설 필요가 없다. 거세 수술을 하면 서열 문제를 통제하는 데 어느 정도 효과가 있다. 물론 거세로 인해서 이 문제가 말끔히 해소된다고는 보기 어렵다.

○ 거세로 인한 단점의 하나로, 이 코커 스패니얼처럼 윤기 흐르는 아름다운 털이 거칠어지고, 보풀이 많이 생길 수 있다.

대체의학

현대 수의학은 과학을 근거로 한다. 즉, 유능한 과학 연구자들의 반복적인 연구에 의해 안전성과 효력에 대해서는 공식적인 기준의 규제를 많이 받는다. 과학에 바탕을 둔 수의학의 질병에 대한 연구와 접근 방법은 기본적으로 병을 일으키는 근본 원인을 다룬다. 이런 접근 방식을 비판하는 사람들은 효능 높은 약이 일으킬지 모르는 부작용을 등한시한다고 우려한다.

동종요법(同種療法, Homoeopathy)으로 치료하는 의사와 수의사들은, 증세란 기본적으로 신체가 질병에 반응하는 것이라고 여긴다. 이들은 각 질병에서 나타난 증세만을 치료하는 것이 아니라, 신체 전체를 치유하는 것이 목표이다.

일부 대체요법은 그 가치와 중요성을 과학적으로 평가하기 어렵다. 예를 들어 전체론적 치유 방식(holistic approach)은 한 동물에게 나타나는 증세가 다른 동물의 증세와 분명히 같더라

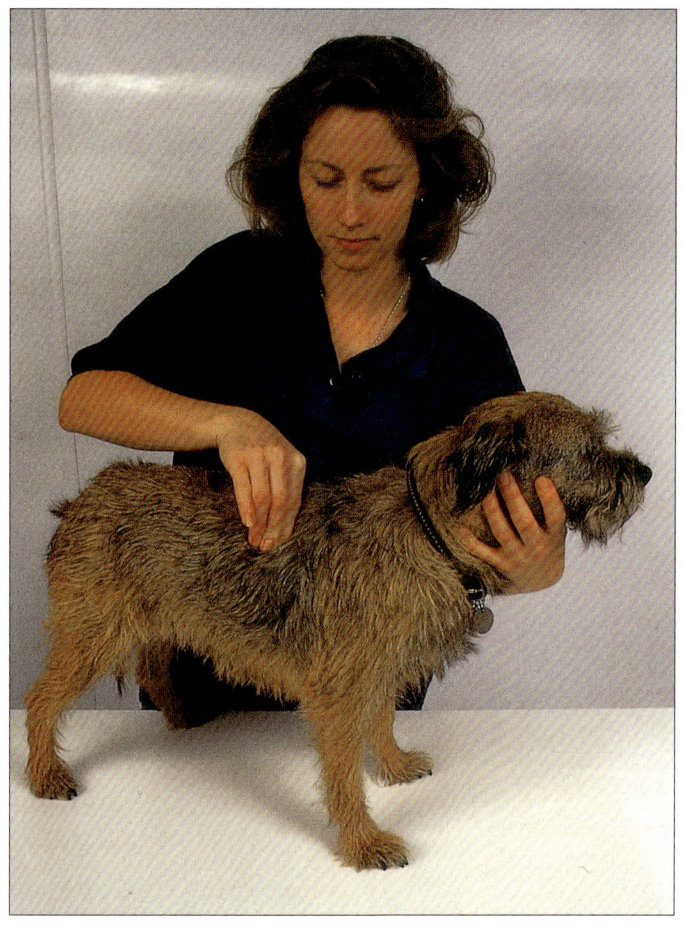

개가 근육과 골격에 문제가 있을 때 장기간 접골요법으로 치료하면, 부작용의 위험이 있는 염증 치료제인 코르티코스테로이드를 지속적으로 사용하는 것보다 훨씬 효과가 높다.

동종요법 치료제

아르니카(Arnica) : 부상으로 인한 타박상과 정신적 충격.

벨라도나(Belladonna) : 거친 행동, 귓병, 여드름.

칸타리스(Cantharis) : 방광염, 신장질환.

코쿨루스(Cocculus) : 차멀미.

젤세미움(Gelsemium) : 불안신경증, 소심한 성격.

눅스 봄(Nux Vom) : 소화불량.

풀사틸라(Pulsatilla) : 불규칙한 발정기.

루스 톡스(Rhus Tox) : 관절염, 류마티즘.

스쿠텔라리아(Scutellaria) : 불안신경증, 노심초사하고 잘 흥분하는 성격.

설파(Sulphur) : 피부병.

도 두 동물에게 필요한 치료는 각각 다르다고 본다. 왜냐하면 동물마다 기본적으로 체질이 다르다고 인식하기 때문이다.

동종요법

동종요법은 '비슷한 것은 비슷한 것으로 (like with like)' 치료한다는 고대의 의료 방법에 기초를 두고 있다. 동종요법에서 내세우는 3가지 기본 원리는 다음과 같다.

1. 많은 양을 쓰면 특정 질병을 일으키는 약품을 소량만 쓰게 될 때는 그 병을 치유할 수 있다.

2. 약품을 최대한 희석하면 약품의 치료 성분은 강화되고, 유독한 부작용은 사라진다.

3. 동종요법에서는 전체론적 입장

에서 개인의 체질을 연구하고, 기본 체질에 맞게 약을 처방한다.

전통적인 방식으로 진료하는 수의사들은 약품을 최대한 희석하면 할수록 부작용이 모두 사라지고, 그 정도면 동종요법 약재들이 안전하다고 인정한다. 하지만 만일 효과가 없다면 안전하더라도 치료 물질이 전혀 포함되지 않은 것이기 때문에 그 안정성도 거짓일 뿐이라고 주장하는 사람도 많다. 치료 효과에 대한 평가가 유보되었음에도 불구하고, 동종요법은 가장 널리 활용되는 대체요법의 한 가지다.

동종요법에서는 치료약들을 반드시 복용하도록 하는데, 여기에는 '노소드(nosodes)' 라고 알려진 동종요법에서 백신에 해당하는 것도 포함된다. 이런

약들은 알약이나 가루약의 형태로 불쾌한 맛은 전혀 나지 않는다.

수의사 중에는 오로지 이 동종요법만으로 치료하는 이들도 있다. 또한 이 치료법을 비장의 치료 무기처럼 활용하는 수의사도 몇몇 있다. 이들은 동종요법의 치료약이 전통적인 약품보다 증세에 더 잘 듣는다고 판단할 때만 선택적으로 활용한다. 그리고 전통적인 치료법은 증세를 억제할 뿐 병을 완전히 치료할 수 없고, 때로는 바람직하지 않은 부작용까지 일으키는 만성 질환일 때 더 자주 활용한다.

동종요법을 쓰는 수의사들은 대개 동료 수의사들에게 알려져 있다. 이들은 환자가 요청하면 의사들은 기꺼이 동종요법 수의사에게 합당한 진료를 받을 수 있도록 진단서를 써줄 것이다. 한국의 경우에는 외국의 사례처럼 동종요법으로 치료하는 수의사를 찾아보기 힘들다.

침술

침술은 동종요법과 함께 그 기원이 몇천 년 전으로 거슬러 올라가는 오래된 치료 형태로 중국에서 비롯되었다.

침술 치료법은 바늘을 환자의 피부 속으로 경락을 따라 삽입하는 것이다. 경락은 신경줄과는 아무 관련이 없다. 침을 맞으면 통증이 상당히 줄어드는데, 심지어 환자가 전혀 불편함 없이 외과수술을 받을 정도로 고통을 크게 덜어주기도 한다.

오랜 세월 동안 서양의 의사들은 침술의 효과가 순전히 심리적인 것이라고 여겼지만, 분명히 침술은 동물들에게 뚜렷한 진통 효과를 나타내는 것으로 보인다. 이는 '순전히 심리적' 이라는 주장이 거짓임을 증명한다.

많은 개들이 침을 맞을 때 놀랄 만큼 잘 참는다. 동양과는 달리 서양에 자

세하게 알려지지는 않았지만, 침술이 만성 질환에 효과가 있을 뿐만 아니라 근육골격계 질환에도 효과를 나타내는 등 경험에 근거를 둔 증거들이 많다.

침술은 전통적으로 한의학에서 빼놓을 수 없는 부분이지만, 서양의 수의학에서는 그저 기존의 치료를 돕는 보조기술로만 이용된다.

침술을 쓰는 수의사들이 결성한 협회가 별로 없고, 이런 의료기술을 치료에 활용하는 의사도 비교적 드물다. 하지만 침술 치료법에 관심을 갖는 수의사들이 많기 때문에 담당 수의사에게 필요한 경우 도움을 요청해볼 만하다.

약초학

약초학은 인류 역사상 가장 오랜 전통을 지닌 의학 분야일 것이다. 태고 적부터 식물은 약효 성분 때문에 이용되었고, 이런 약용 식물들은 현대 제약산업이 시작될 때부터 연구개발 분야에 기초를 제공해왔다. 현대의 많은 의약품들이 약용 식물에서 추출된 것이다.

약초학처럼 먼 옛날부터 이어져온 의술은 세계 곳곳에서 나라마다 다른 전통이 생겨난다. 예를 들어, 중국의 한의학과 서양의 약초학에 영향을 미친 이슬람의 전통의학이 두드러진다.

약초학자들은 일반적인 치료 전문가들과는 달리 식물을 통째로 사용하거나, 식물의 부분을 추출한 것을 정제하지 않고 그대로 사용한다. 이들은 식물에서 분리해낸 특정 화학물질은 사용하지 않는다.

이러한 접근 방법의 차이는 디기탈리스 푸르푸리아(Digitalis Purpurea)라는 식물의 사용 방법에서 잘 드러난다. 여우장갑(foxglove)이라고도 불리는 이 식물이 심장병의 여러 증세에 효과가 있다는 사실이 밝혀진 것은 이미 수백 년

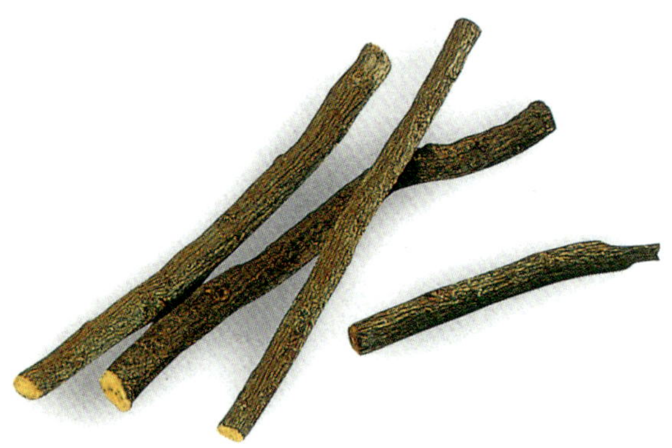

○ 감초에는 변비를 다스리는 완하제 성분이 약하게 들어 있다.

전의 일이다. 이 여우장갑의 추출물은 18세기 이후부터 사용되어 왔는데, 과도하게 복용하면 위험하다는 사실 역시 잘 알려져 있다. 약학자들이 여우장갑의 추출물에서 활성 성분을 분리해내는 데 성공함으로써, 이 식물을 심장병 증세를 억제하는 약품으로 좀더 정확하게 처방할 수 있게 되었다. 그러나 정제과정에서 원래 이 식물이 지닌 약효가 어느 정도 파괴될지도 모른다는 의심 때문에, 아직도 여우장갑의 원래 추출물인 디기탈리스를 더 선호하는 의사들이 많다.

대표적인 허브 치료제

부추 : 배뇨 촉진, 요로 감염 예방.

털갈매나무 : 완하제, 쓴맛의 강장제.

카옌 고추 : 혈액순환 촉진제.

민들레 : 간질환.

딱총나무 열매 : 류머티즘, 빈혈증.

유칼립투스 : 기관지염.

마늘 : 감염, 기생충 감염.

감초 : 염증 방지, 순한 완하제.

페퍼민트 : 복통, 결장, 차멀미.

나무딸기 : 생식기관의 질병.

대황 : 변비와 설사.

골무꽃 : 히스테리, 걱정 불안증.

쥐오줌풀 : 복통, 결장, 차멀미, 행동장애.

일반 의학과 비교해보면 약초학자들은 동종요법과 마찬가지로 전체론적인 연구법에 더 의존한다. 즉, 특정 질병 한 가지를 치료하기보다는 동물의 몸 상태를 치료하는 방법을 더 선호한다.

약초학을 활용하는 수의사들이 전체론적 치료 방법을 따르는데도 불구하고, 이들이 쓰는 조제약 가운데 몇몇 종류는 아주 널리 쓰이고 있어서 전통적인 의약품으로 여겨지기까지 한다. 유럽에서 쓰이는, 놀랄 만한 효능을 가진 치료제인 레스큐 크림이 그 한 예다. 레스큐 크림은 피부의 상처를 가라앉히고 손상된 피부를 재생시키는 일반 연고다. 이 연고의 효능은 처방전이 꼭 필요한 피부 조제약에 버금간다.

수의사 중에 약초학에 기초를 두고 치료하는 이들은 매우 드물다. 그러나 약초학을 연구하는 의학자들의 공식적인 협회가 있는 나라도 몇몇 있다. 이런 나라에서는 개업의의 소개를 통해 약초

○ 페퍼민트의 잎은 소화기관을 돕는 효과가 있어서 많이 쓰인다.

○ 골무꽃은 마음을 가라앉혀주는 허브 치료제다.

학자들에게 치료를 받을 수 있다.

아로마테라피

아로마테라피(Aromatherapy, 향기요법)는 치료의 형태로 보면 식물에서 추출한 물질로 만든 에센셜 오일(essential oil)을 사용한다는 점에서 약초학의 한 분야로 간주될 수 있다. 이 오일은 마사지할 때 사용하기도 하고, 공기 중에 뿌려서 들이마시기도 한다.

아로마테라피를 치료에 활용하는 수의사는 거의 없지만, 개를 키우는 사람들 중에는 일반적으로 쓰는 약품을 보조하기 위해 활용할 정도로 향기요법에 대한 지식이 풍부한 사람들도 있다.

접골요법

수의 접골요법(Veterinary Osteopathy)은 오늘날 수의학의 보조 치료법으로 자리 잡았다.

원래 접골요법에서는 거의 모든 질병이 뼈의 위치가 바뀜으로써 생겼기 때문에 잘못 놓여진 뼈를 제자리로 돌려놓으면 병을 치료할 수 있다고 보았다. 접골사들이 지금도 이러한 원칙을 그대로 지키고 있는지는 알 수 없지만, 수많은 만성 질환에서 이와 같은 수기(手技) 치

료를 통해 많은 효과를 보였다는 점은 틀림없는 사실이다.

특히 개들에게 나타나는 근육골격계 질환은 접골요법으로 치료하면 효과가 있는 것 같다. 침술에서 바늘을 찌를 때와 마찬가지로 개는 접골요법 치료를 놀랄 만큼 잘 참아낸다. 물론 천성이 고분고분하지 않고 통제하기 어려운 개는 치료하기 전에 진정제를 놓는 경우도 있다.

물리치료

물리치료사들은 오랫 동안 전통 의학과 연관하여 일해왔다. 물리치료의 연구와 치료 방법은 전통적인 접골요법보다 좀 더 과학에 근거를 두고 있고, 물리치료사의 훈련과 실무 과정에도 의료 감독이 뒤따른다. 물리치료는 질병을 물리적인 방법으로 치료하는데, 여기에는 마사지와 기계나 기구를 조작하는 것이 포함된다. 이런 점에서 접골요법과 비슷하지만, 물리치료는 이외에도 열과 전기, 그리고 강도가 높거나 약한 운동요법들을 활용한다. 물리요법은 관절과 근육의 기능을 원래대로 되돌려놓는 것이 목적이다.

많은 물리치료사들이 수의과 치료에 관여하지만, 특별한 관계가 있는 것은 아니다. 동물병원의 수의사라면 수의학에 관심 있는 주변의 물리치료사를 알고 있을 뿐만 아니라 이 물리치료사를 환자에게 기꺼이 소개시켜줄 것이다.

뼈가 골절된 경우에는 흔히 물리치료 방법이 잘 듣는다. 물리치료는 뼈가 회복되는 동안 쇠약해지기 쉬운 근육과 힘줄을 자극한다. 부드러운 수기(手技) 치료가 움직이는 데 도움이 된다고 생각하면 언제든지 물리요법을 활용할 수 있다.

사람과 개의 건강

○ 어린이가 개와 어울려 놀면서 얻는 장점은, 개로 인해 질병에 감염될 수 있는 위험보다 훨씬 크다. 위생에 각별한 주의를 기울인다면 질병에 감염되는 위험을 피할 수 있다.

질병 중에는 사람과 개가 모두 걸릴 수 있는 종류가 있다. 이런 질병을 전문용어로 '동물원성 감염증(zoonosis)' 이라고 한다.

이 동물원성 감염증 가운데 가장 무서운 병이 바로 **광견병**이다. 이 때문에 영국과 다른 모든 나라들에서는 검역 기간을 두고 실시하고 있다. 현재 영국의 검역 기간은 6개월로 영국에 수입되는 모든 개와 고양이는 이 기간에 검역을 위해 법에서 정한 사육시설에 강제 격리된다. 그런데 이렇게 엄격한 검역 법규를 완화하자는 움직임이 있다. 유럽연합(EU)의 몇몇 국가에서 이미 검역법과 관련해 완화 조치가 내려졌고, 영국에서도 상업적인 목적으로 수입된 개 중에서 출생 후 수입될 때까지 한번도 거주지를 옮기지 않은 개는 승인하는 방식으로 다소 완화되었다. 이런 개는 광견병을 예방하는 백신 접종이 필수다. 이렇듯 규제 완화가 진행되고 있으므로 앞으로 몇 년 안에 관련 법안에 더 많은 변화가 있을 것으로 보인다.

광견병에 걸릴 수 있는 지역을 여행할 때 개나 그밖의 다른 동물에게 물리면 바로 의사를 찾아가야 한다.

벼룩은(개에게 흔하지만 사실은 고양이 벼룩이 가장 흔하다) 사람도 문다. 그러나 개나 고양이 벼룩이 사람에게 기생할 가능성은 별로 없기 때문에, 드물긴 하지만 물린 자리가 견딜 수 없이 가려운 경우가 생길 수 있다. 여러분이나 여러분의 자녀가 벼룩에 물린다면, 개의 몸에서 벼룩을 없애려는 노력이 여러분의 기대와는 달리 별 효과가 없었음을 환기시켜주는 것이다.

토끼 진드기는 종종 개의 피부에 발진을 일으키고 사람을 물기도 한다. 이것에 감염된 개와 접촉한 팔뚝 부위는 가렵고 발진이 돋는다. 그러나 발진이 번지지는 않는다.

백선(버짐)은 개에게 흔한 병은 아니지만, 일단 백선이 생기면 가족들에게 번지지 않도록 주의해야 한다. 백선이야말로 전형적인 동물원성 감염증으로, 사람의 피부에 옮아 확실하게 자리를 잡는다. 감염 부위는 토끼 진드기와 같이 개와 접촉한 손과 팔뚝 부위다.

톡소카라(Toxocara)는 강아지가 가장 흔하게 감염되는 회충이다. 세계적으로 아주 어린 강아지에게 널리 퍼진다. 그리고 어린이에게 나타나는 아주 희귀한 안과질환과 관련이 있다. 이것이 일반적인 숙주가 아닌 사람의 소화기관에 들어오면 포낭을 형성하고 신체의 아무 부위에나 서식하는데, 특히 눈을 침범한다고 알려져 있다. 눈 속에 생긴 포낭은 실명을 초래한다. 이런 경우는 매우 드물지만, 당사자인 어린이와 그 부모에게는 끔찍한 일이 아닐 수 없다.

위생을 철저히 하고 조심해서 어린이가 강아지의 배설물을 만지는 것을 막아야 한다. 강아지는 생후 6개월이 될 때까지 3주에 1번씩 정기적으로 기생충을 구제하는데, 절대 거르면 안 된다. 강아지가 길거리나 집 안에 배설하면 반드시 깨끗이 치우고, 공공장소가 아닌 마당의 정해진 장소에서만 용변을 가리도록 가르친다. 집 밖에서 함께 운동이나 산책을 하다가 개가 배설하면 반드시 배설물을 수거한다. 따라서 외출할 때는 배설물을 주워 담을 수 있도록 준비해야 한다. 개의 배설물로 공공장소를 오염시키는 행위를 단속하는 법률이 현재 시행중이고 '개똥을 단속하는 법' 또한 여러 지역에서 유효하다. 한국에서도 2004년 7월부터 공원에서 애완동물의 배설물을 치우지 않으면 10만원 이하의 과태료를 부과하는 내용을 실시한다.

한편 어린이의 위생도 철저히 해서 개와 어울려 논 다음에는 반드시 손을 씻는 습관을 들여야 한다. 그러나 아이들이 개와 어울리지 못하게 할 필요는 없다. 왜냐하면 어린이와 개가 어울려 즐겁게 놀다보면 얻는 것이 무척 많기 때문이다. 위험한 일이 벌어지지 않게 주의하면 개와 어린이 사이의 친밀한 관계는 장려할 만한 가치가 충분하다. 개는 우리의 가장 오랜 친구임을 기억하자.

◐ 어린이들이 노는 곳에는 절대로 개를 자유롭게 풀어놓으면 안 된다. 언제 배설할지 모르기 때문이다.

◐ 개를 키우는 사람은 반드시 개의 배설물을 수거해서 깨끗이 치워야 한다.

◐ 서양의 많은 지방자치단체에서는 개 배설물 쓰레기통을 비치해놓았다. 이는 적극적으로 장려되어야 한다.

◐ 개가 어린이의 장난감을 갖고 놀지 못하게 한다.

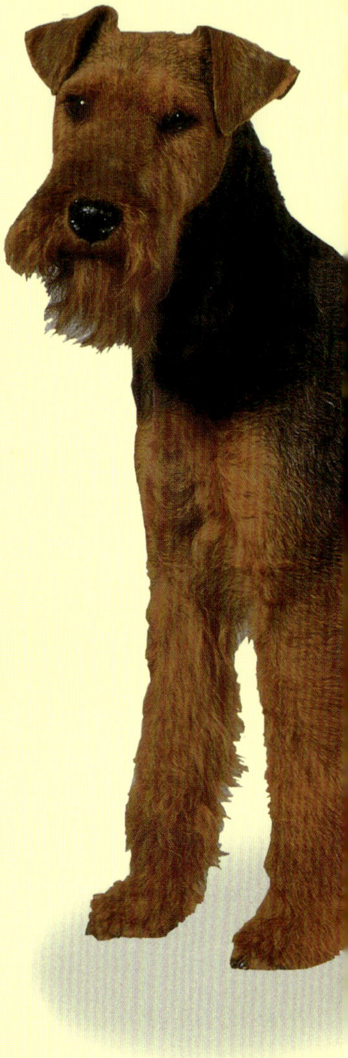

개의 종류

혈통이 분명한 순종견

오늘날 매우 다양한 혈통으로 나누어진 개는 모두 수천 년 전 인간과 처음 관계를 맺은 단일한 동물에서 유래되었다. 인간이 불을 사용하면서부터 오늘날 개의 선조는 틀림없이 그 따뜻함을 함께 누리고 싶었을 것이다. 또 인간이 먹다 남긴 음식물을 찾아 다녔을 것이다. 한편 인간은 이 개들이 사냥터의 심부름꾼이나 경비, 그리고 친구로 삼을 수 있다

고 본다. 그러나 이런 내용이 명확하게 기록으로 남아 있지 않다. 오늘날 유럽과 미국에서 혈통서가 남아 있는 대부분의 견종들도 대개는 그 기원이 비교적 최근, 즉 200~550년 전이라는 것밖에는 알려진 것이 별로 없다. 그 중에는 겨우 19세기로 올라가는 견종도 있다.

순종견의 혈통서는 적어도 3대에 걸친 개의 가계를 기록한 것이다.

하운드 그룹(Hounds)

이름이 시사하듯 이 그룹은 사냥개다. 시각형 하운드(sight hound)인 그레이하운드, 아프간 하운드, 보르조이, 아이리시 울프하운드, 살루키, 휘핏, 디어하운드는 눈으로 사냥감을 쫓는다. 반면 후각형 하운드(scent hound)인 비글, 블러드하운드, 바셋 하운드는 코로 땅냄새를 맡아 사냥감을 찾아낸다. 피니시 스피츠

짖지 않는 개 바센지

저먼 와이어헤어드 포인터

레이크랜드 테리어

는 사실을 곧 깨달았다. 개마다 잘하는 일이 다르다는 것을 알고, 필요한 일에 가장 알맞은 개를 골라 번식시켰다. 이것이 그 이후의 모든 일들을 집약적으로 설명해준다.

귀가 쫑긋한 전형적인 수렵견(Hound Group)은 수백 년 동안 이집트에서부터 몰타 섬, 이비사 섬, 그리고 테네리페 섬에 이르는 지중해 지역에 걸쳐 살아왔으며, 지금도 기본형은 변하지 않은 채 이비잔 하운드(Ibizan Hound)와 파라오 하운드(Pharaoh Hound)로 나뉘어져 있다. 많은 견종의 조상을 찾으려면 그 기원이 희미해질 만큼 아득한 옛날로 거슬러 올라가야 한다. 가령 마스티프는 티베트가 원산지로, 수천 년을 지나는 동안 무역상인과 해상 여행객들을 따라 아시아와 유럽을 거쳐 이동했다

순종견은 부모견이 같은 견종이고, 순종으로 승인 받은 후에 다른 혈통과 섞이지 않은 경우를 말한다.

개의 분류

영국에서는 개를 하운드(Hound), 건독(Gundog), 테리어(Terrier), 유틸리티(Utility), 워킹(Working), 토이(Toys) 등 6그룹으로 나눈다. 미국과 몇몇 나라에서는 건독 그룹을 스포팅(Sporting), 실용견을 논스포팅(Non-sorting) 그룹으로 달리 분류하고, 허딩(Herding) 그룹을 더해 7그룹으로 나눈다. 견종들을 적절한 그룹으로 나누는 일은 쉽지 않고, 나라마다 애견협회와 브리더 사이에 다양한 견해 차이가 있다. 이 책에서는 그룹 분류에 견해 차이가 있는 경우에 [ ]로 표기했다.

는 독특하게 새 사냥감, 특히 들꿩의 하나인 뇌조(雷鳥)를 찾아내는데, 새가 올라가 있는 나무 곁에 선 채 짖어서 주인에게 사냥감의 위치를 알린다.

하운드 그룹의 개는 사냥감을 쫓는 데만 몰두하는 경향이 있어서, 주인이 돌아오라고 불러도 잘 듣지 않는다. 따라서 상급 복종성 테스트에 잘 입상하지 못한다. 하운드 그룹의 개는 아무 거리낌 없이 큰 소리로 요란하게 짖는다.

건독 그룹(Gundogs) [Sporting]

건독 그룹의 개는 새를 찾아내고 쫓는 데 도움을 준다. 세터와 포인터 종류는 새의 그 위치를 알려주고, 리트리버 종류는 총을 맞고 떨어진 새나 토끼를 물어온다. 스패니얼 종류는 이 두 가지 일을 모두 한다. 대부분 유럽이 원산지인

HPR 견종들은 사냥감을 추적하고 (Hunt), 사냥감 있는 곳을 가리키며 (Point), 숨이 끊어진 사냥감을 회수하는(Retrieve) 일을 한다.

건독 그룹의 개는 대체로 온순하고 친근하며 다루기 쉬울 뿐 아니라, 시끄럽지도 않다. 모든 건독 그룹의 개가 시골보다 도시 생활에 어울리는 것은 아니지만, 일반 가정에서도 잘 적응한다.

일 것이다. 불도그, 달마티안, 푸들, 재패니즈 아키타[워킹 그룹], 슈나우저, 차우차우, 그리고 시추[토이 그룹] 등이 있다.

일반적으로 '컴패니언' 이라는 용어가 이들 견종에 잘 어울리지만, 견종마다 사람과의 친밀한 정도가 다르다. 이런 점들은 개별 견종을 소개할 때 다시 설명하겠다.

토이 그룹(Toys)

이 그룹의 개들은 몸집이 작지만, 여성용 애완견으로 간주할 수는 없다. 여기에는 개성 강한 치와와, 킹 찰스 스패니얼, 요크셔 테리어, 재패니즈 친 등이 있다. 보통 애완견으로 기르지만, 잘 훈련시키면 복종성 테스트에서 높은 실력을 나타낼 만큼 영리하다. 파피용이 그 좋은 예다. 그리고 페키니즈와 퍼그는 용감

프렌치 불도그

저먼 셰퍼드 도그

그리퐁 브뤼셀루아

테리어 그룹(Terriers)

이 그룹의 개는 쥐를 잘 잡는다고 알려져 있다. 키가 가장 큰 에어데일 테리어부터 폭스 테리어, 레이크랜드 테리어와 같은 중간 크기, 그리고 웨스트 하이랜드 화이트 테리어와 노리치 테리어처럼 다리가 짧은 개까지 크기가 다양하다.

대체로 영리하고, 날카로운 외모처럼 성격도 예리하다. 모든 테리어가 조금 시끄럽게 짖는다. 대저택이나 시골별장 같은 환경에 아주 잘 적응하기 때문에 훌륭한 애완견으로 키울 수 있다.

유틸리티 그룹(Utility) [Non-Sporting]

전세계에 골고루 분포하는 이 그룹의 개들은 다른 그룹으로 분류하기 어려운 견종을 모두 포함하고 있다. 컴패니언 그룹 (Companion Group)이 더 적당한 명칭

워킹 그룹(Working) [Working, Herding]

이 그룹에는 다양한 견종이 있다. 복서, 로트와일러, 불마스티프와 같은 경비견부터 보더 콜리와 셰틀랜드 십도그처럼 미국에서는 허딩 그룹으로 분류하는 양몰이 개도 있다. 다양한 쓰임새가 있는 저먼 셰퍼드 도그도 이 그룹에 속한다. 몸집 역시 대형인 그레이트 데인에서부터 소형인 펨브로크 코기까지 다양하다.

기질과 훈련 정도도 견종마다 다르다. 워킹 그룹에 속한 많은 견종이 가정에서 애완견으로 키우기에 손색이 없고, 복종성 테스트에서 우수한 실력을 발휘한다. 워킹 그룹으로 분류되는 견종들은 그 범위가 20세기 중반 이후에 크게 확대되었다.

하고, 사람에게 아주 좋은 벗이 될 자격을 갖추고 있다. 특히 캐벌리어 킹 찰스 스패니얼은 인기 견종이다.

위의 그룹으로 분류되는 개는 무려 200여 종에 달한다. 혈통 있는 개를 비판적으로 보는 사람들은 잡종견이 더 영리하고, 온순하며, 건강하다고 주장한다. 즉, 순종견보다 잡종견이 더 뛰어나다는 것이다. 그러나 순종견은 개의 특성을 훨씬 더 많이 예측할 수 있다는 장점이 있다. 예를 들어, 골든 리트리버 암컷과 수컷을 교배시켰을 때 태어나는 강아지는 틀림없는 골든 리트리버이기 때문이다.

이어지는 개별 견종의 설명에서 개의 키는 지면에서부터 목등뼈가 융기한 부분까지를 기준으로 한다. 키와 몸무게는 분포범위나 평균을 표시한 것이다.

하운드 그룹
The Hound Group

개를 기르려고 하는 사람에게는 어느 견종을 선택하더라도 크기와 외모 못지않게 성격이 중요하다. 물론 성격은 정확하게 설명하기 곤란하고 표준화하기도 어렵다. 공식적인 애견협회에서 규정한 견종별 표준을 보면 '성격' 부분을 다양하게 설명해놓고 있는데, 여기의 설명은 개를 관찰하여 얻은 특성이므로 늘 이상적인 기준에 부합하지 않는다.

개에 관심 있는 대부분의 사람들이 인정하고 있는 사실은, 하운드 그룹(수렵견)에 속한 개들은 기본적으로 사냥개이고, 다양한 지역에서 다양한 사냥감을 수색하는 일을 잘하게끔 길러졌다는 사실이다. 그러므로 하운드 그룹의 개를 애완견으로 선택할 경우에 사냥개처럼 행동하지 않을 것이라고 기대한다면 그것은 잘못된 판단이다. 하운드 그룹에 속한 몇몇의 개는 같은 그룹에 있는 대부분의 다른 개들보다 새로운 재주를 가르치기 비교적 쉽지만, 그래도 사냥개에게 다른 장기를 가르치는 일은 결코 쉽지만은 않은 것이 사실이다.

하운드 그룹으로 분류되는 견종 중 비글과 휘핏 같은 경우는 인기가 높지만 그 외에 다른 견종들은 잘 알려지지도 않았을 뿐더러 원산지가 아닌 곳에서는 구하기도 어렵다.

◉ 디어하운드

Afghan Hound
아프간 하운드

가장 화려하고 매혹적인 견종 중 하나인 아프간 하운드는, 아프가니스탄의 산악 지역이 원산지인 사냥개답게 탄탄한 골격에 매우 우아하고 매끄러운 최고의 털을 지니고 있다. 아프간 하운드의 얼굴 표정은 근엄하고 도도하기 이를 데 없지만, 흥분하여 정원이나 들판을 정신없이 뛰어다니기도 한다.

자라는 동안 단호한 태도로 다루지 않으면 주인이 아무리 화를 내도 도무지 말을 듣지 않기 때문에 주인이 아주 헌신적이지 않는다면 키우기에 적당하지 못하다. 규율 없이 그저 편안하게만 지낸다면 절대로 가족들과 원만하게 지낼 수 없다.

경비견으로 더없이 유능한 아프간

○ 아프간 하운드는 아주 오래된 견종이다. 서양에 알려진 것은 19세기다.

하운드는 경고의 의미로 짖었는데도 무단 침입자가 말을 듣지 않으면 강력한 이빨로 물어뜯는다.

서 있을 때의 키가 70cm나 되지만, 많이 먹지는 않는다. 오히려 먹고 싶은 대로 내버려두면 오히려 음식을 가려 먹는 입맛이 까다로운 편이다. 단단한 체격에 강한 체력을 지녔으며, 지칠 줄 모르는 에너지를

dog's data

크기	중대형
	수컷 : 70 ~ 74cm / 27kg
	암컷 : 63 ~ 69cm / 22.5kg
털 손질	꼼꼼하게 자주 한다
운동	필수
식사량	중간 정도
성격	낯선 사람을 경계한다

○ 아프간 하운드는 상대방의 눈을 뚫어지게 쳐다본다. 보는 사람을 매혹시키는 그 눈길에 빠져들지 않을 수 없다.

소모하기 위해 많은 운동량이 필요하다.

비단결처럼 부드러운 털은 부지런히 손질해주어야 가장 멋있어 보인다. 정기적으로 철저한 털 손질이 필요하며, 털이 엉키지 않도록 날마다 브러싱해주어야 한다. 새로운 주인에게는 아프간 하운드의 전문 브리더가 가장 효과적인 털 손질 방법을 알려줄 것이다.

어느 개보다 매혹적이고 돋보이는 스타 아프간 하운드는, 이 개의 장점을 최대한 이끌어낼 수 있도록 시간을 투자하고 인내심을 발휘하여 키울 수 있는 열성적인 애견가에게 어울린다.

○ 어느 견종보다 위엄 있는 모습을 자랑하는 아프간 하운드의 빛나는 모습.

Basenji
바센지

바센지는 원래 중동이 원산지이지만, 약 300년 전에 중앙아프리카(콩고)에서 유래한 것으로 여겨진다. 이로 인해 이 지역에서 1930년대 중반에 바센지가 다른 지역으로 수출된 것이 확실하다.

　날렵한 몸매에 말쑥한 인상을 풍기는 바센지는 귀가 쫑긋 섰고, 골격이 사각형으로 균형이 잘 잡혀 있다. 키는 43cm이고 꼬리는 단단하게 등 위로 말려 있다. 바센지를 좋아하는 사람은 많지 않지만, 온순하고 친근감 있는 성격 때문에 열렬한 애호가들을 거느리고 있다. V자형 얼굴은 호기심 많은 표정을 짓고 있고 이마에는 주름이 잡혀 있는데, 남다른 호기심은 바센지의 성격 특

○ 바센지의 말쑥하고 날렵한 몸매. 바센지는 유난히 깨끗하고 냄새가 나지 않는 개로 유명하다.

dog's data

크기	중소형
	수컷 : 43cm / 11kg
	암컷 : 40cm / 9.5kg
털 손질	최소한만 한다
운동	적당량
식사량	많이 먹지 않는다
성격	영리하고 친근하다

징이다.

　바센지는 다른 개처럼 짖지 않고 요들을 부르는 듯한 독특한 소리를 내는 개로 알려져 있다.

　짧고 촘촘한 털은 매끄럽고 윤기가 흐르며, 손질하기가 아주 쉽다. 털 색깔은 검정과 하양, 붉은색과 하양이 다양하게 섞여 있는데, 때로는 검정·황갈색·하양이 섞인 트라이컬러(tricolor)도 있다. 바센지는 고양이처럼 스스로 털 손질을 하는 경향이 있다.

　바센지의 동작은 단아하고 흐트러짐이 없는데, 이것은 이 개가 피로를 모른다는 것을 말해준다. 그렇다고 과도한 운동이 필요하지도 않다. 식사 비용도 많이 들지 않는다. 대부분 가정에서 기르기에 알맞은데, 그것은 무엇보다 사람과 어울리는 것을 무척 좋아하는 친근한 성격 때문이다.

○ 엎드려 있을 때도 뛰어오를 듯한 자세를 유지하는 바센지는 지칠 줄 모르는 듯한 강한 인상을 준다. 이 개는 쥐나 족제비 같은 작은 동물들을 잘 찾아낸다.

○ 바센지는 언제나 방심하지 않은 채 이마를 잔뜩 찌푸리고 호기심 어린 표정을 짓고 있다.

Basset Fauve de Bretagne
바세 포브 드 브르타뉴

◑ 목표물을 지켜보면서도 이렇게 느긋한 자세를 취할 수 있다. 이 때문에 모든 바셋 종이 그토록 사랑스러워 보이는 것이다.

모든 바셋 종은 원산지가 프랑스이다. 바셋은 종류에 따라 몸집 크기와 색깔, 모양과 털이 다양하다. 포브는 그 중에서 키가 가장 작아 약 35cm이다. 그렇지만 다른 바셋 종류보다 더 깔끔하고 테리어와 비슷한 외모를 지닌다.

포브는 거의 대부분 붉은 빛이 도는 황갈색에 거칠고 억센 털을 가지고 있다. 이상하게도, 포브는 보통 생각하는 것보다 목욕을 훨씬 자주 시켜야 한다. 왜냐하면 구석구석을 뒤지고 다녀 괴상한 냄새를 풍기는 잡동사니를 주워 모으는 게 이 개의 전문이기 때문이다.

포브는 진정한 의미의 사냥개다. 놀랄 만큼 빨리 달리는데, 특히 도망치는 토끼가 시야에 들어오면 눈을 떼지 않고 뒤쫓는다. 다른 많은 하운드 그룹의 견종처럼 포브도 일단 사냥감을 쫓기 시작하면 주인이 빨리 돌아오라고 아무리 소리쳐도 좀처럼 듣지 않는다.

포브는 정말로 사람과 더불어 사는 것을 좋아한다. 어린이가 있는 집에는 몸집이 작은 포브가 아주 잘 어울리고, 아이들이 직접 포브를 선택하기도 한다. 먹는 것을 밝히지 않고, 입맛이 까다롭지도 않다. 무엇을 주어도 잘 먹는다.

◐ 포브의 털은 거칠고 촘촘해서 사냥이 끝난 뒤 손질하기 쉽다.

dog's data

크기	소형 32 ～ 38cm / 16 ～ 18kg
털 손질	비교적 쉽다
운동	적당량
식사량	많이 먹지 않는다
성격	분주하고 활기차다

Grand Basset Griffon Vendeen, GBGV
그랑 바세 그리퐁 방뎅

그랑 바세 그리퐁 방뎅 역시 바셋 종류에 속한다. 이 개는 원산지인 프랑스에도 수가 그리 많지 않다. 상냥하고 영리한 개인데 안타까운 일이다.

발끝에서 어깨까지의 키가 45cm이고, 크고 튼튼한 하운드 그룹의 견종은 아니다. 영리하고 과감한 결단성이 있는 동작에, 할 일만 있으면 인생을 한껏 즐기는 듯한 인상을 준다. 재미있을 것 같이 보이면 어떤 운동이든지 가리지 않고 몰두한다.

바셋 종류가 대개 그렇듯이 이 개 역시 먹는 것을 좋아한다. 하지만 군살 없는 탄탄한 체격을 유지하기 위해 정해진 양만 먹여도 별로 반발하지 않는다. 털은 거칠고, 기본적으로 하얀 바탕에 레몬색이나 오렌지색, 또는 트라이컬러, 푸른빛이 도는 회색 무늬가 섞인 종류가 있다. 바깥털 아래에 두꺼운 속털이 있어서 추운 날씨에도 잘 견디고, 털을 깨끗하게 손질하기 쉽다. 번식할 수 있는 수가 많지 않아서 어쩔 수 없이 시키는 근친 교배만 아니라면 충분히 인기를 누릴 만하다.

◐ 성격이 명랑하고, 개가 할 수 있는 일은 무엇이든 가리지 않고 열성적으로 달려든다.

dog's data

크기	중소형 최대 45cm / 18 ～ 20kg
털 손질	비교적 쉽다
운동	필수
식사량	많이 먹지 않는다
성격	친근하고 유머 감각이 있다

Basset Hound
바셋 하운드

바셋 종류 중에서 가장 잘 알려진 개가 바셋 하운드로, 원산지는 프랑스이다. 보통 산토끼를 사냥하는데, 육중하게 움직이면서도 끈질기게 사냥감을 뒤쫓는다. 그러다가 갑자기 뛰기도 하는데, 바셋 하운드의 자연스러운 걸음걸이는 역시 먼 거리를 꾸준하게 걷는 모습이다.

키가 약 38cm인 것에 비해 몸무게는 약 32kg 되어서, 다리가 짧고 몸집이 큰 개로 보인다. 개를 안아서 자동차에 태울 때나 동물병원의 진찰대 위에 올려

○ 표정이 애처로워 보인다고들 말하지만, 사실 바셋 하운드는 밝고 쾌활한 성격을 지녔다.

대보다 커서 남아도는 것처럼 보인다. 그리고 이마에는 주름이 약간 있다. 몸에서 가장 비정상적으로 큰 부위는 길게 늘어진 양쪽 귀로, 걸으면서 발에 밟힐 정도이다. 이처럼 바닥에 끌리기 때문에 귀에 상처가 나기 쉽고, 무겁게 늘어진 귀 때문에 귓속에 공기가 통하지 않아 문제가 생긴다. 또한 축 처진 아래 눈꺼풀 때문에 문제가 생기기도 한다.

바셋 하운드의 앞다리는 발목 아래가 바깥쪽으로 휘어져 있어서 다리를 절룩거리는 경우도 있다. 비록 바닥에 뒹구는 것을 정말 좋아하지만, 털이 짧고 부드러워서 손질하기 쉽고 건강하다.

성격이 아주 좋아서 가족처럼 지낼 수 있는 개를 원하는 사람에게 적합하다.

dog's data

크기	다리가 매우 짧지만 몸집이 육중하다
	수컷 : 33 ~ 38cm / 22.5kg
	암컷 : 33cm / 19.5kg
털 손질	비교적 쉽다
운동	꾸준히 해야 한다
식사량	식욕이 왕성하다
성격	차분하지만 짖는 소리가 크다

놓을 때에 체격이 마른 사람은 힘겨울 수도 있다.

바셋 하운드는 식욕이 왕성해서 과도하게 체중이 불어날 수 있다. 특히 기회만 있으면 게으름을 피우기 때문에 살이 찌기 쉽다. 가슴이 넓은 사냥개답게 바셋 하운드가 짖는 소리는 마치 뱃고동 소리처럼 크고 탁하다. 바로 곁에서 들으면 놀랄 수도 있지만, 이 때문에 친근감 없는 인상을 주지는 않는다.

바셋 하운드를 처음 보면 피부가 뼈

○ 바셋 하운드의 털 색깔은 대부분 검정, 하양, 황갈색이 섞였거나 레몬색과 하양이 섞여 있다. 털 손질은 깨끗하고 단정하게 관리하기 쉽다.

Petit Basset Griffon Vendeen, PBGV
프티 바세 그리퐁 방뎅

프티 바세 그리퐁 방뎅 또는 많은 애견 가들에게 PBGV로 알려진 이 개는, 원산지인 프랑스에서 다른 지역으로 수출하기 시작한 이후 지난 25년간 인기가 빠르게 상승하였다. 모든 프랑스산 사냥개는 한결같이 맡은 일을 잘해낸다는 기대가 있는데, 이 개도 예외는 아니다. 이 개는 활기가 넘치는 개로 잠시도 가만히 있지 않기 때문에, 참을성이 많고 활동적인 사람이 키우기에 적합하다.

○ 넉살 좋은 표정의 PBGV는 1970년대 중반에 원산지인 프랑스에서 도버해협을 건너 영국으로 많이 수출되었다. 그리고 얼마 뒤에는 미국으로 옮겨졌다.

dog's data

크기	소형
	수컷: 34 ~ 38cm / 19kg
	암컷: 35.5cm / 18kg
털 손질	필수
운동	필수
식사량	적당하게 먹는다
성격	명랑하고 외향적이다

키는 최대 38cm이고, 몸길이가 키에 비례해서 많이 길지만 지나칠 정도는 아니다. 그러므로 추간판에 문제가 생길

염려는 없다. 다리가 짧고 튼튼하며 균형이 잘 잡힌 골격은 거칠고 억센 바깥털과 두툼한 속털로 덮여 있어서 비바람에도 끄떡없다. 이 개는 산책하다가 여기저기 뒤지고 다녀 더러워지기 일쑤다. 눈썹(눈 위에 난 털)이 길어서 철빗으로 털 손질하는 것이 적당하다. 언제나 활달하여 에너지가 넘치는 개이기 때문에 잘 먹여야 한다. PBGV는 시골에 전혀 가지 않는 도시 가정에는 잘 맞지 않는다.

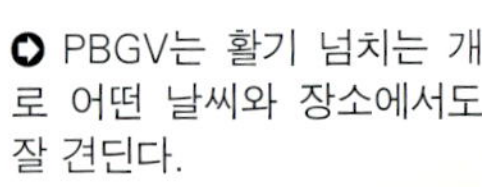
○ PBGV는 활기 넘치는 개로 어떤 날씨와 장소에서도 잘 견딘다.

Beagle
비글

비글은 어렵지 않게 적당한 수의 새끼를 낳으며, 기르는 환경에 차분하게 잘 적응한다. 이 때문에 비글은 그동안 의학과 수의학 연구의 실험 대상으로 널리 길러져 왔다. 말하자면 지나칠 정도로 온순한 기질이 오히려 스스로를 희생하게끔 만들었던 것이다.

비글은 순하고 붙임성 있어서 가정에서 사람들과 가족처럼 살아갈 수 있다. 다른 개들과 무리지어 산토끼를 사냥할 때처럼, 비글은 가족의 일원으로도 즐겁게 생활한다. 집 안에서의 용변훈련이 쉽지 않지만 무척 깔끔한 개다. 짧은 털은 방수성이 강해 비바람이 치는 날씨에도 드라이어로 말려주지 않아도 쉽게 잘 마른다. 이 때문에 진흙탕에서 뒹굴고 난 후에도 스펀지로 간단하게 닦아주는 것만으로도 실내에 들일 수 있을 정도로 깨끗해진다.

비글은 식탐을 부리지 않는다. 하지만 사냥개 사육장에서는 정해진 하루 식사량을 단숨에 먹어치운다. 수의사의 진찰이 필요한 질병에도 잘 안 걸리고 건강하게 오래 사는 편이다.

일단 리드줄을 풀어주면 아무리 주인이 불러도 주인 옆에 있지 않고 달아나는 성향이 있기 때문에 복종성 테스트에서 비글이 우승하는 경우는 아주 드물다.

활동적인 생활을 즐기는 가정에서 키우기 좋은 개다.

◐ 비글의 잘생기고 균형 잡힌 주둥이는 냄새를 맡아 사냥감을 찾아내는 데 매우 유리하다.

dog's data

크기	소형 33 ~ 40cm / 9kg
털 손질	비교적 쉽다
운동	많이 해야 한다
식사량	적당하게 먹는다
성격	온화하지만 고집이 세다

◐ 다부진 앞다리와 단단한 발을 가진 비글은 사람만 곁에 있으면 들판이나 공원, 또는 정원을 하루 종일 돌아다녀도 지칠 줄 모른다.

Bloodhound
블러드하운드

블러드하운드는 덩치가 크고 성격이 독립적인 개다. 키는 약 66cm이고 몸무게는 55kg까지 나가서 육중하다. 눈치 없고 동작이 서투르지만, 일단 앞으로 전진할 방향이 정해지면 도랑이든 벽이든 울타리든, 어떤 장애물도 아랑곳하지 않고 돌진하는 성향이 있다. 일단 목줄과 리드줄을 매면 저항하거나 짖지 않고 주인에게 순종한다.

　대부분의 사람들은 블러드하운드의 외모에 익숙할 것이다. 눈 위 피부가 지

❂ 블러드하운드는 사냥개 중에서 사냥감 추적의 명수로 불려진다. 긴 귀로 냄새를 쓸어 올려 넓은 콧구멍으로 식별한 뒤 사냥감을 찾아낸다.

❂ 블러드하운드는 가슴이 두툼해서 폐활량이 크다.

dog's data

크기	크고 무겁다
	수컷: 63 ~ 69cm / 41kg
	암컷: 28 ~ 63cm / 36kg
털 손질	쉽지만 꼼꼼하게
운동	느리지만 많은 양이 필요
식사량	많이 먹는다
성격	주인의 이해가 필요하다

나치게 많아서 아랫눈꺼풀까지 처져 있고, 얼굴 아래까지 축 처진 양쪽 귀는 접혀 있다. 이 양쪽 귀로 땅을 훑어 넓은 콧구멍으로 냄새를 맡는데 못 맡는 냄새가 없을 정도로 후각이 발달했다.

　거대한 뼈대가 큰 몸을 지탱하고 있어 블러드하운드는 고관절에 무리가 가서 통증으로 고생한다. 그래서 무거운 몸을 이끌고 땅에 머리를 숙이면서 냄새를 추적하려는 수고를 하려고 들지 않는다.

블러드하운드는 엄청난 양의 음식을 게걸스럽게 먹는다. 두툼한 가슴과 넓은 배를 가진 다른 견종과 마찬가지로, 블러드하운드도 위장 안에 가스가 너무 많이 차서 생기는 위 확장증에 잘 걸린다. 이렇게 많은 가스가 여러 가지 신체적인 이유 때문에 트림 등 정상적인 방법으로 배출되지 못하면 위가 꼬이는데, 바로 치료받지 않으면 순식간에 생명이 위험할 수도 있다.

　이를 예방하려면 적은 양을 하루에 여러 번 나눠서 줘야 한다. 그리고 위에 음식물이 가득 차 있는 상태에서는 운동을 시키면 안 된다. 강아지를 분양 받을 때에는 브리더에게 부모견이 위 확장증을 앓은 적은 없는지 확인해보는 것이 현명하다.

　대부분의 크고 무거운 견종처럼 블러드하운드도 건강하게 오래 사는 편은 아니다.

　대개의 블러드하운드는 위엄이 있고 정이 많은 편이다. 하지만 지나친 친밀감은 싫어하기 때문에 허물없이 대할 수 있는 개는 아니다. 블러드하운드를 제대로 이해할 수 있는 사람이면 함께 살기에 매력적인 개다.

❂ 몸집이 거대하기 때문에 뼈대가 튼튼해야 한다. 코난 도일이 「바스커빌 가의 개(The Hound of Baskervilles)」에서 이 개를 소재로 했다고 한다.

Borzoi
보르조이

❶ 보르조이의 우아하고 긴 턱은 늑대를 잡아채서 물고 있을 정도로 강하다.

러시아가 원산지인 늑대 사냥개 보르조이는, 흰칠하고 귀족적인 외모에 길고 강한 턱이 인상적이다. 키는 최소한 74cm가 넘는데, 이것은 어떤 기준으로 보아도 큰 키에 속한다. 큰 키와 더불어 뾰족하고 야윈 얼굴 모양은 오만한 귀족 같은 인상을 풍긴다. 길고 활처럼 둥글게 굽은 목은 어깨까지 완만하게 이어진다. 이 모든 외모는 보르조이가 시각형 하운드 그룹에서 가장 대표적인 견종으로 자리매김하는 데 기여했다.

비단처럼 부드러운 털은 신체 부위에 따라 길이가 다르다. 그러므로 보르조이를 키우는 사람은 털을 열심히 손질해야 하고, 전문가의 조언도 부지런히 들어야 한다.

보르조이는 아주 빠른 속도로 달릴 수 있지만, 많은 운동량이 필요하지는 않다. 그리고 대식가도 아니며 입맛도 까다롭지 않다. 대부분 주인에게 충직한 매우 온순한 성품을 지녔다.

보르조이는 사람을 좋아하는 듯한 인상을 주지만, 그렇다고 이 개를 함부로 대하는 것은 경솔한 행동이다. 화가 나면 가끔 사나워질 수 있기 때문이다. 이렇게 위험한 행동을 하는 경우는 드물지만, 몇몇 혈통의 경우에는 전형적인 보르조이의 훌륭한 성격이 잘 유전되지 않는다는 의심도 갖게 한다. 그러므로 보르조이를 분양 받기로 결정하기 전에 이 문제를 좀더 자세히 살펴보는 것이 현명하다.

dog's data

크기	키가 크고 우아하다
	수컷 : 74cm / 41kg
	암컷 : 68cm / 34kg
털 손질	규칙적으로 꼼꼼하게
운동	적당량
식사량	지나치게 주면 안 된다
성격	주인의 이해가 필요하다

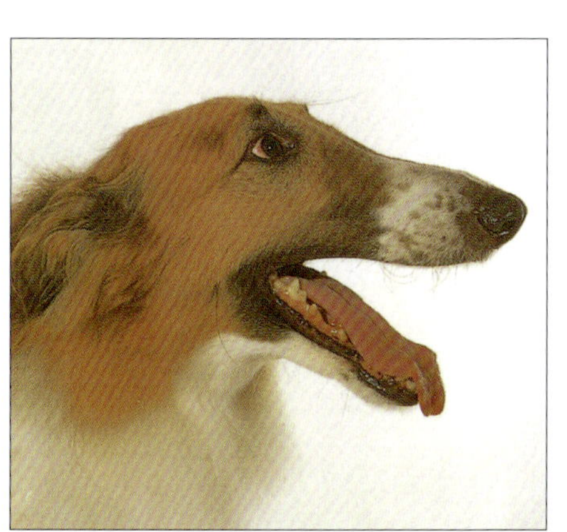
❶ 온순해 보이는 눈이지만, 그 속에는 격렬한 기질이 숨어 있다.

❶ 우아한 러시아 개의 특징 중 하나는 매우 다양한 털 색깔이다.

Dachshunds
닥스훈트

닥스훈트는 6종류로 나뉜다. 몸무게 5kg 이하인 미니어처부터 9 ~ 12kg의 스탠더드까지 다양하다. 또한, 털의 형태에 따라서 털이 긴 롱헤어드(long-haired), 짧은 스무드헤어드(smooth-haired), 뻣뻣한 와이어헤어드(wire-haired) 등으로 나뉜다.

🔾 닥스훈트는 6종류로 나누어지는데 그 중 굳이 오리지널이라고 할 수 있는 것은 이 스탠더드 스무드헤어드 닥스훈트이다. 몸매가 매끈하고 말쑥하다.

🔾 이 스탠더드 스무드헤어드 닥스훈트는 앞다리 사이의 가슴이 눈에 띠게 두툼하다.

🔾 독일어로 닥스훈트란 이름은 '오소리 개'라는 뜻이다. 이것은 원래 이 개가 땅 속에 숨어 있는 오소리를 찾아내는 데 이용되었다는 사실을 말해준다.

이 6종류는 모두 체형이 비슷하다. 땅에 닿을 듯이 다리가 짧아서 사냥감을 쫓아 땅 속으로 들어갈 수도 있다. 대부분 땅 속에 굴을 파고 숨어 있는 오소리를 찾아내지만, 여우를 쫓는 일이 주어

dog's data

크기	중소형 스탠더드 : 9~12kg 미니어처 : 최대 4.5kg
털 손질	종류에 따라 다르다
운동	적당량
식사량	많이 먹지 않는다
성격	독립적이다

저도 훌륭하게 잘 해낼 것이다.

과거에 모든 종류의 닥스훈트들이 긴 등 때문에 큰 고통을 받았다. 왜냐하면 당시에는 등이 긴 견종을 많이 번식시키려는 추세였기 때문에 그런 체형을 지탱할 수 있는 근육 조직이 필요하다는 사실을 생각하지 못한 것이 문제였다. 오늘날에는 모든 종류에서 대체로 상태가 훨씬 좋아졌지만, 그래도 건강한 혈통을 입증할 수 있는 전문 브리더에게 분양 받는 것이 현명하다. 스무드헤어드 닥스훈트와 와이어헤어드 닥스훈트는 털 손질이 간편하지만, 롱헤어드 닥스훈

🔾 6종류 중에서 가장 화려하고 매혹적인 개가 이 스탠더드 롱헤어드 닥스훈트다. 같은 몸매지만 부드러운 털로 덮여 있다.

🔾 6종류 모두 얼굴 윤곽이 뚜렷하고 영리한 표정이다.

○ 종류에 상관없이 얼굴 모양은 모두 코끝으로 갈수록 가늘어진다.

트는 부드러운 직모라서 정기적인 털 손질이 필요하다.

　6종류 모두 운동을 좋아하는데, 사람의 힘에 부칠 정도로 많은 운동량은 필요하지 않다. 먹는 것 역시 6종류 모두 부담을 주지 않고, 아무거나 잘 먹는 편이다.

　성격은 가족과 재산을 지키는 경비견으로 활약할 때는 매우 날카롭고 민첩하다. 공격을 당하면 조금도 주저하지 않고 물어버린다. 몸집이 작은 종류일수록 짖는 소리가 시끄럽고 사나운데, 일단 주인에게 침입자의 위치를 알린 후에는 더 이상 짖지 않는다. 가정에서 애완견으로 기르기에 아주 좋은 개로, 많은 사람들이 매력을 느낄 만한 이유가 충분하다.

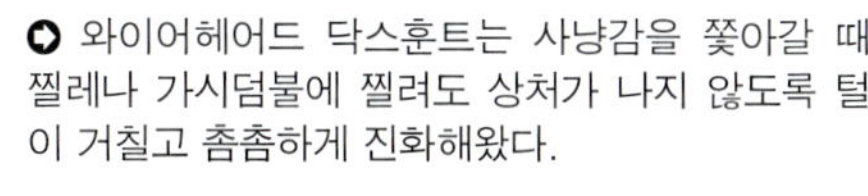

○ 와이어헤어드 닥스훈트는 사냥감을 쫓아갈 때 찔레나 가시덤불에 찔려도 상처가 나지 않도록 털이 거칠고 촘촘하게 진화해왔다.

○ 독일에서는 아주 일찍부터 털이 다른 종류끼리 교배시키는 것을 금지했다.

○ 닥스훈트는 정이 많고 사람을 잘 따른다.

○ 미니어처 닥스훈트는 땅 속에 굴을 파고 숨어 있는 작은 동물들, 예를 들어 토끼, 오소리, 산토끼 등을 잡는 사냥개로 이용되었다.

○ 미니어처 와이어헤어드 닥스훈트는 털이 거칠고, 작은 콧수염이 있다.

Deerhound
디어하운드

● 디어하운드는 천 년이란 오랜 세월 동안 붉은 사슴을 사냥하는 데 이용되었다.

디어하운드(스코티시 디어하운드)는 스코틀랜드 사람들에게 많은 사랑을 받는 개인데, 사실은 거칠고 텁수룩한 털로 뒤덮인 그레이하운드다. 디어하운드는 천 년의 세월 동안 사슴 사냥개로 이용되어왔다고 전해지며, 고대의 기록에서 묘사된 것을 보면 수백 년을 거치는 동안 모습이 조금밖에 변하지 않았다고 한다. 디어하운드의 매력에 한번 빠지면 온통 마음을 사로잡는다고 한다. 하지만 매혹의 대가로 엄청난 정성을 기울여야 하는 개이다.

키는 76cm, 몸무게는 약 45kg으로 결코 가벼운 견종은 아니지만, 집이 아주 좁아도 구석에 몸을 웅크리고 있으면 전혀 걸리적거리지 않아서 놀랍기까지 하다. 많이 먹지 않고, 원산지에서는 사냥한 사슴고기에 오트밀을 곁들여주면 충분하다.

털 손질은 반드시 정기적으로 해주어야 하지만, 힘들지는 않다. 왜냐하면 텁수룩한 털이 거칠어서 깔끔하게 손질하는 것이 비교적 쉽기 때문이다.

성격은 상냥하고 주인은 잘 따르며, 낯선 사람에게도 점잖게 대한다. 열렬한 디어하운드 애호가인 몇몇 브리더들은 디어하운드로 구성된 팀을 이끌고 스코틀랜드 중서부를 떠나 영국 전역에서 열리는 도그쇼에 참석하기 위해 기차 여행을 하기도 한다. 이러한 사실로도 디어하운드의 매력과 적응력이 어떠한지 잘 알 수 있다.

dog's data	
크기	중대형 수컷 : 76cm / 45.5kg 암컷 : 71cm / 36.5kg
털 손질	일반적인 손질
운동	적당량
식사량	적당하게 먹는다
성격	사람과 어울리는 것을 매우 좋아한다

● 텁수룩한 털은 보통 파스텔 색조를 띠고, 회색에서부터 검정 줄무늬가 있는 브린들(brindle), 그리고 밝은 황갈색에 이르기까지 다양하다.

● 앞가슴이 좁아서 두터운 가슴이 더욱 두툼해 보이는데, 이는 모든 시각형 하운드 그룹 견종의 신체적인 특징이다.

Elkhound
엘크하운드

엘크하운드(노르웨지안 엘크하운드)는 노르웨이에서 매우 높이 평가받는 견종으로, 미국에서는 무스(moose)라고 부르는 엘크 사슴을 사냥한다. 사냥감이 크기 때문에 튼튼한 체격이 필수다. 원산지인 노르웨이 사람들은 이 개를 사냥개로든 아니면 가정에서 애완견으로 키우든지 민첩하고 용감하다고 생각하는데, 엘크하운드는 이런 기대에 어긋나지 않는다.

하운드 그룹 중에서 스피츠(spitz) 타입은 쫑긋 선 귀와 등 위로 말려 올라간 꼬리가 특징이다. 엘크하운드야말로 전형적인 스피츠다. 엘크하운드의 또 다른 특징으로 짖는 소리가 요란하고, 또한 짖는 것을 좋아하기도 한다. 원래 상냥하지만, 침입자에게는 절대로 다정한 기색을 보이지 않는다.

바탕이 회색인 엘크하운드의 털은 아무리 궂은 날씨에도 잘 견뎌낸다. 털에 묻은 진흙을 스폰지로 깨끗이 닦아내고 말린 다음, 힘있게 솔질하는 일은 즐겁기까지 하다.

키는 약 52cm이고, 튼튼한 몸은 무게가 23kg이다. 이런 몸집을 유지하기 위해 아주 잘 먹기 때문에 식사량에 신경 써야 한다. 건강하게 오래 사는 편이고 활동적인 가정에서 키우기에 적합하다.

엘크하운드는 몸이 탄탄하다. 이런 체격을 유지하려면 다리와 발 역시 힘이 좋아야 한다.

dog's data

크기	중형
	수컷 : 52cm / 23kg
	암컷 : 49cm / 20kg
털 손질	비교적 쉽다
운동	적당량
식사량	식욕이 왕성하다
성격	매우 사교적이다

엘크하운드는 사슴을 사냥할 수 있을 정도로 몸이 튼튼해야 하고, 영리해야 한다. 빛나는 눈동자와 예민한 눈, 그리고 뾰족한 귀를 보면 그 총명함을 확실히 알 수 있다.

Finnish Spitz
피니시 스피츠

피니시 스피츠[Non - Sporting Group]는 핀란드를 대표하는 국가견이다. 핀란드 사람들은 이 개를 고를 때 외모에 지나치게 신경쓴다. 사실 피니시 스피츠는 매우 인상적인 외모를 지녔다. 털 색깔이 밝은 붉은색이어서 태어난 지 얼마 안 된 어린 강아지는 마치 새끼 여우처럼 보인다. 자라면서 귀가 쫑긋하게 서고, 꼬리는 등 위로 말려 올라간다. 털은 깨끗하게 관리하기 쉽고, 브러싱하기도 쉽다.

키는 최대 50cm까지 자라지만 몸무게는 16kg밖에 되지 않는다. 몸집은 작지만, 활력이 넘쳐서 쉴새없이 움직이고 무리들과 어울려 노는 것을 아주 좋아한다. 핀란드에서는 새, 특히 뇌조(들꿩과의 새)가 숨어 있는 곳을 찾아내는 데 이용한다. 하운드 그룹 중에서는 유일하게 새를 사냥하는 개다. 사냥감을 찾아내는 데 성공하면 귀에 거슬리는 날카로운 소리로 아주 크게 짖어댄다. 가정에서 키울 때도 시끄럽게 짖는 소리는 여전하다.

피니시 스피츠는 예민한 청각만큼 생김새도 날카롭다.

피니시 스피츠는 자주 짖고 소리가 시끄럽다. 사진의 모습이 피니시 스피츠의 가장 특징적인 자세다.

dog's data

크기	중소형 14 ~ 16kg 수컷 : 43 ~ 50cm 암컷 : 39 ~ 45cm
털 손질	쉽다
운동	적당량
식사량	많이 먹지 않는다
성격	자주 짖고 소리가 크므로 주인의 이해가 필요하다

피니시 스피츠는 식탐이 없고 상당히 오래 산다. 동료들에게 기쁨을 주고 가정에서는 가족의 일원으로 대해주기를 바란다. 즉, 자신이 건강하고 외향적인 것처럼 자기 주인 역시 그럴 거라고 믿는다. 피니시 스피츠를 키우려면 이웃의 이해와 협조도 생각해봐야 한다.

이처럼 매력적인 표정을 짖고 있지만 주인이 방심하고 있을 때 돌변하기도 한다.

Foxhound
폭스하운드

○ 폭스하운드는 사냥 장면을 그린 그림에서보다 실물의 체구가 훨씬 크다. 가정에서 애완견으로 기르기에 이상적인 개는 아니다.

폭스하운드(잉글리시 폭스하운드)는 도그쇼의 무대에 늘 무리지어서 등장한다. 폭스하운드는 정식으로 도그쇼 무리에 합류하기 전 아장아장 걷는 어린 강아지 시기에만 가정에서 기를 수 있는 개로 적합한 듯하다. 그렇다고 해서 평생 가정의 애완견이 될 수 없다는 뜻은 아니다.

폭스하운드의 키는 64cm이고 근육과 골격이 튼튼하다. 상당히 많은 양의 음식을 먹는데 식사할 때는 매너 없이 달려든다. 주는 음식을 금세 먹어치우는 모습은 폭스하운드가 대대로 동료 사냥개들과 무리지어 사냥해온 역사를 생각하면 아주 자연스러운 모습이다.

친근한 성품으로 목줄과 리드줄에 묶여도 아주 잘 적응하고, 올바르게 행동하도록 길들일 때도 말을 잘 듣는다. 그러나 완벽한 여우 사냥개를 만들어내기 위해 수백 년 동안 선택교배를 한 결과, 사냥감 추적이 능숙하지 못한 폭스하운드는 차츰 도태되었다. 그렇기 때문에 수준 높은 복종성 테스트에서는 폭스하운드를 찾아보기 어렵다.

아메리칸 폭스하운드도 있는데, 잉글리시 폭스하운드에 비해 키가 더 크고 몸무게는 더 가볍다. 아메리칸 폭스하운드는 1650년경에 잉글리시 폭스하운드가 미국으로 건너가 진화한 것이다.

dog's data

크기	중형 64cm / 30.5kg
털 손질	최소한만 한다
운동	많이 해야 한다
식사량	식욕이 매우 왕성하다
성격	상냥하고 무리지어 생활한다

Grand Bleu de Gascoigne
그랑 블뢰 드 가스코뉴

그랑 블뢰 드 가스코뉴는 PBGV와 마찬가지로 프랑스가 원산지다. 이 개는 70cm나 되는 큰 키가 가장 특징적이다. 이 개의 열렬한 애견가들은 머리 스타일이 귀족적이고, 늘어진 멋진 귀는 타고난 산토끼 사냥개로서 이 개가 산토끼를 쫓을 때 그 귀로 땅바닥을 쓸어서 냄새를 맡아 사냥감을 확인할 수 있을 정도로 길다고 강조한다.

이 개가 짖는 소리는 깊고 우울하며 으르렁거리듯 들리기도 한다. 털은 부드럽고 손질하기 쉽다. 하얀 털 위에 검은 반점이 얼룩져 있어서 전체적으로 푸르스름한 색을 띤다. 그랑 블뢰 드 가스코뉴라는 이름도 이런 털 색깔 때문에 붙여졌다.(bleu는 프랑스어로 푸르다는 의미)

긴 다리는 달리고 싶을 때 절대로 구부리지 않지만 사냥개답지 않게 활력이 많이 부족한 개로 널리 알려져 있다. 사람과 어울리기 좋아하고, 먹는 것도 그다지 비용이 많이 들지 않는다. 앞으로 사람들에게 점점 인기를 많이 끌 견종이다.

○ 전통적인 폭스하운드와는 대조적으로, 그랑 블뢰 드 가스코뉴는 머리와 몸이 매우 가늘다.

dog's data

크기	중대형 최대 70cm / 32~35kg
털 손질	최소한만 한다
운동	필수
식사량	지나치게 많이 주면 안 된다
성격	온순하고 점잖다

Greyhound
그레이하운드

그레이하운드는 시각형 사냥개로 알려진 하운드 그룹의 원형이다. 산토끼를 쫓는 사냥개 그레이하운드와 도그쇼에서 달리기경주를 하는 그레이하운드는 신체적으로 차이가 있지만 본능은 같다. 전동 토끼를 쫓는 경주대회를 은퇴한 성견 그레이하운드는 훌륭한 애완견으로

기르기에 좋다. 하지만 사냥감을 쫓고 싶은 충동을 자제시켜줘야 한다. 이것은 공원에서 다른 개들과 함께 있을 때 그레이하운드의 리드줄을 풀어주면 주위 사람들이 그다지 반가워하지 않는다는 의미도 있다. 그래도 다행스러운 것은 산책을 한 후에 더러워진 털을 손쉽게

○ 그레이하운드는 기본적으로 시각형 하운드 그룹에 속한다. 유연하고 근육질이며, 가슴이 두텁고 발이 탄탄하다.

○ 조명처럼 예리한 눈과 흔들리지 않는 시선 때문에 그레이하운드는 눈으로 사냥감을 쫓아가는 개(gaze hound)로도 알려져 있다.

깨끗이 손질할 수 있다는 점이다.

그레이하운드의 키는 76cm이고 상당히 날렵하지만 의외로 몸무게는 많이 나간다. 식탐은 그리 많지 않지만, 날마다 리드줄을 묶고 많은 운동을 시켜야 하기 때문에 상당히 부담이 크다.

건강한 그레이하운드의 균형 잡힌 몸매는 멋있고 시력도 좋다. 물론 체형이 비슷한 모든 견종이 그렇듯이 강아지 시절에는 사지가 엉성하고 볼품없는 단계를 거쳐야 한다.

dog's data

크기	중대형 71 ~ 76cm / 36.5kg
털 손질	최소한만 한다
운동	필수
식사량	적당하게 먹는다
성격	다정하고 차분하다

○ 그레이하운드는 붉은색, 하얀 색, 푸른색 등 모든 색깔이 인기 있다. 빨리 달리기만 한다면 색깔은 상관없다.

○ 그레이하운드는 중동지역에서 유래한 아주 오래된 견종이다.

Hamiltonstovare
해밀톤스퇴바레

해밀톤스퇴바레는 스웨디시 폭스하운드
로도 부른다. 이 견종과 잉글리시 폭스
하운드는 생김새가 매우 비슷하기 때문
이다.

　　원산지인 스웨덴에서 해밀톤스퇴바
레는 인기가 아주 높다. 머리와 다리 부
분은 대부분 진한 갈색 털이고 등과 목
부위는 검은 털이 섞여 있는 것이 이 개
의 고유 스타일이다. 정수리에서 목 아

○ 머리 한가운데에서 주둥이 주위로 이어지는 하얀
털은 해밀톤스퇴바레의 전형적인 얼굴 무늬다.

○ 멋진 색 대비를 보여주는 해밀톤스퇴바레의 털
색깔.

dog's data

크기	중형
	23 ～ 27kg
	수컷 : 50 ～ 60cm
	암컷 : 46 ～ 57cm
털 손질	쉽다
운동	필수
식사량	적당하게 먹는다
성격	차분하다

○ 해밀톤스퇴바레는 잉글리시 폭스하운드보다 약
간 가벼운 체격이지만, 똑같이 발과 꼬리 끝의 전형
적인 하얀 털이 눈길을 끈다.

래로 이어지는 하얀 털과, 네 발과 꼬리
끝의 하얀 털은 해밀톤스퇴바레
의 가장 큰 특징이다.

　　키는 약 57cm이지만, 몸
은 잉글리시 폭스하운드처
럼 튼튼하지 않다. 대부분의
사냥개가 그렇듯이 해밀톤스
퇴바레도 사냥감을 쫓아 빨리
달리기 때문에 전원생활에 잘
어울리는 개이다. 하지만 도
시에 살아도 아주 얌전하
고 예의바르게 잘 적응
한다.

　　라이프스타일에
맞게 먹고, 비를 맞아도 털
을 어렵지 않게 깨끗이 손질
할 수 있다. 활동적인 가정
에 잘 어울린다.

Harrier
해리어

해리어는 수백 년 동안 꾸준히 문헌에 등장하는 견종 가운데 하나이다. 기본적으로 산토끼 사냥개이며, 열광적인 애호가들은 해리어를 이 분야에 천부적인 사냥개라고 격찬한다. 영국에서는 거의 볼 수 없는 견종이고 영국애견협회에서 공식 표준 견종으로 인정받지 못했다. 미국애견협회에서는 공식적으로 인정받았지만 도그쇼에서 뛰어난 성적을 기록한 적은 없다.

dog's data

크기	중형 48 ~ 53cm / 22 ~ 27kg
털 손질	쉽다
운동	필수
식사량	적당하게 먹는다
성격	온순하고 상냥하다

해리어는 키가 비글과 폭스하운드의 중간 정도이고 성격도 두 견종의 특징을 골고루 갖췄다. 신체적 심리적 특징은 비글보다 폭스하운드 쪽에 더 가까운데, 이는 사냥감을 찾아내고 쫓는 성향이 강하기 때문이다. 해리어를 집에서 기르고 싶어하는 사람들에게 가장 좋은 충고는 해리어의 본능적인 사냥 욕구를 통제해야 한다는 것이다.

◐ 해리어는 산토끼를 추격하도록 선택교배된 전형적인 수렵견이다.

◐ 해리어의 기원은 알려지지 않았지만, 오늘날의 해리어는 잉글리시 폭스하운드를 선택교배한 것으로 생각된다.

Ibizan Hound
이비잔 하운드

지중해 서부의 발레아레스 제도가 원산지인 이비잔 하운드는, 고대 이집트의 양피 두루마리와 건축물에 그려져 있는 전형적인 하운드 그룹에 속하는 견종이다. 다람쥐부터 사슴에 이르기까지 사냥감의 종류를 가리지 않으며, 지칠 줄 모르고 사냥감을 쫓아가기 때문에 아무리

dog's data

크기	중형
	56 ~ 74cm / 19 ~ 25kg
털 손질	쉽다
운동	필수
식사량	적당하게 먹는다
성격	내성적이고 독립적이다

주인이 불러도 되돌아오지 않는다.
골격이 가늘고 살이 없는 멋진 체형을 지닌 이비잔 하운드는 하양, 밤색, 황갈색이 다양하게 섞여 있다. 털은 대체로 부드럽지만 간혹 수염

곧추선 두 귀가 특징인 이비잔 하운드는 활력이 넘치고, 서 있는 자세에서 높은 울타리를 뛰어넘을 수 있다.

이나 얼굴 부위의 털이 거칠어서 매우 독특하고 재미있는 인상을 풍기기도 한다. 털 종류에 상관없이 모두 추위에 민감하기 때문에 바깥 생활은 적합하지 않다.
갈비뼈 위에 최소한의 지방층을 유지하게 하려면 영양가 많은 음식을 규칙적으로 주어야 한다.

Segugio Italiano
세구지오 이탈리아노

이탈리안 하운드로도 알려진 세구지오 이탈리아노는 최근에야 원산지 이탈리아에서 수출되었기 때문에 이탈리아 외의 다른 나라에는 수가 많지 않다.
키는 최대 59cm이지만 개에 따라 차이가 많다. 짧은 털은 억세거나 부드러운데, 두 종류 모두 털 손질이 그다지 어렵지 않다. 털 색깔은 검정 바탕에 부

세구지오 이탈리아노의 길게 늘어진 귀는, 블러드하운드의 귀처럼 사냥감을 추적할 때 냄새를 쏠어서 코로 맡는다.

분적으로 황갈색을 띠는 블랙 앤드 탄 (black and tan), 짙은 붉은색, 크림색 등이 있다. 식사량은 많이 먹지 않는다.
대체로 날렵한 몸매에 근육이 잘 발달되어 있어서 많은 체력을 필요로 하는 사냥개로 활동하기에 손색이 없다. 성격은 차분하지만, 처음에는 수출되었던 개들이 낯선 사람을 그다지 반가워하지 않

dog's data

크기	중형
	52 ~ 58cm / 18 ~ 28kg
털 손질	비교적 쉽다
운동	필수
식사량	적당하게 먹는다
성격	차분하다

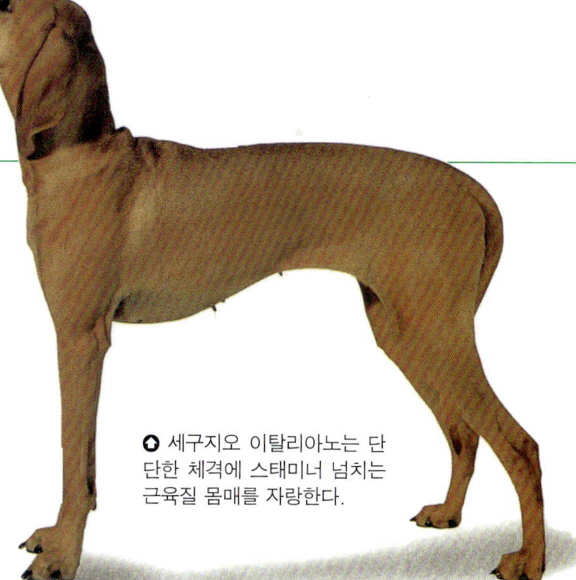

세구지오 이탈리아노는 단단한 체격에 스태미너 넘치는 근육질 몸매를 자랑한다.

았다. 지금은 상황이 많이 나아졌지만, 세구지오 이탈리아노를 분양 받으려면 이 견종의 전문 브리더를 찾아가서 주의 깊게 살펴보고 조언도 들어야 한다. 그런데 요즈음 세구지오 이탈리아노를 분양하는 전문 브리더는 대부분의 나라에서 소수에 불과하다.

Irish Wolfhound
아이리시 울프하운드

아이리시 울프하운드는 지금까지 알려진 견종 중 가장 크지만, 가장 무겁지는 않다. 당당한 모습의 아이리시 울프하운드는 키가 최대 86cm이고, 몸무게는 최소 54.5kg이지만 균형 잡힌 몸매를 지녔다. 조용하면서 위엄 있는 표정과 거칠고 억센 털 때문에 천하무적처럼 보이지만 사람에게는 친근하다.

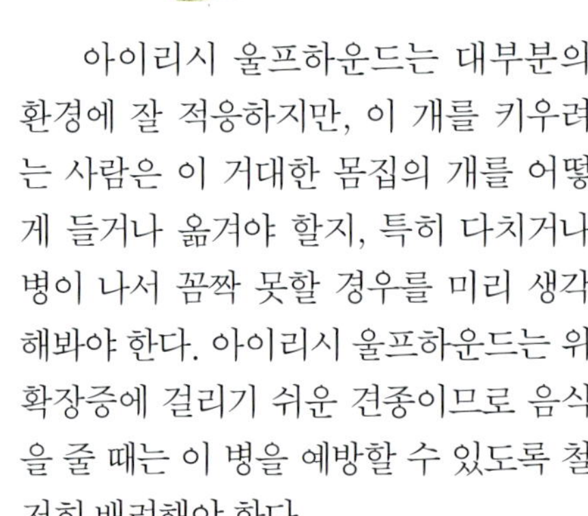

○ 아이리시 울프하운드는 개 중에서 가장 크지만 전혀 위협적이지 않다. 하지만 턱을 보면 이 개가 아일랜드의 늑대들을 잡았었다는 사실을 믿을 수 있다.

아이리시 울프하운드는 대부분의 환경에 잘 적응하지만, 이 개를 키우려는 사람은 이 거대한 몸집의 개를 어떻게 들거나 옮겨야 할지, 특히 다치거나 병이 나서 꼼짝 못할 경우를 미리 생각해봐야 한다. 아이리시 울프하운드는 위확장증에 걸리기 쉬운 견종이므로 음식을 줄 때는 이 병을 예방할 수 있도록 철저히 배려해야 한다.

거대 견종의 강아지를 키우는 일 자체가 전문 기술이라고 할 수 있는데, 해박한 지식과 헌신적으로 브리더의 조언을 잘 따라야 한다. 성장 속도는 빠르다. 그러나 운동을 지나치게 많이 하기 쉬운

dog's data

크기	초대형
	수컷 : 최소 79cm / 54.5kg
	암컷 : 최소 71cm / 40.9kg
털 손질	정기적으로 손질한다
운동	규칙적으로 한다
식사량	매우 많이 먹는다
성격	부드럽고 위엄이 있다

어린 울프하운드에게 음식을 너무 적게 주어서 문제가 생기듯이, 너무 많이 주는 것도 문제가 된다. 성견이 되면 오랫동안 산책하는 것을 좋아하고 놀랄 만큼 빠른 속도로 달릴 수 있다.

아이리시 울프하운드는 건강하게 오래 살지 못하지만 더불어 함께 살면서 즐거움을 많이 느낄 수 있는 견종이다. 그래서 이 견종의 애호가들은 오래 살지 못한다는 것을 감수하고 키운다.

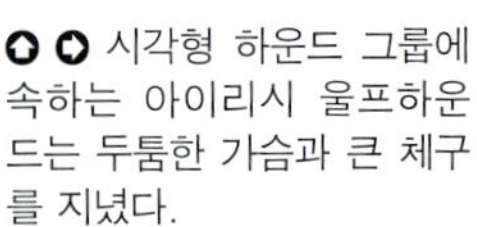

○○ 시각형 하운드 그룹에 속하는 아이리시 울프하운드는 두툼한 가슴과 큰 체구를 지녔다.

Norwegian Lundehund
노르웨지안 룬데훈트

스칸디나비아 반도에 있는 나라 이외의 지역에서는 보기 힘든 노르웨지안 룬데훈트는 날렵한 체격에 키가 38cm인 스피츠 타입의 개다.

　룬데훈트에 얽힌 역사는 흥미롭다. 노르웨이 해안에서 떨어져 있는 섬이 원산지이고, 오랜 세월 자기선택(self-selection)의 과정을 거치면서 해안가의 낭떠러지를 기어오르는 요령을 터득한 룬데훈트는 벼랑 위에 있는 바다쇠오리의 알을 훔쳐 먹었다. 이런 적응과정을 거쳐 노르웨지안 룬데훈트는 양쪽 발가락이 6개가 되었고 6번째 발가락이

○ 희귀하지만 매력적인 이 개는 얼굴 표정이 온순하고 머리 모양이 매우 아름답다.

○ 노르웨지안 룬데훈트는 특이하게도 겹으로 된 며느리발톱이 있는데, 특히 뒷발이 두드러져 보인다.

바깥쪽으로 살짝 휘어진 모양으로 변했다. 아마 낭떠러지를 기어오르기 편리하게 발가락이 변화한 것으로 생각된다.

dog's data

크기	소형
	38cm
털 손질	일반적인 손질
운동	적당량
식사량	간단하다
성격	민첩하고 생기발랄하다

Pharaoh Hound
파라오 하운드

파라오 하운드는 신전 건축물의 벽장식에서 볼 수 있는 오리지널 이집트 스타일의 사냥개다. 요즈음에 있는 종류는 몰타 섬 태생이지만 원산지는 이집트이다. 아름답고 선명한 황갈색의 털에 가슴 부위와 네 다리에 살짝 흰 털이 섞여 있다. 키는 최대 56cm이다. 그레이하운드와 비교할 때 시각형 하운드 그룹에 속한 사냥개로는 그다지 몸집이 크지 않다. 매우 깔끔한 개로 1970년대 이후에 대중적인 인기가 점점 더 높아지고 있다.

　짧지만 부드러운 털은 손질과 관리가 아주 쉽지만 추위에 견디기 힘들다. 파라오 하운드는 운동을 좋아하고 지칠 줄 모르고 움직인다. 다른 사냥개보다 주인의 말을 잘 따른다. 근육과 운동량에 비해 많이 먹지 않는다.

○ 파라오 하운드는 나일 강 신전의 벽에도 그려져 있으며, 수천 년을 지나는 동안 외모가 거의 변하지 않았다.

dog's data

크기	중형 / 20 ～ 25kg
	수컷 : 56cm / 암컷 : 53cm
털 손질	쉽다
운동	적당량
식사량	적당하게 먹는다
성격	민첩하고 영리하다

○ 파라오 하운드는 지중해 원산의 사냥개처럼 날렵한 체격에 곧추선 두 귀가 특징이다. 하지만 꿰뚫어보는 듯한 예리한 눈빛은 이 개가 왜 시각형 하운드 그룹에 속하는지 알 수 있다.

Otterhound
오터하운드

체격이 크고 털이 텁수룩한 오터하운드
는 키가 67cm이고 몸무게는 최소 40kg
이 나가는 몸집이 당당한 개다. 1978년
에 영국에서 수달 사냥이 법으로 금지된
후에 영국애견협회에서 독자적인 견종
으로 등록됨으로써 살아남을 수 있었다.
그리고 미국에서도 20세기 초반 이후에
미국애견협회에 등록하고 관리하는 견
종이다.

dog's data

크기	중대형
	수컷 : 67cm / 40 ~ 52kg
	암컷 : 60cm / 45.5kg
털 손질	자주 해야 한다
운동	필수
식사량	많이 먹는다
성격	침착하다

○ 영국에서는 더 이상 오터하운드를 수달 사
냥에 이용할 수 없다. 그래서 요즘에는 수달 대
신 밍크를 쫓아서 강물과 시냇물에 뛰어든다.

오터하운드는 어슬렁거리는 듯한
느린 걸음걸이에 행동은 지나칠 정도로
느긋하고 게으르게 보인다. 이 개를 키
우려면 운동을 상당히 즐겨야 한다. 그
리고 산책하면서 진흙이나 낙엽 부스러
기 등을 잔뜩 묻혀서 집에 들어와도 그
다지 예민하게 반응하지 않아야 가족이
될 수 있다.

여러 면에서 오터하운드는 무리지
어 사냥감을 쫓는 전형적인 수렵견이다.
그러면서도 털이 텁수룩하고 몸집이 거
대하며 일반 가정생활에도 잘 적응하는
수렵견이라는 점이 특이하다.

○ 오터하운드는 눈길을 끄는 얼굴에, 영리해 보이
는 부드러운 눈매, 그리고 사냥감을 꽉 물고 올 수
있는 강한 턱을 갖고 있다.

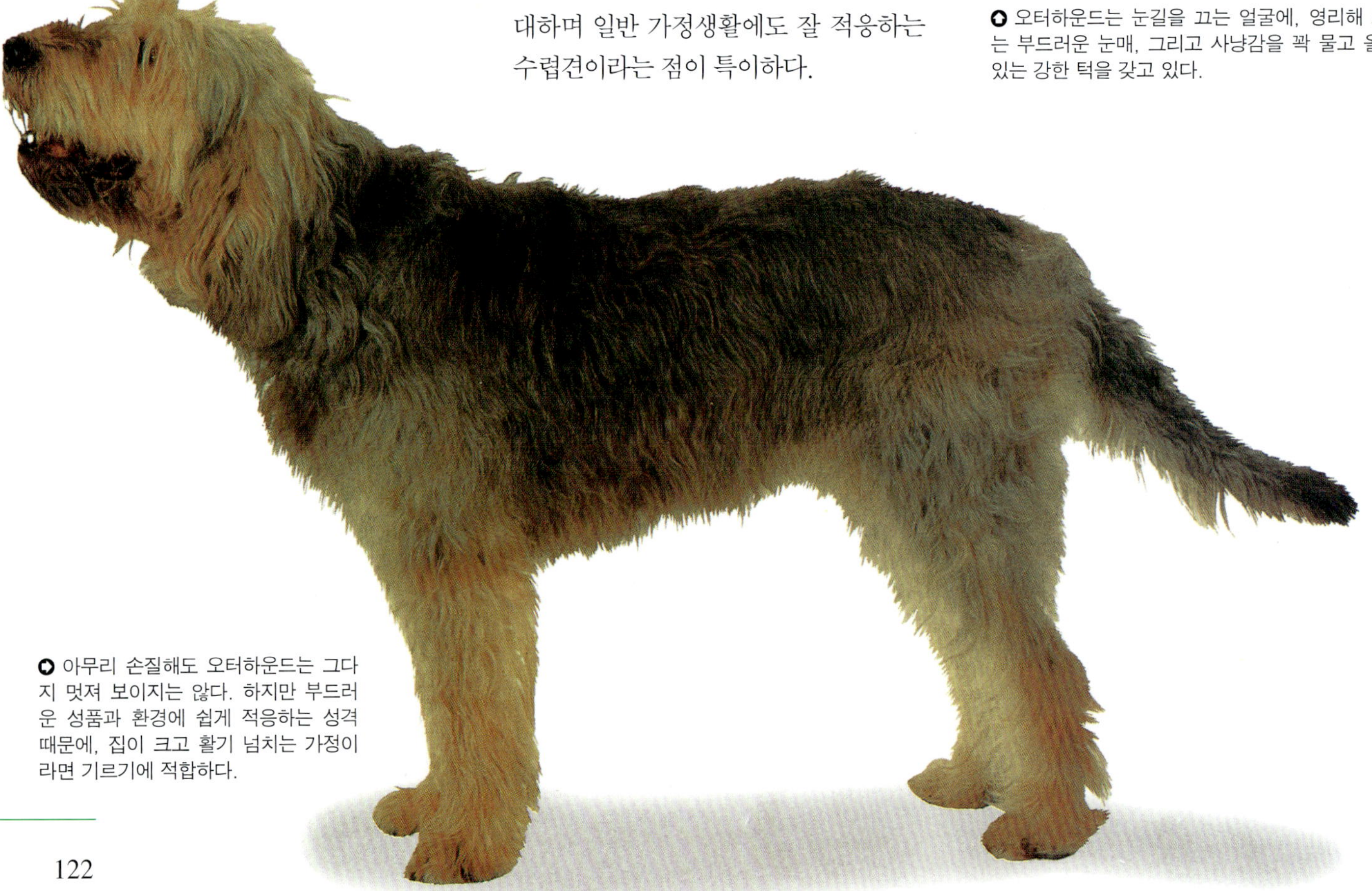

○ 아무리 손질해도 오터하운드는 그다
지 멋져 보이지는 않다. 하지만 부드러
운 성품과 환경에 쉽게 적응하는 성격
때문에, 집이 크고 활기 넘치는 가정이
라면 기르기에 적합하다.

Rhodesian Ridgeback
로디지안 리지백

로디지안 리지백은 단단한 체격에 곧은 자세로 몸매가 멋있는 견종이다. 정수리 부분이 이랑처럼 융기되어 있고, 어깨에서 등, 그리고 꼬리가 시작되는 곳까지도 짧은 칼 모양으로 솟은 것이 특징이다. 리지백(ridgeback, 융기된 등)이란 이름도 이 때문에 붙여졌다.

아프리카 남부의 영국령 연방인 로디지아(지금의 짐바브웨)가 원산지인 로디지안 리지백은 경비견(guard dog)으

로디지안 리지백은 용감하고 두려움을 모른다. 강인한 체격이 용맹스러운 성품을 뒷받침한다.

dog's data

크기	중대형
	수컷 : 63 ~ 67cm / 36.5kg
	암컷 : 61 ~ 66cm / 32kg
털 손질	간단하다
운동	필수
식사량	매우 많이 먹는다
성격	침착하고 기품이 있다

로디지안 리지백의 표정은 때때로 최면을 거는 듯이 보인다.

로 이용된다. 키는 약 67cm이고 큰 키는 탄탄한 골격과 어울려 강인한 인상을 준다. 수렵견으로서 로디지안 리지백이 쫓는 사냥감은 사자이다. 위엄 있는 모습에서 사자를 사냥하는 데 주춤거리거나 물러서지 않는 결연한 자세가 엿보인다.

털은 깨끗하게 손질하는데 어렵지 않고, 멋진 개를 가정에서 키우고 싶어 하는 사람들을 매료시키기에 부족함이 없는 외모다. 로디지안 리지백이 집을

지키고 있는 한 무단 침입하여 강도짓은 감히 생각도 못할 것이다.

운동은 물론 먹는 것도 좋아한다. 멋진 동반자로 손색이 없는 개다.

강아지일 때는 이렇게 귀엽지만, 자라면서 점점 크고 강한 개로 변모한다. 로디지안 리지백은 옛날부터 사냥개와 경비견으로 활약했기 때문에, 어린 이들과 어울려 놀 수 있는 개로 이 개를 선택하는 것은 그다지 현명하지 못하다.

Saluki
살루키

가젤(영양) 사냥에 뛰어나기 때문에 가젤 하운드(Gazelle Hound)라고도 불리는 살루키는 중동이 원산지다. 하얀 색에서 크림색, 금빛이 도는 붉은색, 블랙 앤드 탄, 그리고 트라이컬러까지 털 색깔이 다양하고, 외모에는 기품이 흐른다. 다리 뒷부분과 귀 위쪽에는 매끄럽고 비단결처럼 부드러운 긴 털이 깃털처

○ 살루키는 아랍의 족장들에게 격찬받았던 견종으로, 그들은 이 개를 사냥개로 사육하여 아랍 전지역에서 야생동물을 사냥하는 데 이용했다.

dog's data

크기	중형
	수컷 : 58.4 ~ 71cm / 24kg
	암컷 : 57cm / 19.5kg
털 손질	필수
운동	많이 해야 한다
식사량	많이 먹는다
성격	아주 예민하다

○ 살루키는 시각형 하운드 그룹에 속하는 사냥개다. 이렇게 부드러운 눈길로 아주 멀리까지 볼 수 있다.

럼 덮여 있다. 키는 71cm이지만 몸이 가볍고 살이 거의 없어서 영양 결핍인 개와 양호한 개를 구별하기 어려울 정도다. 이렇게 가냘픈 몸이지만 사냥감을 뒤쫓을 때는 엄청난 체력을 발휘한다.

표정은 마치 먼 곳을 응시하는 듯하지만 눈빛은 매우 예리하고 시력이 아주 좋다. 살루키는 시끄러운 소리에 민감하고 거칠게 다루는 것을 싫어하기 때문에 분주하고 시끄러운 가정에서 기르기에는 적합하지 않다. 이 개는 신경이 아주 예민한 견종으로 널리 알려져 있지만, 열성적인 살루키 애호가들은 자신이 신뢰하는 사람에게는 더할 수 없이 충직한 개라고 평가한다.

○ 몸매가 날렵한 살루키는 빠른 스피드가 가장 중요한 특징이다. 그래서 넓적다리 근육이 아주 단단하다. 다리가 길고 특히 가운뎃발가락이 긴 것이 다른 개와 구별되는 특징이다.

Sloughi
슬루기

북아프리카 원산의 슬루기는 살루키와 외모가 비슷하지만 털이 짧고 매끄러운 점이 다르다. 살루키와 비슷한 용도로 이용하고 사막지역이 원산지인 것도 같지만, 사실 이 두 견종은 전혀 다른 별개의 견종이다. 한편 사막지역에서 슬루기

dog's data

크기	중형 / 12.5 ~ 13.5kg
	수컷 : 70cm
	암컷 : 65cm
털 손질	쉽다
운동	필수
식사량	많이 먹지 않는다
성격	낯선 사람을 경계한다

는 지칠 줄 모르는 사냥꾼으로 알려져 있다.

슬루기는 한번도 대중적인 인기를 크게 얻어본 적이 없다. 대부분의 슬루기는 원산지에서는 우아한 자태로 명성이 자자하지만, 이외의 지역으로 수출되면서 우아한 자태를 제대로 선보이지 못하고 있다. 이 개는 어느 정도 마른 몸상태를 유지하려는 경향이 있어서 영양결핍으로 보이기도 한다.

○ 슬루기는 살루키 스타일의 외모에 피부가 더 두껍지만, 낯을 가리고 사람을 가리는 정도는 살루키보다 더 심하다.

○ 경계의 빛이 담긴 슬루기의 눈빛. 이것은 친해지려면 인사를 하고서도 일정 시간이 지나야 한다는 의미를 지닌다.

키는 최대 70cm이고, 털은 옅은 황갈색, 황갈색 바탕에 끝이 검은 털이 섞여 있는 세이블(sable), 그리고 블랙 앤드 탄에 이르기까지 다양하다. 주인에게는 다정하지만 낯선 사람에게는 전혀 관심도 배려도 없는 성격을 지녔다. 기르겠다는 결정을 내리기 전에 전문 브리더에게 이 개의 특징에 대해 자세히 문의하는 것이 좋다.

Whippet
휘핏

휘핏은 사람들에게 많은 사랑을 받는 견종인데 그 이유는 충분하다. 휘핏은 영리하고 아름다우며, 성격이 온순하고 관리하기도 쉽기 때문이다. 깔끔하고 단정하며 키가 51cm밖에 안 되는 작은 개로는 믿을 수 없을 정도로 빠르게 달린다. 그

dog's data

크기	소형 / 12.5 ~ 13.5kg
	수컷 : 47 ~ 51cm
	암컷 : 44 ~ 47cm
털 손질	쉽다
운동	적당량
식사량	많이 먹지 않는다
성격	부드럽고 다정하다

러므로 시각형 하운드 그룹에 속하는 사냥개로서 확고한 위치를 차지하고 있다.

산책할 때 주인 뒤에 바싹 붙어서 걷고 절대 멀리 달아나지 않는다. 동네를 가볍게 걷거나 가게에 물건을 사러갈 때 항상 주인을 따라다닌다. 휘핏은 계층에 관계없이 사람들의 마음을 사로잡는데, 그 사랑스러운 성품 뒤에는 탁월한 사냥개로서의 능력까지 감추고 있다.

털은 곱고 가늘며 촉감이 부드럽고

○ 휘핏은 시각형 하운드 그룹에 속한 사냥개 중에서 가장 작지만, 그 어떤 사냥개보다 빠른 스피드를 자랑한다.

좋다. 털 색깔은 상상할 수 있는 모든 색깔이 다 있을 정도로 다양하다. 휘핏은 기르는 데 많은 비용이 들지 않고, 식성도 그다지 까다롭지 않다. 또한 이 개처럼 사람을 좋아하고 따르는 개도 찾아보기 힘들다.

○ 휘핏은 사냥개 중에서 사람과 가장 잘 어울리는 개로, 털 색깔이 매우 다양하다.

건독 그룹
The Gundog (Sporting) Group

건독(조렵견) 그룹에 속하는 개는 다른 어떤 견종보다 뚜렷하게 구별할 수 있다. 이 그룹에 속하는 모든 견종은 사냥을 돕고, 새든 동물이든 총에 맞아 떨어진 사냥감을 찾아내어 물어오는 일을 한다.

건독 그룹 견종의 공통점은 물론 개마다 약간의 차이는 있지만, 느긋한 기질을 들 수 있다. 그리고 그다지 시끄럽게 짖지 않는 것도 서로 비슷하다. 키는 70cm에 이르는 세터 종류부터 41cm밖에 되지 않는 서식스 스패니얼에 이르기까지 다양하다.

조렵견의 또 다른 특징은 사냥터에서 탁월한 실력을 발휘하는 견종이더라도 반드시 도그쇼 등에서 인기가 높은 견종은 아니라는 점이다. 그러므로 특정 목적을 염두에 두고 건독 그룹의 개를 구입하려고 할 때는 전문 브리더에게 이 점에 대해 구체적으로 물어보는 것이 현명하다. 그런데 대부분의 건독 그룹에 속한 견종은 영리하고 자신을 맨 처음 선택해준 주인을 기쁘게 해주려고 최선의 노력을 한다.

◑ 포인터

Bracco Italiano
브라코 이탈리아노

18세기 초 이탈리아에서 유래한 브라코 이탈리아노는 하운드와 건독[스포팅]의 교배종으로, 원래의 목적은 사냥감의 위치를 가리키는 개로 만들려고 했지만, 요즈음에는 다목적으로 쓰인다. 즉, 사냥감을 쫓고(hunt), 그 위치를 가리키며(point), 회수해오는 역할(retrieve)을 모두 한다. 이 개는 1990년대 초에 아주 적은 수가 영국에 수입되었는데, 영국애견협회의 등록서에 의하면 대중적으로 사랑을 받았다는 내용은 없다. 이것은 다른 나라에서도 마찬가지다.

키가 최대 약 67cm이고, 머리와 몸이 매우 단단하다. 가늘고 윤이 나는 털은 오렌지색과 하얀색, 하얀색과 붉은색이 섞인 것 등 다양하며, 매력적인 외모를 지녔다. 털 손질은 밖에서 하루 종일 뛰어다니면서 일을 한 후에도 깨끗하게 손질하기가 어렵지 않다. 조렵견 중에서는 매우 독립적이지만 성실히 일한다.

가정에서 키우기에 적당한지는 아직 입증되지 않았다.

dog's data

크기	중대형
	56 ~ 67cm / 25 ~ 40kg
털 손질	쉽다
운동	필수
식사량	적당하게 먹는다
성격	온순하다

Brittany
브리타니

브리타니는 원산지인 프랑스에서 비교적 최근에 영국에 수입된 견종이다. 생기발랄하고 다루기에 힘들지 않는 이 개는 키가 약 50cm이다. 꿩이나 산토끼 등의 사냥감을 물어 나르는 HPR형(hunt, point, retrieve) 조렵견이다.

몸 전체에 촘촘하게 달라붙어서 난 털은 약간 곱슬거리지만 깨끗하게 손질하는 데 그다지 어렵지 않다. 특징적인 털 색깔은 하얀색 바탕에 오렌지색, 다갈색, 검정 또는 트라이컬러가 골고루 섞였다. 식사에는 그다지 많은 비용이 들지 않지만 먹는 욕심이 많아서 정해진 양을 먹는 습관을 들여야 한다. 튼튼한 체격에 비해 목과 꼬리는 짧지만 그 꼬리를 힘차게 흔들어댄다. 활기가 넘치고 온순해서 길들이기 쉬우므로 집에서 기르기에 알맞다. 브리타니는 운동과 일을 모두 신나게 즐기는 개다.

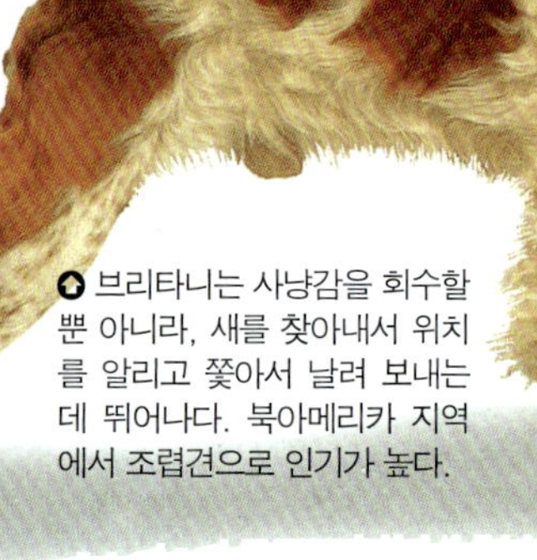

dog's data

크기	소형
	수컷 : 48 ~ 50cm / 15kg
	암컷 : 47 ~ 49cm / 13kg
털 손질	비교적 쉽다
운동	필수
식사량	많이 먹지 않는다
성격	활기차고 부지런하다

English Setter
잉글리시 세터

잉글리시 세터는 키가 크고 비교적 마른 체격이며 잘 생긴 견종이다. 스스로 자신이 매력적이라는 것을 알고 모든 사람들에게 관심을 끌려는 듯한 인상을 풍긴다. 68cm의 훤칠한 키 때문에 눈에 쉽게 띈다. 화려하고 멋진 털은 길고 비단결처럼 부드러우며, 하얀색을 기본으로 검정이나 오렌지색, 레몬색, 또는 다갈색이 섞여 있다. 이런 털을 가진 다른 개들처럼 하루의 일이 끝난 후에는 정성 들여 털을 깨끗하게 손질해주어야 한다. 근육질의 쭉 뻗은 목 위로 가늘고 귀족적인 머리형이 돋보인다.

잉글리시 세터는 넓은 사냥터에서 빠르고 활기차게 달리면서 메추라기와 들꿩을 추적하는 조렵견으로 훈련시킬 수 있다. 이리저리 뛰어다니다가 긴 코로 후각을 자극하는 냄새를 맡으면 갑자기 달리던 걸음을 멈추고 표적을 향해 달려든다. 잘 훈련된 세터가 전속력으로 돌진하다가 갑자기 날카롭게 소리를 지르면서 멈추는 모습은 정말 장관이다. 쇼독과 사냥개로 이용되는 견종은 서로 형태나 스타일에서 큰 차이는 없지만 사냥개로 선택할 때는 멋진 외모보다는 영리한 두뇌에 더 가치를 둔다.

잉글리시 세터는 사교적인 성품을 타고나서 가정에서 기르기에 알맞다. 아이리시 세터처럼 야성적인 면이 두드러지지는 않지만, 이 개의 성격에도 야성적인 성향은 있다. 그러므로 집에서 기르는 개로 훈련시키려면 침착하면서도 단호한 태도로 대해야 한다. 그리고 도시 근교의 가정에서 기르기에 그다지 적합하지 않지만 이 개를 높이 평가하는 수많은 도시 거주자들은 이런 주관적인 견해에 이의를 제기할지도 모른다.

◐◑ 오랜 세월 동안 일류 브리더들이 잉글리시 세터들을 독자적인 스타일로 개량해왔지만, 부드러운 눈길은 모든 혈통에서 뚜렷하게 나타난다.

dog's data

크기	대형
	수컷 : 65 ~ 68cm / 28.5kg
	암컷 : 61 ~ 65cm / 27kg
털 손질	꼼꼼히 자주 한다
운동	많이 해야 한다
식사량	적당하게 먹는다
성격	사교적이고 열정적이다

◑ 털에 있는 반점을 '벨튼(belton)' 이라고 한다. 레몬색이나 오렌지색 벨튼이 있다.

◐ 주인의 지시를 기다릴 때 많은 개들이 이런 자세를 취한다.

German Short - haired Pointer, GSP
저먼 쇼트헤어드 포인터

저먼 쇼트헤어드 포인터는 1950년대 초에 비로소 영국에서 볼 수 있게 된 견종이다. 그러나 그 이후에 가정견과 사냥견 기능을 모두 해내는 개로 가장 인기가 높다. HPR(hunt, point, retrieve) 일꾼으로서 제몫을 확실히 해내는 잘생긴 이

◐ ◑ 활력이 넘치는 진정한 사냥개 저먼 쇼트헤어드 포인터. 유연한 몸매, 단단한 근육, 모든 것을 꿰뚫어보는 듯한 표정이 인상적이다.

<table>
<tr><td colspan="2">dog's data</td></tr>
<tr><td>크기</td><td>중형
수컷 : 58 ~ 64cm / 28.5kg
암컷 : 53 ~ 59cm / 24kg</td></tr>
<tr><td>털 손질</td><td>쉽다</td></tr>
<tr><td>운동</td><td>필수</td></tr>
<tr><td>식사량</td><td>적당하게 먹는다</td></tr>
<tr><td>성격</td><td>길들이기 아주 쉽고 친근하다</td></tr>
</table>

개는 부드럽고 윤이 나는 털과 근육질의 균형 잡힌 몸매, 그리고 예민한 후각과 높은 작업능력을 고루 갖추고 있다.

키는 64cm이고, 털 색깔은 다갈색이나 검정이 기본이고 단색인 경우도 조금 있지만 하얀 반점이 있는 경우가 더 많다. 털은 짧고 거칠지만 윤기를 내는 손질은 비교적 쉽다. 어깨가 벌어진 체형이 단정한 인상을 주고, 꼬리는 보통 중간 길이로 자른다. 몸을 움직이면 마치 운동선수처럼 근육이 멋있게 드러나며 우아한 체격이 돋보인다. 이 개에게 규칙적인 운동은 필수다. 머리가 총명하여 다양한 훈련을 받으면 여러 방면에 요긴하게 쓸 수 있다. 가정에서 길러도 적합하고 사냥터에서 일을 맡겨도 잘 해낸다. 진정한 팔방미인인 이 개의 다양한 재능을 방치하는 것은 안타까운 일이다.

German Wire - haired Pointer
저먼 와이어헤어드 포인터

저먼 와이어헤어드 포인터는 저먼 쇼트헤어드 포인터보다 더 최근에 영국으로 수입되었다. HPR 견종에 맞는 일을 한다. 쇼트헤어드(단모종) 포인터와 와이어헤어드(강모종) 포인트는 털만이 아니라 몸 크기도 다른데, 와이어헤어드 포인트가 67cm로 약간 더 크다. 바깥털은 굵고 억세다. 한창 자라고 있는 어린 강아지의 경우에는 주둥이에 콧수염이 난 것을 종종 보는데 그 표정이 익살스럽다. 촘촘하고 긴 속털은 추운 날씨도 잘 견딜 수 있을 뿐 아니라 사냥감을 찾으러 물속에 들어가는데도 아주 유리하다.

쇼트헤어드 포인터처럼 와이어헤어드 포인터 역시 단색 털이 많지 않은데, 검정 털로만 된 개는 더욱 드물다. 그 외에는 두 견종 모두 털 색깔이 비슷하다. 움직이면서 일하는 개이므로 운동을 적절히 시켜야 한다. 일정 거리를 짧게 돌아오는 산책만으로는 절대로 만족하지 못한다.

◐ HPR(hunt, point, retrieve) 견종인 저먼 와이어헤어드 포인터는 물에 젖지 않는 거친 털로 덮여 있다.

◐ 저먼 와이어헤어드 포인터는 쇼트헤어트 포인터보다 체중이 무겁고, 다리도 더 두껍다.

<table>
<tr><td colspan="2">dog's data</td></tr>
<tr><td>크기</td><td>중형
수컷 : 60 ~ 67cm
　　　25 ~ 34kg
암컷 : 56 ~ 62cm
　　　20.5 ~ 29kg</td></tr>
<tr><td>털 손질</td><td>일반적인 손질</td></tr>
<tr><td>운동</td><td>필수</td></tr>
<tr><td>식사량</td><td>적당하게 먹는다</td></tr>
<tr><td>성격</td><td>영리하고 지시에 잘 따른다</td></tr>
</table>

Gordon Setter
고든 세터

고든 세터는 스코틀랜드가 원산지로 세터 종류 중 몸무게가 가장 무겁다. 키는 66cm이지만 다른 어떤 세터 종류보다 탄탄한 체격을 자랑한다. 그래서 장거리를 오래 달려도 역동적이고 힘 있는 기세를 잃지 않는 체력을 지닌다. 운동을 좋아하고 또 운동이 꼭 필요한 고든 세터는 지칠 줄 모르는 일꾼이다. 먹는 것을 아주 즐기기 때문에 성견이 되면 체중이 많이 나간다.

털은 길고 비단결처럼 부드러우며 검정 바탕에 주둥이와 다리 부위는 적갈색이다. 성장 속도는 다른 세터 종류들처럼 느리다. 다리만 길쭉한 볼품없는 모습을 거치면서 자라는데, 이 모습으로 주인을 실망시킬 수도 있지만 점점 크면서 위엄 있고 건장한 개로 성숙해 간다.

털 손질은 꼼꼼하게 해야 하지만 부담스러운 편은 아니다. 고든 세터는 사냥터에서도 믿음직스런 일꾼이지만, 성격이 좋아서 가족과 같은 반려동물로도 적절하다.

dog's data

크기	대형
	수컷 : 66cm / 29.5kg
	암컷 : 63cm / 25.5kg
털 손질	일반적인 손질
운동	적당량
식사량	매우 많이 먹는다
성격	위엄 있고 대담하다

○ 세터 종류는 모습이 다양하지만, 고든 세터처럼 체격이 단단한 개는 없을 것이다.

○ 특히 머리와 목이 튼튼해 보인다.

○ 고든 세터는 잉글리시 세터나 아이리시 세터만큼 화려하지는 않지만, 믿음직하고 성실하다. 하루 종일 사냥터에서 일해도 지치지 않는다.

Hungarian Vizsla
헝가리안 비즐라

헝가리안 비즐라(비즐라)는 동유럽이 원산인 HPR 견종으로 눈부시게 화려한 색의 털을 지닌다. 짙은 적갈색이나 황갈색을 띤 짧고 촘촘한 털은 천으로 닦아주기만 해도 항상 최상의 상태로 유지할 수 있다.

　헝가리안 비즐라의 키는 최대 64cm이고 몸무게는 약 28kg이다. 다리 근육은 잘 발달하였고, 체격은 건장하다. 고상하게 생긴 머리에는 살이 적당하다.

dog's data

크기	중형 / 20 ~ 30kg
	수컷 : 57 ~ 64cm
	암컷 : 53 ~ 60cm
털 손질	쉽다
운동	적당량
식사량	중간 정도
성격	활발하고 두려움이 없다

♘ 정오가 되어 태양이 꼭대기에 떠오르면 헝가리안 비즐라의 진한 붉은색 털이 눈부시게 빛난다.

♘ 비즐라보다 더 잘생긴 머리형을 가진 개는 찾아보기 어렵다. 또한, 이 개는 눈매가 예리하고, 민첩하며 영리한 표정을 지닌다.

원산지인 헝가리에서는 사냥감이 숨은 곳을 귀신같이 알려주고(pointer), 총에 맞은 사냥감을 정확하게 회수해오는 (retriever) 개로 매우 좋은 평가를 받고 있다. 특히 물에 떨어진 새를 찾으려고 물 속으로 뛰어드는 것을 아주 좋아한

다. 가정에서는 가족들과 잘 어울리는 다정한 성격이지만, 경계심이 매우 많아서 길들이려면 단호한 태도가 필요하다. 비즐라는 마음을 굳게 갖고 훈련시키면 여러 방면에 쓸모가 많다.

Hungarian Wire - haired Vizsla
헝가리안 와이어헤어드 비즐라

헝가리안 와이어헤어드 비즐라 역시 HPR 견종이다. 거친 털만 제외하면 헝가리안 비즐라와 아주 비슷하다. 눈썹이 선명해서 헝가리안 비즐라보다 한결 위엄 있는 표정이다. 몸무게와 키도 헝가리안 비즐라와 같고 성격도 아주 비슷하다. 다리에 난 털은 짧고 억세기 때문에 실제보다 다리가 더 커 보인다.

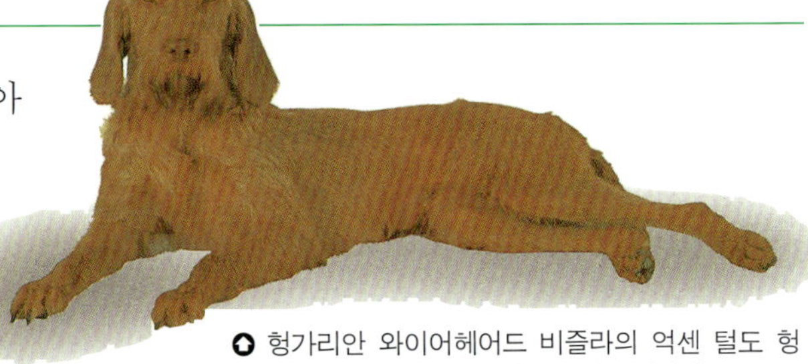

♘ 헝가리안 와이어헤어드 비즐라의 억센 털도 헝가리안 비즐라처럼 적갈색이나 황갈색이다.

♘ 1930년대에 개발된 헝가리안 와이어헤어드 비즐라는 캐나다에서 인기 있는 조렵견이다.

dog's data

크기	중형 / 20 ~ 30kg
	수컷 : 57 ~ 64cm
	암컷 : 53 ~ 60cm
털 손질	비교적 쉽다
운동	적당량
식사량	중간 정도
성격	활발하고 두려움이 없다

Irish Red and White Setter
아이리시 레드 앤드 화이트 세터

레드 세터라고 잘못 불려지는 전통적인 아이리시 세터를 보아 온 사람들은 아이리시 레드 앤드 화이트 세터를 보면 놀랄 것이다. 왜냐하면 사실 아일랜드 사람들은 이 아이리시 레드 앤드 화이트 세터를 아일랜드의 오리지널 견종인 아이리시 세터로 여겨왔기 때문이다. 하지만 실제로 이 견종은 20세기 초까지도 원산지인 아일랜드 외에는 거의 알려지지 않았다.

1980년대부터 아이리시 레드 앤드 화이트 세터의 평판이 점점 좋아지기 시작했는데, 이는 전문 브리더들이 선택교배에 노력한 결과, 일반인도 잘 생기고 덩치 큰 이 견종을 차츰 인정하기 시작했기 때문이다. 생김새는 아이리시 세터와 비슷하지만 아이리시 레드 앤드 화이트 세터의 머리가 조금 더 넓고 체격도 더 크다. 키는 65cm이고, 하얀 색 바탕에 진한 붉은색 무늬가 있고, 다리에도 같은 색의 작은 점이 있다.

먹는 것에 욕심이 많지 않고 사람과 즐겁게 어울린다. 가정에서 식구들과 아주 가깝게 지낼 수 있는데, 결이 곱고 긴 털을 가진 다른 종류처럼 이 아이리시 레드 앤드 화이트 세터도 산책한 후에 털을 깨끗하게 손질하고 관리하려면 세심한 관심과 정성이 필요하다. 성격은 아이리시 세터만큼 생기가 넘치지는 않지만 그래도 마음대로 다루는 것은 힘들다. 따라서 훈련할 때는 주인의 단호한 태도가 필요하고, 주인 입장에서 이 개에 적응해야 한다.

○ 대부분의 사람들은 붉은색의 아이리시 세터 밖에는 본 적이 없다. 하지만 오리지널은 아마 붉은색보다 하얀 부분이 더 많은 이 아이리시 레드 앤드 화이트 세터일 것이다.

○ 아이리시 레드 앤드 화이트 세터는 얼굴에서 주둥이 끝까지 눈부시게 하얀 털이다.

dog's data

크기	대형
	수컷 : 65cm / 29.5kg
	암컷 : 61cm / 25kg
털 손질	손이 많이 간다
운동	많이 해야 한다
식사량	적당량
성격	활기차고 온순하다

○ 아이리시 레드 앤드 화이트 세터는 튼튼하고 강한 개다. 성격이 착하고 다정해서 많은 인기를 얻을 수 있다. 그러나 길들이려면 인내심이 필요하다.

Irish Setter
아이리시 세터

아이리시 세터는 애견가들 사이에서 '미친 아일랜드인(Mad Irishman)'으로 알려져 있다. 왜냐하면 앞뒤 가리지 않는 저돌적인 태도 때문에 너무 귀찮아서 악마나 그 버릇을 감당할 수 있을 거라는 뜻에서 붙여진 별명이다. 아이리시 세터는 정말 아름답다. 그러나 이토록 길고 비단결처럼 부드러운 눈부신 밤색의 털을 깨끗하고 건강하게 관리하려면 정기적으로 세심하게 손질해주어야 한다.

키는 약 65cm이지만 공식적인 견종 표준에는 키가 명시되어 있지 않은데, 이는 아이리시 세터를 평생 동안 길러온 사람들의 말에 의하면, 좋은 혈통의 아이리시 세터는 키가 볼품없이 자라는 경우가 없기 때문이라고 한다. 아이리시 세터는 가슴 앞부분에 하얀 털이 조금

아이리시 세터가 하나의 견종으로 인정할 수 있는 모습으로 처음 등장한 것은 18세기 초다.

나 있지만 다른 부위는 모두 윤기 있는 밤색 털로 덮여 있다.

살집은 그다지 많지 않지만 근육과 골격은 아주 탄탄해서 사냥터에서 최고의 속력으로 달리는 강인한 견종이다. 칼로리가 많이 필요하지만 먹는 것에는 그다지 비용이 많이 들지 않는다. 하지만 운동량은 많이 필요하다. 단호한 태

아몬드 모양의 눈과 부드럽고 다정한 표정이 아이리시 세터의 특징이다.

도로 엄격하게 훈련시킨다면 야성적인 성질을 억제할 수 있고 누구에게나 순수한 우정과 진정으로 기뻐하는 모습을 보여준다. 단, 달리다가 불러서 중간에 달려오도록 길들이기는 쉽지 않다.

아이리시 세터의 암컷은 새끼를 많이 낳는 경향이 있다. 한번에 많게는 16마리의 강아지를 낳는다.

dog's data

크기	대형
	수컷 : 65cm / 30.5kg
	암컷 : 26kg
털 손질	꼼꼼하게 해야 한다
운동	많이 해야 한다
식사량	적당량
성격	다정하고 활기차다

매끄러운 짙은 밤색 털을 보면 왜 아이리시 세터가 세계적으로 가장 유명하고 인기 있는 견종인지를 알 수 있다.

Italian Spinone
이탈리안 스피노네

이탈리안 스피노네는 역시 HPR 견종에 속하고, 영국에는 20년 전에 들어왔다. 키는 최대 70cm이고, 몸무게는 39kg까지 나간다.

몸 전체에 거칠고 뻣뻣한 털이 두텁게 덮여 있다. 매우 독특한 눈썹은 다른 부위의 털보다 길고 뻣뻣하다. 하지만 뺨 주변과 윗 입술에 난 털은 부드럽다.

이탈리안 스피노네의 털 색깔은 하얀 바탕에 오렌지색과 갈색 등 다양한 파스텔 색을 띤다. 느긋하지만 빠르게 걷는 모습은 피로를 모르는 듯 보인다. 언덕과 늪지가 있는 지역이 원산지다. 걸을 때 쿵쿵거리는 소리가 나는데, 다행스럽게도 발바닥 살갗이 단단하고 발가락 사이에 털이 나 있어서 괜찮다. 네 발 모두 며느리발톱이 나 있어서 발이 훨씬 더 커 보인다.

이탈리안 스피노네는 비교적 짧은 기간에 급속도로 인기가 높아진 견종이다. 스피노네를 높이 평가하는 사람들은 여러 방면에 뛰어난 재능을 발휘하는 조렵견이라고 격찬한다. 그리고 가정에서 키우는 것도 최고라고 평가한다.

○ 이탈리안 스피노네는 최근 북미에 수입되었는데, 벌써 애호가들이 생길 정도로 인기다.

○ 거칠고 강인하며 재능이 다양한 이 개는 크고 털이 수북한 발 때문에 늪지에서 일하기 편리하다.

dog's data

크기	대형
	수컷 : 60 ~ 70cm
	34 ~ 39kg
	암컷 : 59 ~ 65cm
	29 ~ 34kg
털 손질	꼼꼼하게 자주 해야 한다
운동	많이 해야 한다
식사량	적당량
성격	친근하고 민첩하다

Kooikerhondje
쿠이커혼제

네덜란드가 원산지인 이 작은 개는 키가 약 40cm이고, 털은 중간 길이에 약간 곱슬거린다. 하얀 바탕의 털에 선명한 적황색 무늬가 있다.

온순한 표정이고 뾰족한 얼굴 양쪽에 두 귀가 붙어 있다. 말쑥하고 균형 잡힌 골격에 곧게 뻗은 다리, 털 많은 꼬리가 상당히 쾌활한 인상을 준다. 전체적으로 사랑스러운 인상이다. 쿠이커혼제는 털 손질과 음식 주는 일이 그다지 귀찮지 않다. 가족들과 항상 어울려서 재미있게 놀고, 혼자 사는 사람에게도 적합하다.

○ 쿠이커혼제는 체격이 작고 유연해서 민첩하게 움직이므로 어질리티 훈련을 시키기 좋다.

○ 멋지게 조화를 이룬 털 색깔. 텁수룩한 꼬리는 전통적으로 그물로 만든 덫에 오리를 유인하는 데 유용하게 쓰여 왔다.

dog's data

크기	소형
	35 ~ 41cm / 9 ~ 11kg
털 손질	간편하다
운동	적당량
식사량	적당하게 먹는다
성격	다정하고 민첩하다

Large Munsterlander
라지 문스터란더

라지 문스터란더는 독일이 원산지인 잘 생긴 HPR 견종이다. 키 61cm에 근육질 몸매로 모습과 스타일이 세터 견종과 닮았다.

촘촘하고 긴 털이 돋보이는데, 특히 다리와 발등에 많은 털이 수북이 덮여 있어서 더러워지기 쉽다. 기본적으로 털 색깔은 항상 검정 바탕에 몸통과 다리에 하얀 반점이 있다. 털을 잘 손질해

○ 라지 문스터란더의 머리는 까맣다. 하지만 반짝이는 황갈색 눈동자 때문에 강한 인상이 한결 부드러워 보인다.

○ 라지 문스터란더는 예민한 코를 가진 다목적용 건독으로 강한 체력을 자랑한다.

서 햇볕에 세워두면 눈부신 광택이 화려하다. 꼬리의 가장자리에는 깃털 모양의 털이 있다.

라지 문스터란더는 일할 때나 가족과 함께 산책할 때 모두 운동을 즐긴다. 지시에 잘 따라서 세터를 다룰 때처럼 고도의 집중력은 필요하지 않다. 활발한 사람이면 함께 살기 아주 유쾌한 개다.

dog's data

크기	중대형
	수컷 : 61cm / 25 ~ 29kg
	암컷 : 59cm / 35kg
털 손질	일반적인 손질
운동	적당량
식사량	적당하게 먹는다
성격	다정하고 믿음직스럽다

Nova Scotia Duck-Tolling Retriever
노바 스코샤 덕 톨링 리트리버

'오리를 유인하는 리트리버' 란 의미의 노바 스코샤 덕 톨링 리트리버는 개 이름이라고는 믿기지 않을 만큼 특이하다. 이 개는 네덜란드가 원산지인 쿠이커혼제처럼 오리를 유인하는데 이용하지만, 유인하는 방법은 다르다. 노바 스코샤 덕 톨링 리트리버는 끊임없이 꼬리를 흔들어서 사냥꾼의 사정거리까지 가깝게

오도록 오리를 유인하고 총에 맞은 후에는 물어오는 일을 한다.

키는 약 51cm이고, 중간 길이의 털은 붉은색이거나 오렌지색이다. 특히 꼬리는 깃털 같은 털이 텁수룩하다.

이 개는 천성이 쾌활하고 사람에게 도움을 주는 일이라면 가리지 않고 달려들어 배운다. 가정에서 기르기에 아주 훌륭한 견종이지만 앞으로 그 수가 늘어날지는 단언하기 힘들다.

○○ 이 요정 같은 작은 개는 주로 물새를 사정거리 안으로 유인하는 데 이용한다.

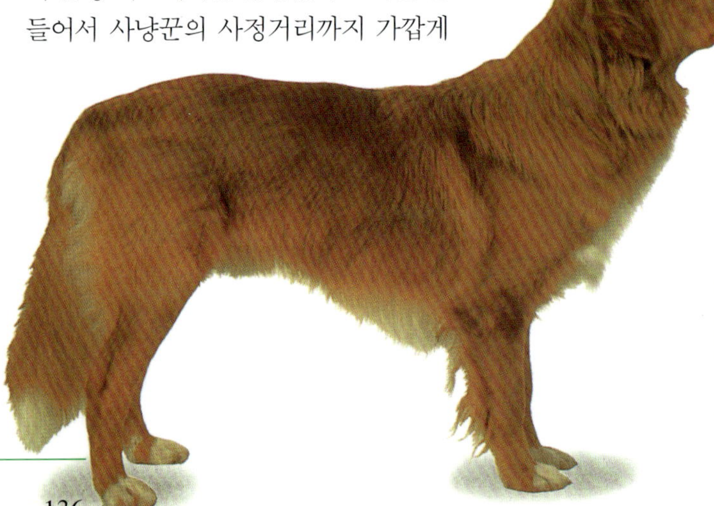

dog's data

크기	소형
	43 ~ 55cm / 17 ~ 23kg
털 손질	일반적인 손질
운동	적당량
식사량	간편하다
성격	쾌활하고 길들이기 쉽다

Pointer
포인터

포인터는 보는 순간 바로 알아볼 수 있다. 마른 체형은 윤곽이 뚜렷해서 단정한 인상을 주고, 짧고 윤기 나는 털은 사냥터는 물론 도시의 공원에서도 아름답게 빛난다. 물론 포인터는 도시보다는 전원에 살면서 사냥하는 모습이 더 잘 어울리는 견종이다.

키가 69cm로 매우 크지만 군살이 없어서 앙상하다는 느낌마저 든다. 움직임이 유연하고 체력이 왕성하지만 많이 먹지는 않는다. 하루 일과가 끝난 후의 털 손질도 아주 쉽다. 게다가 복종성 테스트에서 수상할 정도는 아니지만, 예의바른 행동을 가르치면 비교적 잘 따른다.

◐ 포인터는 지구력과 속력을 내는데 알맞은 체격이다.

◐ 길고 잘생긴 코는 놀랄 만큼 빨리 드넓은 습지나 초원에서 사냥감의 냄새를 포착한다.

dog's data

크기	대형
	수컷 : 63 ~ 69cm / 29.5kg
	암컷 : 61 ~ 66cm / 26kg
털 손질	최소한만 한다
운동	적당량
식사량	많이 먹는다
성격	상냥하고 비교적 온순하다

거의 모든 그림에서 포인터는 대체로 하얀 바탕에 다갈색이나 검은 반점이 많이 있는 것으로 묘사되었는데, 실제로는 레몬색이나 오렌지색 반점이 있는 포인터도 있다. 성격이 온순하고 부드러워서 활달한 사람에게 사랑받는 개다.

◐ 포인터는 17세기에 영국에서 그레이하운드가 추격할 산토끼를 찾아내고 그 위치를 알리는데 이용하기 위해 개발된 견종이다. 스페인에서도 비슷한 시기에 포인터와 유사한 견종이 길러진 것으로 보인다.

Chesapeake Bay Retriever
체서피크 베이 리트리버

체서피크 베이 리트리버는 강인한 근육질의 개다. 키가 66cm로 다른 개에 비해서 결코 몸집이 거대하지는 않다. 대체로 날씨가 추운 미국 체서피크 만에서 사냥한 오리를 회수하는 데 이용한다. 이곳 날씨가 추워서 개의 피하지방이 아주 많고, 털도 두텁고 기름기가 흐르는데, 이 모두가 이 개를 더 커 보이게 하는 데 한몫한다.

체서피크 베이 리트리버의 털 색깔은 그다지 멋있는 느낌이 들지 않는 '죽은 풀(dead grass : 밀짚이나 고사리)' 에 비유된다. 물론 갈색이나 적황색인 것도 있다.

이 개는 일할 때 천재적인 재능을 발휘한다. 사람을 무척 좋아하고 항상 유쾌하게 해줄 준비가 되어 있는데 게으른 사람에게는 어울리지 않는다. 오히려

◐ 체서피크 베이 리트리버는 몸집이 우람하고 튼튼하며, 명령에 상관없이 물 속에 뛰어드는 것을 아주 좋아한다.

◐ 머리 모양은 다른 리트리버 종류와 비슷하다.

dog's data

크기	대형. 건장한 체격
	수컷 : 58 ~ 66cm / 31kg
	암컷 : 53 ~ 61cm / 28kg
털 손질	꼼꼼히 해야 한다
운동	많이 해야 하지만 쉽다
식사량	많이 먹는다
성격	민첩하고 활기차다

그 반대로 들이나 산에 다니는 걸 좋아하고, 개가 밖에서 흙이나 지푸라기를 묻히고 들어와도 화내지 않는 사람들에게 잘 어울린다. 아주 뻣뻣한 브러시와 부드러운 가죽만 있으면 엉망으로 헝클어진 털도 원상태로 되돌릴 수 있다. 하지만 소파나 카펫 위에서 털 손질하는 것은 피하는 게 좋다.

◐ 리트리버 종류 중에서 이 체서피크 베이 리트리버가 가장 무겁다. 두텁고 기름기 있는 털 때문에 물 속에서도 잘 견딜 수 있고, 빨리 마른다.

Curly Coated Retriever
컬리코티드 리트리버

컬리코티드 리트리버는 스타일이 아주 독특한 개다. 몸 전체에 곱슬곱슬한 털 (curly coated)이 촘촘하게 덮여 있고, 심지어 긴 꼬리에 난 털까지도 곱슬거린다. 오직 얼굴과 주둥이 부분에만 부드럽고 짧은 털이 나 있다. 대부분 검정 털이 많지만 다갈색 털도 드물지 않다.

키는 최대 69cm이고, 균형이 잘 잡힌 몸매다. 튼튼한 어깨와 허리는 전혀 약해 보이지 않고, 굼떠 보이지도 않는다. 컬리코티드 리트리버를 이용하는 사람들은 이 개의 영리한 두뇌와 물 속으로 들어가 사냥감을 회수해오는 능력을 높이 평가한다. 한편, 물속에서 나온 뒤에 요란스럽게 몸을 흔들어서 물기를 터는 것도 유명하다.

힘이 넘치지만 먹는 것에는 욕심이 많지 않다. 리트리버 견종치고는 훌륭한 경비견 역할도 해낸다. 명령에 잘 따라서 가정에서 함께 생활하기에 좋은 개다.

dog's data

크기	대형 / 34kg
	수컷 : 69cm
	암컷 : 63.5cm
털 손질	꼼꼼하게 자주 해야 한다
운동	많이 해야 하지만 쉽다
식사량	적당량
성격	다정하고 당당하다

◑ 차분하고 힘이 센 이 물새 사냥개는 온몸을 빼곡하게 덮은 곱슬곱슬한 털이 특징이다.

◑ 윤곽이 뚜렷하고 당당한 인상을 주는 주둥이에는 짧고 부드러운 털이 나 있다.

◑ 컬리코티드 리트리버는 영국이 원산지로, 지금은 멸종된 잉글리시 워터 스패니얼을 사냥감을 회수해오는 세터 견종과 교배한 다음, 레서 뉴펀들랜드(대구잡이 어부들이 1835년에 영국으로 들여온 개)와 교배하여 만들어졌다고 한다.

Flat - Coated Retriever
플랫코티드 리트리버

플랫코티드 리트리버는 희귀종인 노바 스코샤 덕 톨링 리트리버를 제외한 리트 리버 종류 중 가장 체중이 가벼운 개다. 사교적이고 유머 감각도 있으며 늘 사람을 즐겁게 해주려고 노력한다. 가장 흔한 종류는 검정 털이지만 다갈색 털 종류도 많다. 하지만 털이 노란 플랫코티드 리트리버의 모습은 이 견종의 열렬한

플랫코티드 리트리버는 다른 리트리버 종류보다 몸이 가볍다. 도시보다는 시골 생활에 더 적합하다.

dog's data

크기	중대형
	수컷 : 58 ~ 61cm
	25 ~ 35kg
	암컷 : 56 ~ 59cm
	25 ~ 34kg
털 손질	일반적인 손질
운동	적당량
식사량	적당하게 먹는다
성격	상냥하다

애호가도 눈살을 찌푸릴 정도다.

키는 약 61cm이고, 허리와 뒷다리, 엉덩이 부위가 육중하지 않아 전체적으로 가벼워 보인다. 몸에 바싹 달라붙은 털(flat - coated)이 촘촘하게 나 있는데, 손질을 잘하면 건강해 보이고 윤기도 흐른다. 먹는 것은 그다지 부담이 없다.

이 개는 사람과 어울리는 것을 몹시 좋아하므로 가정에서 기르기에 더없이 좋다. 언제나 꼬리를 흔들고 공원에서 놀 때나 사냥터에서 사냥감을 물어오라고 지시할 때 아주 영리하게 행동한다.

플랫코티드 리트리버는 다른 리트리버 종류에 비해 앞얼굴이 덜 네모진 편이다. 짖을 때 깊이 울리는 소리가 마치 손님이나 낯선 사람 모두에게 경고하는 듯하다.

플랫코티드 리트리버는 영국이 원산지다. 레서 뉴펀들랜드와 원래 곱슬거리는 털을 가진 견종을 포함하여 몇몇 견종을 이종교배하여 만들어졌다.

Golden Retriever
골든 리트리버

골든 리트리버는 팔방미인이다. 사냥터에서 사냥감을 회수해오는 타고난 재능부터 시각장애인을 위한 안내견 역할과 마약이나 폭발물을 찾아내는 탐지견 역할까지 무엇을 하든지 자신의 재능을 잘 활용한다. 느긋한 태도로 복종훈련에 잘 따르는가 하면 가정에서 사랑을 많이 받는 애완견으로도 적합하다.

키는 최대 61cm이고 탄탄한 체격에 편안한 인상을 준다. 그런데 틈만 나면 음식을 먹으려고 하므로 주인은 언제나 개의 허리가 굵어지지 않는지 늘 지켜봐야 한다. 사냥터에서 일을 하는 리트리버와 도그쇼에 출전하거나 가정에서 기르는 리트리버 종류는 외모가 매우 다르게 생겼다.

골든 리트리버는 촘촘한 속털과 곱슬거리면서 몸에 밀착된 바깥털을 가지고 있다. 털 색깔은 크림색에서 탐스러운 황금색까지 다양한데, 아주 짙은 황금색도 가끔 있다.

길들이기는 쉬운데 중요한 것은 싫증을 잘 내기 때문에 무엇보다 흥미를 잃지 않도록 해주어야 한다. 시각장애인의 안내견 역할에서 이 개의 성격을 알 수 있다. 안내견은 차분하고 조심스러워야 하며 상대방을 배려하면서 걸어야 하기 때문이다.

◐ 골든 리트리버는 가장 인기 높은 견종의 하나로 쓰임새가 아주 많다. 단, 집 지키는 일은 잘 못한다.

골든 리트리버의 사랑스럽고 너그러운 성격 때문에 가정에서 기르는 애완견 중 인기가 가장 높다. 인기가 너무 많다는 사실이 오히려 이 개에게 불행한 일이 되기도 한다. 왜냐하면 건강한 개를 낳는 것이 무엇보다 중요한데 무조건 많이 번식시키는 데만 욕심을 내는 비양심적인 브리더들 때문이다. 어느 견종이든지 혈통이 분명한 개를 분양 받으려는 사람은 개의 건강과 미래를 진심으로 걱정하는 질 높은 전문 브리더에게 직접 개를 분양 받는 것이 최선의 방법이다.

dog's data

크기	중형
	수컷 : 56 ~ 61cm / 34kg
	암컷 : 51 ~ 56cm / 29.5kg
털 손질	자주 한다
운동	많이 해야 한다
식사량	많이 먹는다
성격	영리하고 온순하다

◐ 골든 리트리버는 주둥이가 유연해서 사냥한 새와 산토끼, 심지어 신문까지 아무런 자국을 남기지 않고 물어 나른다.

◐ 골든 리트리버는 19세기 말 영국에서 개발된 견종이다.

Labrador Retriever
래브라도 리트리버

래브라도 리트리버는 보는 순간 금방 알아볼 수 있는 외모다. 그린란드가 원산지라고 알려진 이 견종은 약간 키가 작은 체형이다. 짧고 억센 털은 비바람이 치는 궂은 날씨에도 물에 잘 젖지 않고 물기를 그대로 두어도 잘 말라서 본래의 털로 되돌아간다. 한때 검정 털의 종류가 가장 많았으나 약 50년 전부터는 노란색(황금색이 아니라) 종류가 더 널리 알려졌다. 오늘날에는 초콜릿색 털을 가진 종류가 인기가 높다.

래브라도 리트리버의 키는 57cm로 그다지 크지는 않지만 체격은 아주 탄탄하다. 그 외의 특징으로는 비교적 짧고 털이 촘촘한 꼬리를 들 수 있다. 이 꼬리는 '수달(otto)' 꼬리로도 불린다. 골든 리트리버처럼 래브라도 리트리버도 만능 재주꾼으로 시각장애인을 위한 안내견으로 많이 선호한다(사실 래브라도 리트리버와 골든 리트리버는 두 견종의 장점을 모두 활용하기 위해 정기적으로 이종교

래브라도 리트리버는 19세기에 맘즈베리 백작이 자기 소유의 물가 목초지에서 사냥에 이용하기 위해 영국에 들여왔다.

지혜로운 개의 표정이 어떤지 말하기 어렵지만, 이 래브라도 리트리버의 모습이 가장 비슷한 듯하다.

dog's data

크기	대형
	수컷 : 56 ~ 57cm / 30.5kg
	암컷 : 54 ~ 56cm / 28.5kg
털 손질	쉽다
운동	많이 해야 한다
식사량	적당량
성격	다정하고 영리하다

배를 한다). 래브라도 리트리버는 마약탐지견, 지뢰탐지견으로도 활동한다.

하지만 무엇보다도 래브라도 리트리버가 자신의 능력을 가장 멋지게 발휘할 때는 물 속에서 사냥감을 회수해오는 본래의 리트리버 모습을 보일 때다.

이 개는 아무리 어수선하고 시끄러운 집에서도 적응을 잘한다. 애완견으로 높은 평가를 받는 것도 이런 성격 때문인데, 어떤 모욕을 당하더라도 전혀 불쾌한 내색을 보이지 않는다.

래브라도 리트리버는 음식을 주는 대로 다 먹어치우는 대식가이므로 체중이 너무 많이 늘지 않게 하려면 반드시 일정한 양을 정해놓고 주어야 한다. 그리고 운동도 필수다. 도시생활을 할 수는 있지만 규칙적으로 오랜 시간 산책하는 즐거움을 빼앗으면 절대로 안 된다.

이 체형을 보면 왜 래브라도 리트리버가 힘이 넘치는 개로 유명한지 이해할 수 있다.

Clumber Spaniel
클럼버 스패니얼

클럼버 스패니얼은 키가 42cm밖에 안
되지만 그 수효가 아주 많은 개다. 코커
스패니얼이나 스프링어 스패니얼처럼
들판을 쏜살같이 달리는 것은 기대할 수
없다. 왜냐하면 태어나서 몇 년 사이에
체중이 36kg까지 늘어나기 때문인데, 이
보다 더 많이 나가서 몸을 가누기 힘든
모습도 보인다.

가끔 무심한 듯 보이지만 다정한 성
격이어서 가정에서 함께 살아가는 반려
동물로 사랑받는다. 하지만 이 견종은 반
드시 자연이 있는 시골에서 살아야 한다.

클럼버 스패니얼은 사냥터에서 온종일 지칠 줄
모르고 뛰어다녀도 항상 침착한 태도를 유지한다.

클럼버 스패니얼은 이마가 늘어지고 아랫 눈꺼
풀이 처져서 고통을 겪는다. 이 두 가지가 질병의
원인이 되기도 한다.

dog's data

크기	키는 작지만 몸은 육중하다
	42 ~ 45.4cm
	수컷 : 36kg
	암컷 : 29.5kg
털 손질	일반적인 손질
운동	적당량
식사량	적당하게 먹는다
성격	다정하고 믿음직스럽다

흰색 털 바탕에 레몬색이나 오렌지
색 반점이 약간 섞여 있다. 촘촘하게 난
털은 촉감이 비단결처럼 부드럽고 풍성
하며, 손질은 어렵지 않다. 몸집이 큰 것
에 비해 특별히 먹는 욕심은 많지 않지
만 운동은 반드시 해야 한다.

클럼버 스패니얼은 19세기에 영
국 노팅엄셔의 클럼버 파크에서 만
들어졌다. 원산지는 프랑스로 추정
되며, 혈통을 거슬러 올라가면 바셋
하운드도 이 개의 조상이라고 한다.
등허리가 긴 것도 이 때문이다.

American Cocker Spaniel
아메리칸 코커 스패니얼

아메리칸 코커 스패니얼은 잉글리시 코커 스패니얼에서 파생된 견종이다. 미국과 영국 두 나라 모두 이들 견종을 공식적으로 부를 때 견종 명칭에서 각 나라이름을 생략한다.

오리지널인 잉글리시 코커 스패니얼에서 선별 교배한 것이 매우 성공적인 결과를 가져왔다. 아메리칸 코거 스패니얼은 잉글리시 코거 스패니얼과 머리 모양이 많이 다른데, 주둥이 부분이 더 짧고 머리모양은 둥그스름하다. 눈빛은 더 강렬하게 정면을 바라본다. 이밖에 털도 큰 차이가 있다. 아메리칸 코커 스패니

이런 털을 가진 개는 한번 보면 잊을 수 없을 것이다. 아메리칸 코커 스패니얼의 매력 넘치는 눈빛에 매료당하기 전에, 털 관리에 필요한 조건이 무엇인지 미리 살펴봐야 한다.

dog's data

크기	소형 / 11 ~ 13kg
	수컷 : 36.5 ~ 39cm
	암컷 : 33.5 ~ 36.5cm
털 손질	많이 해야 한다
운동	적당량
식사량	소량
성격	활기차고 영리하다

얼은 지나칠 정도로 털이 길고, 특히 다리와 배 부위의 털이 풍성하다. 이 털을 손질해주지 않으면 맡은 일을 못해낼 정도다. 가정에서 기를 때 털 손질을 제대로 해주지 않으면 정말 문제가 되므로 앞으로 이 개를 구입할 때는 털 관리 문제를 반드시 생각해야 한다. 아메리칸 코커 스패니얼의 털은 아주 아름다운데,

검정, 블랙 앤드 탄, 담황색, 하양을 포함한 두 가지 색이 섞인 파티컬러, 트라이컬러 등 다양하다.

성격은 활기 넘치고, 음식은 많이 먹지 않는다. 운동을 즐기지만 길들이는 훈련도 잘 따른다. 가장 큰 경우에도 키가 39cm밖에 되지 않아서 넓은 집이 아니어도 키울 수 있다.

19세기에 미국에서 개발된 이 개는 멧도요와 메추라기를 날아오르게 하거나, 총을 맞고 떨어진 새를 회수하는 일을 했다.

눈썹 위로 뾰족하게 튀어나온 머리털이 독특하다. 아메리칸 코커 스패니얼은 미국에서 가장 인기 높은 견종 중 하나다.

English Cocker Spaniel
잉글리시 코커 스패니얼

잉글리시 코커 스패니얼은 아메리칸 코커 스패니얼의 오리지널 견종이다. 키는 약 41cm로 아메리칸 코커 스패니얼과 비슷하지만 털은 더 짧아서 털을 손질하기가 훨씬 쉽다. 그러나 텁수룩한 발과 길게 늘어진 귀의 털은 세심하게 손질해야 한다. 털 색깔은 붉은색(황금색)과 검정, 검정과 하양, 그리고 여러 색깔이 다양하다.

아주 분주하게 움직이는 개로 항상 무언가를 뒤지고 풀밭과 덤불 주위를 헤

✪ 오렌지색에 하양이 섞인 것은 깔끔한 이 개의 다양한 털 색깔 중 하나다. 이 견종은 몇몇 랜드 스패니얼의 기본형이다.

✪ 털이 길고 아래로 처진 귀는 정기적인 손질이 필요하다.

dog's data

크기	소형 / 12.5 ~ 14.5kg
	수컷 39 ~ 41cm
	암컷 38 ~ 39cm
털 손질	정기적으로 손질한다
운동	적당량
식사량	소량
성격	명랑하고 생기발랄하다

치며 돌아다닌다. '코커(cocker)'라는 이 개의 이름은 사냥경기에서 멧도요(woodcock)를 날아오르게 하는 재주가 특히 뛰어난 데서 유래하였다. 명령에 따른 행동이든 아니면 순전히 자발적인 행동이든지 간에 아무거나 물어서 이리저리 나르는 것을 아주 좋아한다. 그래서 흔히 이 개는 꼬리를 살랑살랑 흔들면서 벽난로 앞에 앉은 주인에게 슬리퍼를 물어다주는 전형적인 모습으로 그려지곤 한다.

✪ 이 개는 눈 모양이 많이 다르지만, 표정은 여전히 부드럽고 여유롭다.

✪ 코커 스패니얼은 새를 쫓아서 공중으로 날아오르게 한다. 바삐 움직여야 하는 개에게 탄탄한 몸은 필수다.

English Springer Spaniel
잉글리시 스프링어 스패니얼

잉글리시 스프링어 스패니얼은 사냥터에서 새를 몰아 하늘로 날려보내는 능력, 즉 '솟아오르게 하는(spring)' 능력 때문에 붙여진 이름이다. 잘 생기고 키는 51cm로 스패니얼 종류로는 비교적 크다. 이 개는 넓은 사냥터를 지칠 줄 모르고 질주한다. 털이 촘촘해서 추운 날씨에도 잘 견딘다. 색깔은 갈색과 하양, 혹은 검정과 하양이 섞여 있다. 털 손질은 귀 주변의 털만 잘 다듬으면 별로 힘들지 않다.

먹는 것을 좋아하지만 욕심이 많지 않다. 일을 무척 하고 싶어하고 좀처럼 지치지 않는다. 가정에서 사람들과 함께 살 때도 행동에는 변함이 없다. 산책을 해도 그냥 동네를 한바퀴 도는 정도로 끝나면 안 된다. 모든 놀이를 배우는 데 뛰어나고, 특히 던진 공을 물고 돌아오는 놀이는 너무 좋아해서 끝도 없이 하려고 달려든다.

❂ 이 개의 체형은 완벽하게 균형 잡혀 있어서 빨리 달리고 잘 움직인다.

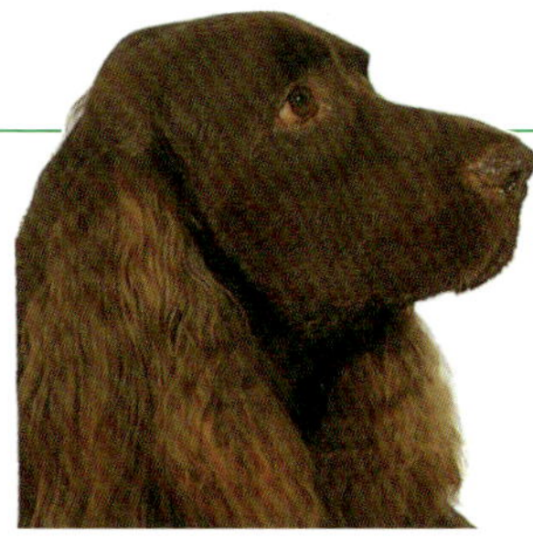

❂ 스프링어는 원하는 것을 얻기 위해 자신의 매력을 잘 활용한다.

dog's data

크기	중소형 / 51cm
	수컷 : 21.5kg
	암컷 : 19kg
털 손질	일반적인 손질
운동	많이 해야 한다
식사량	중간 정도
성격	사교적이고 온순하다

Field Spaniel
필드 스패니얼

영국이 원산지인 필드 스패니얼은 지나치게 긴 등 때문에 코커 스패니얼로 잘못 알기 쉽다. 키는 약 46cm이고, 털은 검정, 다갈색, 혹은 밤색과 하양이 섞인 것 등이 있지만 대부분 아주 선명한 다갈색이다. 털은 길고 윤기가 흐르며 정기적인 손질이 필요하다. 특히, 귀 주위의 털 손질에 신경을 많이 써야 한다.

외모가 고상한데, 공식적인 견종 표준에 따르면 약간 엄숙한 눈이라고 명시되어 있는데 이는 적절한 묘사다. 활동적이고 주인의 지시에 순종하며 자연이 있는 시골에서 기르기에 좋은 개다. 맡은 일을 해도 좋지만 가족과 함께 사는 반려동물로도 좋다. 먹는 양은 적당하다. 많은 애견가들에게 사랑을 받을 만한 충분한 이유가 있는 개다.

❂ 다갈색 털을 가진 견종이 여럿 있지만, 이 필드 스패니얼이 가장 아름답다.

❂ 이 개는 시골 가정에 적합하다. 차분하여 길들이기 쉽다.

dog's data

크기	소형
	46cm / 18 ~ 25kg
털 손질	일반적인 손질
운동	적당량
식사량	소량
성격	활달하고 독립적이다

Irish Water Spaniel
아이리시
워터 스패니얼

아이리시 워터 스패니얼은 전문가들이 선호하는 견종이다. 키가 58cm인데 이는 스패니얼 표준으로 볼 때 큰 키다. 이런 점에서 스패니얼 종류보다는 리트리버 종류에 더 가깝다. 털은 짧고 곱슬거리는 다갈색인데, 주둥이와 목 앞부분, 꼬리 뒤쪽의 2/3 부분을 제외하고는 촘촘하게 나 있다. 털이 없는 꼬리의 나머지 부분은 마치 채찍처럼 보여서 몸이 젖었을 때 흔들어대는 모습은 정말 재미있다.

아이리시 워터 스패니얼을 열렬히 사랑하는 애호가들은 이 개가 유머 감각이 풍부하다고 생각한다. 에너지가 넘쳐서

아이리시 워터 스패니얼은 아주 오래된 견종이다. 요즈음의 아이리시 워터 스패니얼은 19세기에 등장한 윤곽이 뚜렷한 종류에서 파생되었다.

어떤 운동이라도 신나게 몰입하는데 전통적인 조렵견이든 아니면 집에서 기르는 애완견이든 활기차고 즐겁게 지낸다.

털 손질에는 전문 기술과 지식이 있어야 하고, 길들일 때는 주인이 단호하게 훈련시켜야 한다. 먹는 욕심이 많지 않아 식사량은 문제되지 않는다. 이 개는 앞으로 지금보다 더 많은 찬사와 갈채를 받을 수 있는 견종이다.

아이리시 워터 스패니얼은 눈 바로 위의 곱슬거리는 털이 특징이다.

물새 사냥개인 스탠더드 푸들이 아이리시 워터 스패니얼의 탄생에 아주 중요한 역할을 한 조상견이다.

이 견종의 털 손질은 쉽지 않으므로 처음부터 손질하는 기술을 반드시 익혀야 한다.

dog's data

크기	중형 수컷 : 53 ~ 58cm / 27kg 암컷 : 51 ~ 56cm / 24kg
털 손질	일반적인 손질
운동	적당량
식사량	중간 정도
성격	무심해 보이지만 다정하다

Sussex Spaniel
서식스 스패니얼

서식스 스패니얼은 비교적 잘 알려져 있지 않지만 사실은 매우 오래된 견종이다. 서식스 스패니얼은 필드 스패니얼을 만들 때 기본이 되었다. 키는 최대 41cm에 불과하지만 탄탄한 몸매에 털은 황금색과 다갈색으로 아주 멋있다.

🔵 🔵 일하는 속도가 느린 오래된 이 견종은, 20세기 초에 다른 혈통의 스패니얼과 분별 있게 교배시켰기 때문에 지금까지 존속할 수 있었다.

두개골에서 머리가 차지하는 면적이 코커 스패니얼에 비해 조금 넓고, 이마의 주름은 심각해 보이는 인상을 준다. 다리가 짧은 견종으로는 상당히 큰 골격이지만 지나치게 많이 먹일 필요는 없다. 시골에서 키우기에 적당하지만 아직은 애완견으로서 사람들의 귀염을 받을 정도로 인기가 있는 편은 아니다.

dog's data

크기	소형
	38 ~ 41cm / 18 ~ 23kg
털 손질	일반적인 손질
운동	적당량
식사량	중간 정도
성격	상냥하다

Welsh Springer Spaniel
웰시 스프링어 스패니얼

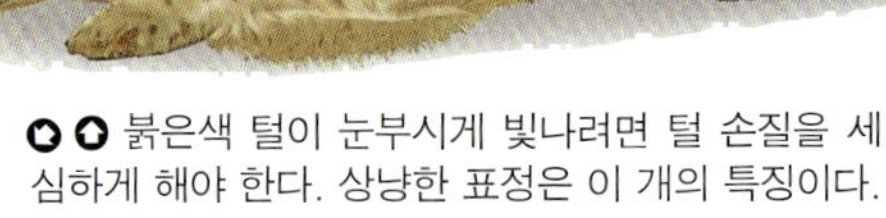

웰시 스프링어 스패니얼은 사촌격인 잉글리시 스프링어 스패니얼과 우열을 가리기 힘들다. 하지만 웨일즈 사람들은 웰시 스프링어 스패니얼이 원조라고 주장한다. 키가 48cm로 51cm인 잉글리시 스프링어 스패니얼보다 조금 작다. 또한, 그다지 육중한 체격도 아니다.

이 개는 정직하고 온순하며 진심으로 주인의 마음을 기쁘게 하려고 애쓴다. 말을 잘 들어서 길들이기 쉽고 사람과 어울리는 것을 정말 좋아한다. 털 손질은 비교적 쉽고 음식 때문에 성가시게 하지도 않는다.

몸에 달라붙은 털은 멋진 암적색과 하양이 섞여 있으며, 윤이 나고 비단결처럼 부드럽다. 운동을

🔵 🔵 붉은색 털이 눈부시게 빛나려면 털 손질을 세심하게 해야 한다. 상냥한 표정은 이 개의 특징이다.

좋아하고 움직일 때는 시야가 넓다. 최근 수십 년 동안 인기가 높아졌는데 그럴 만한 가치가 충분하고, 앞으로도 계속 인기를 누릴 것이다.

dog's data

크기	중소형 / 17kg
	수컷 : 48cm
	암컷 : 46cm
털 손질	일반적인 손질
운동	많이 시켜야 한다
식사량	중간 정도
성격	상냥하고 총명하다

Weimaraner
와이마라너

와이마라너는 큰 키와 보기 드문 털 색깔로 눈에 잘 띤다. 69cm의 키는 건독 그룹에 속한 개 중 큰 키에 속한다. 털 색깔은 상당히 독특하고 보기 드물다. 이런 털 색깔 때문에 와이마라너는 '회색 유령(Grey Ghost)' 이라는 별명도 있다. 하지만 이 회색 털은 전문가들이 원하는 은회색이 아니라 약간 쥐색을 띠는 경우가 많다. 아마 와이마라너의 가장 돋보이는 신체적 특징은 호박색이나 청회색의 눈동자일 것이다.

와이마라너는 유럽이 원산지인 HPR 견종이다. 털은 짧고 부드러우며 윤기가 흐른다. 드물지만 털이 좀더 긴 종류도 있는데 이렇게 털 종류가 달라도 손질하는 데는 큰 문제가 없지만, 윤기 나게 하는 것은 어렵다. 사냥터에서 하루 종일 뛰어다니거나 겨울철의 진흙탕을 돌아다녀도 털이 잘 더러워지지 않는다.

와이마라너는 많이 먹진 않지만 추운 겨울에는 그릇에 음식을 푸짐히 담아 주는 것을 좋아하고 또한 넉넉하게 주어야 한다. 아주 활동적이기 때문에 운동은 필수이다. 길들이기는 비교적 쉽지만 사람들이 어리석게 행동할 때는 견디지 못한다. 사람에게 온순하지만 일단 자기 영역이나 식구들이 위협 받는 상황이라면 사나운 경비견으로 돌변한다. 비교적 차분한 성격의 개에 속하지만, 애교를 부릴 줄도 모르고 느긋하지도 않다.

○ 드물게 긴 털을 가진 와이마라너. 이 개는 꼬리를 짧게 자르지 않았다.

○ '회색 유령' 이라고도 불리는 이 개의 군살 없이 늘씬한 몸매는 스피드와 체력 면에서 순수한 혈통을 지닌 경주마에 견줄 만하다.

dog's data

크기	중대형
	수컷 : 61 ~ 69cm / 27kg
	암컷 : 56 ~ 64cm / 22.5kg
털 손질	쉽다
운동	많이 해야 한다
식사량	중간 정도
성격	겁이 없고 사교적이다

○ 뚫어지게 쳐다보는 눈길이 와이마라너의 특징이다. 평소에는 호박색이나 청회색이지만, 흥분해서 눈을 크게 뜨면 검게 보이기도 한다.

테리어 그룹
The Terrier Group

테리어 그룹에 속하는 견종은 개들 세계에서 해로운 짐승들을 없애는 개로 통한다. 모양과 크기에 상관없이 모든 쥐과 동물들을 찾아내 없애는 데 이용되어 온 테리어 그룹의 견종들은 서로 유사한 기질을 나타낸다. 동작과 반응이 민첩할 뿐만 아니라 끈질기고, 행동을 먼저 하고 생각은 나중에 하는 경향이 있다. 이웃의 개와 잘 싸우고, 우편 집배원들이 그다지 좋아하는 개도 아니다.

그러나 처음부터 잘 가르치면 테리어 그룹의 개들은 사람들에게 기쁨을 주는 존재가 된다. 쾌활하면서 민첩하고 애정이 넘치는 벗을 찾는 가정이라면 테리어에 아주 만족할 것이다. 이들 가운데 가장 인기 높은 견종의 하나인 잭 러셀 테리어는 사실 교배종이기 때문에 영국애견협회에 등록되어 있지 않다.

◐ 케언 테리어

Airedale Terrier
에어데일 테리어

영국 북부지방이 원산지인 에어데일 테리어는 테리어 종류 중에서 몸집이 가장 크다. '테리어 중의 왕' 이라는 별명에 어울릴 정도로 스타일이 개성적인 멋진 개다. 키는 최대 61cm이고, 머리 모양에서 어떤 상황도 장악하는 절대적인 지배력이 느껴진다.

에어데일 테리어는 같은 그룹의 몇몇 다른 테리어에 비해 덜 공격적이지만, 일단 도전을 받으면 감히 덤벼들 엄두가 나지 않을 정도로 사나워진다. 영리한 개로 평판이 높지만, 단호하게 길들이지 않으면 고집을 부린다.

이 어린 강아지들은 나중에 테리어 종류의 평균 키보다 훨씬 크게 성장한다.

것이 자신의 일이라고 생각하기 때문에 경비견 역할을 잘 해낸다. 짖는 소리가 커서 낯선 사람을 쫓는 데는 확실하다. 먹는 데 욕심이 많지 않지만, 체격이 단단해서 알맞은 영양 공급은 필수다.

dog's data

크기	중형 / 21.5kg
	수컷 : 58 ~ 61cm
	암컷 : 56 ~ 59cm
털 손질	일반적인 손질
운동	적당량
식사량	중간 정도
성격	상냥하고 용감하다

에어데일 테리어는 웃는 표정으로 친구들을 맞이한다. 멋진 턱수염이 난 얼굴의 미소가 인상적이다.

털 색깔은 등 부분이 검고, 나머지 부분은 대부분 화려하고 짙은 황갈색이다. 털은 억세고 촘촘하게 나 있으며 빨리 자라지만, 정기적으로 브러싱해주면 깨끗하게 유지할 수 있다. 1년에 2번 털갈이를 하는데, 그때는 애견 미용 전문가에게 털 손질을 맡기는 게 좋다. 전문가들은 클리퍼 사용을 싫어하겠지만, 쇼독이 아니고 집에서 키우는 애완견이라면 클리퍼를 사용해도 괜찮다.

에어데일 테리어는 주인을 지키는

기품 있고 우아한 에어데일 테리어 성견은 무단 침입자나 골칫거리 쥐에게 언제라도 맞설 준비가 되어 있다. 땅 속에 들어갈 수 없다는 것만 제외하면 다른 테리어들과 공통된 특징이 많다.

Australian Terrier
오스트레일리안 테리어

오스트레일리안 테리어는 몸집이 작은 민첩한 개다. 키는 겨우 25cm이지만, 작은 체구에는 재능이 다양하다. 체격이 딱 벌어지진 않고 둥근 편이지만, 튼튼한 폐가 자리할 공간은 충분하다. 이 개처럼 활달하게 돌아다니는 개한테는 건강한 폐가 필수다.

dog's data

크기	소형
	25cm / 6.5kg
털 손질	일반적인 손질
운동	적당량
식사량	소량
성격	외향적이고 사교적이다

○ 오스트레일리안 테리어는 방문객이 오면 경계의 의미로 날카롭게 짖어대는 것을 좋아한다. 이 개는 느긋하게 있는 경우가 드물다.

이 개는 원산지인 오스트레일리아에서는 평가가 높지만, 다른 나라에서는 아직까지 그만한 인기를 누리지 못하고 있다. 바깥털은 거칠고 짧은 편이라서 손질하기가 편하다. 영리해 보이는 얼굴로 두 귀를 쫑긋 세우고 돌아다닌다.

등허리는 짙은 청회색이고, 다른 부위는 황갈색을 띠거나, 몸 전체가 붉은색인 경우도 있다. 털 색깔에 상관없이

오스트레일리안 테리어는 영리하고 귀여우며, 주인이 부르면 쏜살같이 달려와 주인을 기쁘게 해주려고 노력한다. 집을 지키는 경비견으로 아주 유용하고, 집 안에서도 큰 소리로 짖는다. 몸집이 작아서 먹는 비용은 많이 들지 않는다.

Bedlington Terrier
베들링턴 테리어

베들링턴 테리어는 테리어 종류 중에서 가장 독특한 모습을 한 개다. 홀쭉한 허리뿐만 아니라 '보풀투성이'라고 부르는 털 역시 독특하다. 두꺼운 털은 보기 드물게 말려 있으며, 피부에 밀착되어 있지 않다. 정기적인 손질이 필요하지만 간단하다. 털 색깔은 기본적으로 푸른색

dog's data

크기	중소형
	41cm / 8 ~ 10.5kg
털 손질	일반적인 손질
운동	적당량
식사량	소량
성격	온순하다

○ 생김새는 양 같지만, 베들링턴 테리어는 가정에서나 사냥할 때나 용기가 넘친다.

이나 모래색인데, 처음 보는 사람은 대부분 회색빛이 도는 하얀 털로 본다.

영국 북부지방에서 인기가 많은 개로 토끼를 쫓고 잡는 일에 적격이다. 요즘에는 가정의 애완견으로도 키우기에

알맞다. 많이 먹지 않고 틈만 나면 스스로 운동할 것을 찾는다.

표정은 온순하지만 기개와 활력을 갖고 있는 훌륭한 혈통을 지닌 진정한 테리어다.

Border Terrier
보더 테리어

보더 테리어의 원산지는 영국과 스코틀랜드의 국경지역이다. 쥐 잡는 개로, 그리고 가정의 애완견으로 모두 사랑받는다. 일부 수의사들이 이 보더 테리어를 기르면서 번식시킨다는 사실은, 이 개가 온순하고 질병 등의 문제를 일으키지 않는다는 점을 증명하는 것이다. 다양한 사람에게 인기가 있는 사교적인 개다.

몸무게는 최대 7kg이 조금 넘는다. 가정의 애완견으로 아무리 잘 적응한다고 해도 사람들의 기대가 높은 만큼 맡은 일도 훌륭하게 해낸다. 수달의 머리 모양처럼 생기고, 거칠고 촘촘한 털이 단단한 몸을 감싸고 있다. 다리는 시골길과 도시의 공원을 가리지 않고 주인이 바라는 대로 지칠 줄 모르고 돌아다닐 정도로 튼튼하다. 공식적인 견종 표준에는 말을 뒤쫓아 걸을 만큼 긴 다리를 갖고 있다고 명시되어 있다. 싸움을 좋아하지 않지만 어떤 일에도 자신감이 있

◑ 보더 테리어는 날씬하고 군살이 없어 경주에 적합한 개라고 설명한다. 별로 힘들이지 않고 스피드를 내는 것처럼 보인다.

◐ 어떤 견종보다 활기차고 사교적이어서 집에서 기르기 아주 좋다.

◐ 18세기 말에 처음 등장한 이후로 보더 테리어는 거의 변하지 않았다. 도그쇼에서 많이 선호하는 개지만 테리어의 전형적인 모습을 아직까지 간직하고 있다. 견종 표준에서는 머리 모양이 수달처럼 생겼다고 한다.

고, 사람과 어울리는 것을 좋아한다.

털 색깔은 붉은색, 담황색, 회색과 황갈색이 섞인 것, 푸른색과 황갈색이 섞인 것 등 다양하다. 쉽게 들어올릴 수 있을 정도로 가볍고, 음식을 많이 먹지 않는다. 이 개의 매력에 흠뻑 빠진 사람이 많다.

dog's data	
크기	소형
	수컷 : 30.5cm / 6 ~ 7kg
	암컷 : 28cm / 5 ~ 6.5kg
털 손질	일반적인 손질
운동	적당량
식사량	소량
성격	기운이 넘치고 붙임성이 있다

Bull Terrier
불 테리어

○ 불 테리어 중에서 하얀 털이 가장 많지만, 머리 부위에 다른 색의 반점이 있는 경우도 흔하다.

불 테리어는 테리어 종류 중에서 색다르다. 순수한 테리어 혈통이 아니라 이름에서 짐작할 수 있듯이 불도그과 테리어의 교배종으로, 원래는 투견에 가까웠던 개다.

불 테리어는 다른 테리어 종류와 뚜렷하게 외모가 다르다. 머리에서부터 밋밋하게 이어진 코와 계란형 얼굴, 그리고 다른 테리어에 비해 체격이 훨씬 건장하다. 어떤 일이든 해낼 준비가 되어 있는 인상을 주기 때문에 '테리어의 검

투사' 라는 별명이 붙었는데, 정말 완벽하게 어울리는 표현이다.

공식적인 견종 표준에는 수치로 나타내지 않았지만, 전문가들은 키 45cm, 체중 33kg이 표준이라고 한다. 미니어처 불 테리어는 불 테리어와 체형은 똑같지만 키가 35.5cm를 넘지 않는다.

보통 불 테리어의 털 색깔이 하얗다고 생각하지만, 하얀 색이더라도 머리 부위에 붉은색이나 검정, 혹은 얼룩무늬 반점이 있는 경우도 흔하다. 또한 검정, 붉은색, 옅은 황갈색이나 브린들에 머리, 목, 다리 부위가 하얀 경우도 있다.

짧은 털이 몸에 밀착되어 있으며 감촉이 거칠다. 털 손질은 스펀지로 먼지

를 털어낸 후에 헝겊으로 몸 전체를 문지르면 간단하게 끝난다.

불 테리어는 매우 활동적이며, 운동을 좋아하고 먹는 것도 좋아한다. 가정에서 애완견으로 기르기에 최고의 개다. 사람을 좋아하지만, 어떤 도둑이든 집에 들어왔다가는 화를 면치 못한다.

미국이 원산지인 핏 불 테리어 역시 투견으로 길러졌다. 그러나 이 개는 불법 투견대회를 위해 계획적으로 훈련을 받아온 결과 위험한 개로 간주되었기 때문에 많은 나라에서 수입을 금지하고 있다.

dog's data

크기	소형
	45cm / 33kg
털 손질	쉽다
운동	적당량
식사량	중간 정도
성격	차분하지만 고집스럽다

○ 얼굴이 계란형인 요즘 불 테리어가 전력질주로 달려들면 총알처럼 단단하게 느껴진다.

○ 이 매력적이고 힘이 넘치는 불 테리어 암컷에게 쓸모없는 구석이란 찾아볼 수 없다. 근육이 매우 단단하다.

Cairn Terrier
케언 테리어

케언 테리어는 애교가 넘치는 매혹적인 성격을 타고났다. 스코틀랜드 고지대에서 유래한 이 개는, 체구는 작지만 마음이 너그럽다. 키가 31cm밖에 되지 않는다. 거친 털은 비바람에도 견딜 수 있다. 털 색깔은 크림색, 붉은색, 회색에서 검정에 가까운 색까지 다양하다. 털 손질

을 해도 텁수룩해 보인다는 것이 이 개의 가장 중요한 특징이다.

작고 뾰족한 머리 위에 쫑긋 서 있는 귀는 민첩하고 용감해 보이는데, 이런 인상은 케언 테리어의 실제 성격과 딱 맞아떨어진다. 케언 테리어는 여기저기 분주하게 돌아다니며 조그만 쥐 같은 동물들을 뒤쫓다가 순식간에 붙잡는다. 날카롭게 짖는 소리가 인상적인 이 개는 지칠 줄 모르는 힘을 갖고 있다. 가족들과 어울려 노는 것을 좋아할 뿐만 아니라, 산책하고 쇼핑하러 돌아다니는 것도 좋아한다.

수명이 긴 편인 케언 테리어는 주는

dog's data	
크기	소형
	28 ~ 31cm / 6 ~ 7.5kg
털 손질	중간 정도
운동	적당량
식사량	소량
성격	겁이 없다

✪ 대부분의 케언 테리어는 털이 많다. 이 개는 털이 보통이고, 몸매가 단정하고 다리도 길어 보인다.

대로 가리지 않고 잘 먹는다. 아무도 못 말리는 저돌적인 성격과 사람을 아주 좋아하는 성격을 모두 갖추고 있다.

Czesky Terrier
체스키 테리어

체스키 테리어는 체코 공화국이 원산지다. 털 색깔은 검정에서 진회색, 은색까지 다양하다. 사교적이고 비교적 말을 잘 들어서 다른 테리어보다 덜 공격적이다.

키는 최대 35cm이고, 등이 키보다 약간 더 길다. 털갈이를 하지 않기 때문에 정기적으로 브러시와 빗으로 꼼꼼하게 손질해야 한다. 먹는 것을 밝히지는 않지만 잘 먹는 편이다. 가족들과 어울려 운동하는 것을 좋아한다.

✪ 체스키 테리어는 땅 속에 숨어 있는 쥐를 잡는 데 이용하기 위해 사육되었다.

✪ 전통적인 모양으로 체스키의 털을 깎을 때는 눈썹과 수염, 다리의 긴 털은 그대로 둔다.

dog's data	
크기	소형
	35cm / 5.5 ~ 8kg
털 손질	일반적인 손질
운동	적당량
식사량	적당하게 먹는다
성격	쾌활하지만 내성적이다

Dandie Dinmont Terrier
댄디 딘몬트 테리어

불 테리어와 마찬가지로 댄디 딘몬트 테
리어 역시 테리어 종류라고 하기에는 외
모가 조금 특이하다. 크고 동그란 눈동
자는 깊은 감정으로 바라보는 것 같고,
커다란 머리는 크고 부드러운 모자를 쓴
듯 털로 덮여 있다. 털은 두 가지 선명한
색깔을 띤다. 하나는 적갈색 또는 옅은
황갈색에 겨자색이 섞인 경우이고, 다른
하나는 청회색에 검정이 섞인 경우이다.

❂ 댄디 딘몬트 테리어의 이름은 월터 스
콧 경의 작품인 『가이 매너링』에 등장하는
용감한 테리어를 키우는 농부의 이름을 딴
것이다.

❂ 이 개는 다른 테리어에 비해 온순하지
만, 짖는 소리는 의외로 우렁차다.

dog's data

크기	소형
	수컷 : 28cm / 10kg
	암컷 : 20.5cm / 8kg
털 손질	일반적인 손질
운동	적당량
식사량	소량
성격	독립적이고 사랑스럽다

❂ 주인에게 충직한 댄디 딘몬트 테리어는 부드러운
눈매에 영혼이 깃든 듯한 표정을 짓고 있다. 아이들
과도 잘 지낸다.

몸길이가 키보다 더 길고, 체중은
10kg 정도 나가므로 뚱뚱하지는 않다. 많
이 먹지 않고, 사람과 잘 어울리며 가족
들의 사랑을 한몸에 받을 만큼 애교스럽
다. 절대로 서두르는 적이 없지만, 자신
의 영역에 어리석게 발을 들여놓은 쥐나
다람쥐가 보이면 바로 달려들어 잡는다.

Smooth Fox Terrier
스무드 폭스 테리어

스무드 폭스 테리어는 영리하고 민첩하다. 키는 38cm이고, 언제나 발돋움을 하고 똑바로 서 있는 것처럼 보인다. 스무드 폭스 테리어 중에서 게으른 개는 보기 드물다. 어깨가 떡 벌어진 전형적인 테리어로, 도전해 오는 개한테는 언제라도 맞서서 자신의 자리를 지킬 준비가 되어 있다. 하지만 절대로 먼저 공격하지 않는다.

어놓으면 안 된다. 도시에서 키우기 쉽고 시골에서 이 개를 키우면 집에 쥐들이 몰라보게 줄어든다.

털 색깔은 기본적으로 하얀 바탕에 황갈색이나 검정 무늬가 있는데, 손질은 간단하다. 뻣뻣한 브러시로 털을 정리한 다음 빗질하고 헝겊으로 문질러 닦아서 마무리한다. 이렇게 정기적으로 손질해 주면 평생 아주 깔끔할 것이다.

○ 대부분의 테리어 종류가 영국이 원산지다. 스무드 폭스 테리어는 원래 폭스하운드 무리와 함께 여우사냥에 이용된 오리지널 테리어 견종이다.

dog's data

크기	중소형 / 39.5cm
	수컷 : 7.5 ~ 8kg
	암컷 : 6.5 ~ 7.5kg
털 손질	일반적인 손질
운동	적당량
식사량	중간 정도
성격	붙임성 있고 겁이 없다

스무드 폭스 테리어는 운동할 기회가 생기면 절대 그 기회를 놓치지 않지만, 리드줄을 물고 와서 밖으로 나가자고 주인을 귀찮게 하지 않는다. 골격을 충분히 감쌀 정도로 살이 있지만, 음식을 너무 많이 먹거나 운동 부족이 아니면 지나치게 살찌는 경우는 없다. 철저하게 훈련시킨 개를 제외하고는 절대로 다른 가축 주위에 풀

○○ 윤곽이 뚜렷한 체형이다. 선명한 반점이 있거나 새하얀 털로 된 것이 스무드 폭스 테리어의 전형적인 모습이다. 강인하고, 어리석지 않다.

Wire Fox Terrier
와이어
폭스 테리어

와이어 폭스 테리어는 쥐를 잡는 뛰어난 소질이 스무드 폭스 테리어와 같지만, 털이 뻣뻣한 것이 다르다. 키는 최대 39cm이고, 어깨가 떡 벌어졌다. 거칠고 뻣뻣한 하얀 털로 덮여 있고, 보통 등에 안장모양의 검은 털과 황갈색 또는 이 두 가지가 섞인 반점이 있다. 털이 무성하게 자라므로 아주 규칙적으로 다듬어야 하는데, 전문가에게 맡기면 가장 좋지만 주인이 직접 미용 기술을 배워서 해도 좋다. 말끔하게 털을 다듬으면 정말 영리해 보인다.

● 털이 뻣뻣한 점만 다를 뿐, 스무드 폭스 테리어처럼 균형 잡힌 몸매, 짧은 등, 그리고 날카로운 이목구비를 지녔다.

dog's data

크기	중소형
	39cm / 8kg
털 손질	일반적인 손질
운동	적당량
식사량	적당하게 먹는다
성격	붙임성이 있고 겁이 없다

많이 먹지 않고, 운동만 충분히 하면 살찌지 않는다. 가정에서 키우기에 매우 적합하고, 시끄럽게 짖는 방법으로 집을 지킨다. 도시든 시골이든 상관없이 가족들이 자신의 친구이고 재미있게 놀아주는 존재라고 생각한다.

● 작고 검은 눈동자가 이글거리고 영리해 보인다.

● 와이어 폭스 테리어는 용감하지만 시끄럽고 고집스러운 면도 있다. 땅을 파헤치는 것을 좋아한다.

● 와이어 폭스 테리어는 웨일즈와 영국 북부지역의 오래된 견종인 블랙 앤드 탄 러프헤어드 테리어에서 유래했다.

Irish Terrier
아이리시 테리어

아이리시 테리어는 멋진 외모를 가진 개로, 키가 최대 48cm이다. 거칠고 뻣뻣한 털은 옅은 적갈색을 띠는데, 때때로 그보다 연한 담황색인 경우도 있다. 다리가 길어 보이지만, 절대로 우람한 체격은 아니다.

dog's data

크기	중형
	수컷 : 48cm / 12kg
	암컷 : 46cm / 11.5kg
털 손질	일반적인 손질
운동	적당량
식사량	중간 정도
성격	사람과 잘 어울리지만 다른 개들한테는 과격하다

몸이 크지 않기 때문에 체격을 유지하기 위해 음식을 많이 섭취할 필요가 없다. 운동을 아주 좋아하는데, 주위에 다른 개가 있으면 엄격한 통제 아래 운동을 시켜야 한다. 모든 연령층에서 좋아할 만한 최고의 개이고, 가정에서 키우기에도 손색이 없다.

에어데일 테리어보다 털이 텁수룩하지 않기 때문에 깔끔하게 관리하기가 어렵지 않다. 하지만 가끔씩 전문 미용가에게 맡겨 털을 다듬어주어야 한다. 주인이 털 손질 기술을 배우는 것도 좋다.

○ 아이리시 세터는 움직이는 것을 몹시 좋아한다. 아일랜드에서는 지금도 쥐를 잡는 데 이용하고, 미국에서는 필드 트라이얼(사냥 실기테스트)에서 인기가 높다.

○ 아일랜드 남부지역이 원산지인 아이리시 테리어는 테리어 종류 중 가장 오래된 견종이다. 1880년대에는 영국에서 4번째로 인기 높은 견종이었다. 미국의 아이리시 테리어 애견가 클럽은 1896년에 결성되었다.

○ 이렇게 잘생긴 턱 속에 다른 어떤 개보다 가지런한 이들이 있다.

Glen of Imaal Terrier
글렌 오브 이말 테리어

아일랜드가 원산지인 글렌 오브 이말 테리어는 아일랜드 테리어 중에서 가장 키가 작다. 키가 약 36cm이고, 키에 비해 등이 긴 편이다. 털이 뻣뻣하고 너무 길지 않다. 털 색깔은 푸른색 또는 담황색이거나 브린들 종류가 있다.

이 개는 아일랜드 동부 랜스터 지방의 위클로 카운티가 원산지고, 외모는

○ 아일랜드 테리어 종류 중에서 오직 이 개만 몸이 바닥에 닿을 듯 다리가 짧다.

○ 글렌 오브 이말 테리어는 테리어치고는 놀랄 만큼 느긋한 표정을 짓는다.

거칠어 보이지만 테리어치고는 놀랄 만큼 조용한 성격이다. 원산지에서조차 흔하지 않지만, 지난 10년 동안 그 수가 꾸준히 증가하고 있다. 눈에 띄는 개는 아니지만, 명랑하고 자신만만하게 행동하므로 가정에서 반려동물로서 많은 사랑을 받을 수 있다.

털 손질에는 부담스럽지 않고, 먹는 욕심도 많지 않다. 운동은 좋아하지만 지나친 관심은 좋아하지 않는다.

dog's data

크기	소형
	35 ~ 36cm / 16kg
털 손질	일반적인 손질
운동	적당량
식사량	적당하게 먹는다
성격	용감하면서도 온순하다

Kerry Blue Terrier
케리 블루 테리어

케리 블루 테리어는 아일랜드가 원산지다. 태어날 때 털 색깔이 까맣지만 18개월 정도 지나면 파랗게 변한다. 아스트라칸(양털의 한 종류)처럼 곱슬거리는 털은 다른 테리어들에 비해 부드럽고 매끄러우며, 털갈이를 안 한다. 털을 다듬어주면 매우 말쑥한 몸매가 드러나는데, 이 개의 애호가들이 이 개에 열광하는 이유가 여기에 있다. 털을 잘 정돈하여 깎으면 턱은 깔끔한 턱수염을 단 것처럼 보인다.

키가 48cm로 테리어치고는 크고, 아이리시 테리어보다 가슴이 더 두텁다. 스스로 우월하다고 생각하기 때문에 음식을 넉넉하게 주어야 한다. 리드줄에 매어 있을 때는 뽐내듯 점잖게 걷지만, 줄만 풀면 바람처럼 달아날 수 있는 개다. 사람과 어울리는 것을 좋아하고 운동도 즐긴다. 비교적 길들이기 쉽지만 다른 개들이 버릇없이 굴면 그냥 두지 않는다.

○ 키가 크고 힘이 넘치는 케리 블루 테리어는 마치 챔피언이 되기 위해 태어난 것처럼, 늘 세계를 바로 차지할 준비가 된 듯 행동한다.

dog's data

크기	중형
	수컷 : 46 ~ 48cm
	15 ~ 17kg
	암컷 : 46cm / 16kg
털 손질	일반적인 손질
운동	적당량
식사량	중간 정도
성격	용감하다

Lakeland Terrier
레이크랜드 테리어

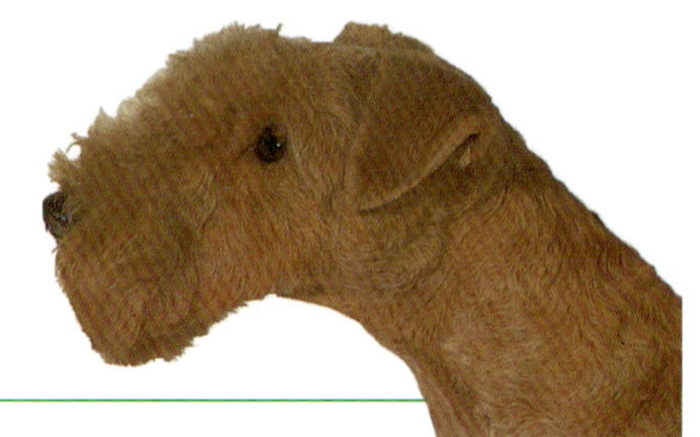

레이크랜드 테리어는 일을 아주 잘 하고 집에서 기르는 가정견으로도 적합하다.

레이크랜드 테리어는 영국 북서쪽 레이크랜드 지방이 원산지다. 다른 테리어와 마찬가지로 튼튼한 체격을 갖췄다. 키는 37cm이고, 뻣뻣한 털이 촘촘하게 나 있으며, 붉은색에서 담황색, 푸른색, 검정, 블랙 앤드 탄, 블루 앤드 탄 등 털 색깔이 다양하다.

털 손질은 힘들지 않지만, 비교적 두껍게 자라므로 정기적으로 전문가에게 맡기는 것이 좋다. 아니면 주인이 직접 털 다듬는 기술을 익혀도 좋다. 일반적으로 손질할 때는 브러시와 빗으로 빗겨주면 충분하다. 이 개는 민첩하고 생기 발랄하며 자유스러움과 운동을 좋아한다. 좀처럼 피로를 모르는 힘이 넘치는 개로, 가족들과 어울려 노는 것을 좋아하고 어떤 활동도 함께 하고 싶어한다. 또 지나치게 시끄럽게 짖지도 않는다.

이 개는 지형이 험한 곳도 무리 없이 걸을 수 있을 정도로 긴 다리를 가지고 있다.

dog's data

크기	중소형 / 37cm
	수컷 : 7.5kg
	암컷 : 7kg
털 손질	일반적인 손질
운동	적당량
식사량	중간 정도
성격	붙임성 있고 자신만만하다

Manchester Terrier
맨체스터 테리어

맨체스터 테리어는 키가 41cm로 비교적 크다. 휘핏을 약간 닮았고, 털은 새까만 바탕에 황갈색이 섞여 있다. 수건으로 열심히 닦아주면 매끄럽고 윤기가 흐른다.

맵시 있는 한 쌍의 개는 서로를 꼭 닮았다.

이 견종은 열광적인 애호가들이 많다. 휘핏을 교배시켜 만들어졌기 때문에 테리어로서는 특이한 타입이다.

많이 먹지 않기 때문에 처음 기르는 사람들은 별로 활동적이지 않다고 생각할지 모르지만 쥐 잡는 개로 사육되었기 때문에 기회만 주어지면 예전의 그 노련한 솜씨를 증명할 것이다.

맨체스터 테리어는 도시나 시골, 지역에 상관없이 가족들과 함께 보내는 것을 좋아한다. 사람이나 다른 개를 공격하지 않기 때문에, 전형적인 개의 기질에서 조금 벗어난 개를 좋아하는 사람이면 누구라도 좋은 벗으로 지낼 수 있다.

dog's data

크기	중소형
	수컷 : 41cm / 8kg
	암컷 : 38cm / 7.5kg
털 손질	쉽다
운동	비교적 많이 하지 않는다
식사량	많이 먹지 않는다
성격	사교적이고 비교적 조용하다

Norfolk Terrier and Norwich Terrier
노퍽 테리어,
노리치 테리어

노퍽 테리어와, 이와 비슷하지만 역사가 좀더 오래된 노리치 테리어는 둘 다 원산지의 이름이 명칭에 포함되어 있다. 이 두 견종은 형태와 스타일이 아주 비슷하다. 둘 다 열성적이고 부산스러우며, 몸집이 작고, 땅바닥에 닿을 듯 다리가 짧고, 털이 촘촘하다. 근본적인 차이라면 노퍽 테리어의 귀 끝은 앞쪽으로 처져 있는데 반해, 노리치 테리어의 귀는 위로 쫑긋 서 있다는 점이다.

이들은 농장의 가축과 사람을 제외한 여우와 오소리, 들쥐 등 시골의 모든 동물을 없애는 게 일이다. 또한 가족들이 움직일 때 따라다니는 것을 좋아한다. 이 때 뒤따라가는 것보다는 앞장서는 걸 더 좋아한다.

키는 25cm밖에 되지 않으며, 털이 뻣뻣하고 거친데 특히 목과 어깨 주변이 더 거칠다. 색깔은 붉은색, 담황색, 블랙 앤드 탄 또는 회색을 띠는데, 보온성이 좋고 가시에도 찔리지 않을 것처럼 두툼하게 보인다. 털 손질은 어렵지 않다. 산책하고 난 뒤나 주변의 쥐구멍에 들락거리고 난 뒤에도 아주 간단하게 텁수룩한 털을 말끔히 손질할 수 있다.

귀의 생김새가 다르다는 것을 제외하면 다른 점이 거의 없는데도 불구하고, 이 두 견종은 도그쇼에 따로 등장한다. 그동안 애견가들은 꼬리 끝을 짧게 자르는 경향이 있었지만, 최근에는 생긴 그대로 두는 경우가 많다.

둘 다 모두 분주하고 요란스럽지만, 성격이 온순하여 싸움거리를 찾아다니지 않는다.

● 노퍽 테리어(사진)와 노리치 테리어는 모두 작고 탄탄한 몸에, 땅을 아주 잘 판다.

dog's data

크기	소형
	25cm / 6.5kg
털 손질	간단하다
운동	적당량
식사량	많이 먹지 않는다
성격	민첩하고 붙임성이 있으며,
	겁이 없다

● 이렇게 섬세한 표정과 곧추선 두 귀가 노리치 테리어의 특징이다.

● 장난치기 좋아하는 노리치 테리어의 가장 날카로운 표정이다.

● 노퍽 테리어의 반짝이는 눈에는 유쾌한 장난기가 가득하다.

Parson Jack Russell Terrier
파슨 잭 러셀 테리어

파슨 잭 러셀 테리어는 19세기 후반 영국 서부지방에서 사냥으로 유명했던 잭 러셀 목사가 아끼던 폭스 테리어 견종에서 유래했다. 잭 러셀 목사는 자신이 사냥에 가장 이상적이라고 생각하는 테리어를 직접 개발했는데, 36cm의 키에 약 6.5kg의 몸무게이다. 등에 짐을 얹어 운반하기에 알맞고, 총에 맞은 여우를 물고 오기 위해 땅굴 속으로 들어갈 수 있는 개였다.

그 후에 열성적인 애견가들이 이 크기의 테리어를 계속 사육했다. 이 파슨 잭 러셀 테리어는 지금 사람들에게 인기가 높아 농가나 일반 가정에서 많이 볼 수 있는 다리 짧은 잭 러셀 테리어와 생김새가 많이 다르다. 잭 러셀 테리어는 순수한 혈통이 아니고, 짧고 약간 휜 앞다리가 특징인 장난꾸러기 귀여운 개다.

파슨 잭 러셀 테리어는 매끄러운 털과 뻣뻣한 털 두 종류가 있다. 색깔은 대체로 하얀 바탕에 얼굴 또는 꼬리 끝에 황갈색이나 레몬색, 그리고 검정 무늬가 있다. 이 개는 활기 넘치는 가정에서 기르면 활달한 반려동물이 된다. 식사 주는 것과 털 손질이 간단하고, 사람들에게 예의바르게 행동하도록 훈련시키는 것도 어렵지 않다.

❍ 파슨 잭 러셀 테리어는 반짝이는 눈동자에 영리해 보이는 얼굴이다.

dog's data	
크기	중소형 28 ~ 38cm / 5 ~ 8kg
털 손질	일반적인 손질
운동	적당량
식사량	중간 정도
성격	활발하고 용감하다

❍ 파슨 잭 러셀 테리어는 헌신적인 일꾼과 장난꾸러기의 성격을 모두 갖고 있다. 훌륭한 애완견이 될 수 있지만, 운동을 충분히 시켜야 한다.

❍ 균형 잡힌 몸매의 이 개는 털이 거칠다. 사냥으로 유명했던 잭 러셀 목사가 사육한 테리어와 외모가 매우 비슷하다.

Scottish Terrier
스코티시 테리어

스코티시 테리어는 오랫동안 인기가 높
았지만, 지금은 약 50년 전처럼 쉽게 볼
수 있는 개는 아니다. 키는 약 28cm로,
작은 몸집인데도 깔끔하고 힘이 넘치는
인상이다. 거칠고 뻣뻣한 털은 비바람이
치는 날씨에도 흐트러지지 않고, 항상
청결하게 손질해주어야 한다.

　이 개는 크고 위로 쫑긋 선 귀와, 턱
수염처럼 털이 텁수룩한 길쭉한 주둥이
를 갖고 있다. 대부분의 사람들이 스코
티시 테리어는 털 색깔이 검거나 아주
어두운 색의 브린들로 알고 있지만, 때

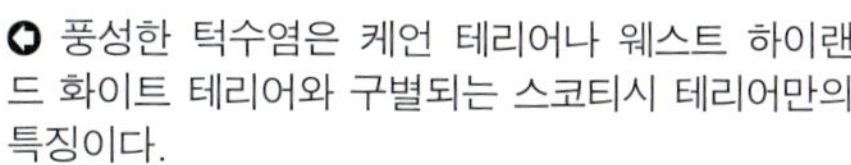

크고 쫑긋 선 귀와 깎아놓은 듯 말쑥한
머리 모양이 이 개의 가장 큰 특징이다. 예
전에는 애버딘 케리어로 알려졌으며, 북아
메리카 지역에서 인기가 높다.

풍성한 턱수염은 케언 테리어나 웨스트 하이랜
드 화이트 테리어와 구별되는 스코티시 테리어만의
특징이다.

체형이 단단하고 굵은 스코티시 테리어는 다리가
아주 짧은 것에 비해서 굉장히 민첩하고 활달하다.

dog's data

크기	소형 / 8.5 ~ 10.5kg
	수컷 : 28cm
	암컷 : 25.5cm
털 손질	일반적인 손질
운동	적당량
식사량	적당하게 먹는다
성격	대담하고 붙임성 있다

때로 담황색 털도 있다. 골격이 단단하
고 털이 많은 다리는 매우 굵어 보이고,
몸은 마치 바닥에 닿은 것처럼 낮아 보
인다. 자신이 아주 중요한 존재라도 되
는 듯 점잖게 걷지만, 성격은 유순해서
먼저 싸움 거는 일이 없다.

Sealyham Terrier
실리엄 테리어

실리엄 테리어는 웨일즈 농촌지역이 원산지이다. 몸집이 작고 단단한 테리어 종류다. 키는 31cm 이상은 자라지 않고, 몸길이가 키보다 약간 더 길다.

다른 테리어 종류보다 털이 길지만, 뻣뻣한 털은 마찬가지다. 기본적인 털색은 하얗고, 대개 머리와 귀에 레몬색의 작은 반점들이 퍼져 있다. 이 개는 시골에서 자유롭게 돌아다닌 후에는 털을 청결하게 손질하기가 쉽지 않은데, 특히 습기가 많은 날이 곤란하다. 가끔 전문

가의 손질을 받으면 털을 건강하게 관리하는 데 큰 도움이 된다.

낯선 사람은 경계하지만 집에서 반려동물로 기르기에 좋으며, 시끄럽게 짖는 소리 때문에 집 지키는 경비견으로도 제몫을 톡톡히 해낸다. 자급자족형 개라고 알려져 있는데 스스로 재미있는 놀이를 찾아낸다.

dog's data

크기	소형 / 31cm
	수컷 : 9kg
	암컷 : 8kg
털 손질	일반적인 손질
운동	적당량
식사량	적당하게 먹는다
성격	민첩하고 겁이 없다

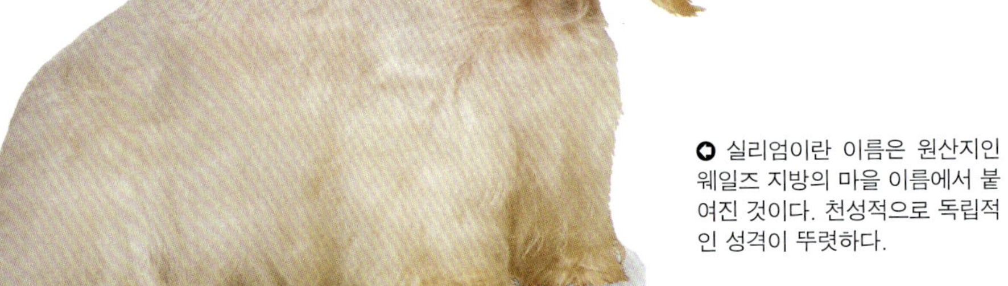

● 실리엄이란 이름은 원산지인 웨일즈 지방의 마을 이름에서 붙여진 것이다. 천성적으로 독립적인 성격이 뚜렷하다.

● 휘장처럼 늘어진 털이 빛나는 두 눈을 가리지만, 이 눈으로 무엇이든 절대로 놓치는 법이 없다.

● 짧은 다리에 단단한 체형인 실리엄 테리어는 털을 깨끗하게 손질하기 어렵다. 그러나 이 개는 시골 생활을 매우 좋아한다.

Skye Terrier
스카이 테리어

스카이 테리어는 스코티시 테리어와 같은 혈통에서 개발된 견종이다. 키는 불과 26cm밖에 되지 않지만, 몸길이는 매우 길어서 꼬리 끝에서 몸까지의 길이가 키의 2배가 된다.

　　털은 뻣뻣한 직모로 눈을 다 덮을 정도로 길다. 항상 털을 손질해주어야

dog's data

크기	중소형
	수컷 : 25 ~ 26cm / 11.5kg
	암컷 : 25cm / 11kg
털 손질	정기적인 손질이 필요하다
운동	적당량
식사량	중간 정도
성격	낯선 사람을 몹시 싫어한다

하므로 부담스럽다. 따라서 이 개는 애견 미용 전문가가 기르기에 적합한 개라고 할 수 있다.

　　낯선 사람을 경계하지만 같이 사는 가족들에게는 아주 충직하다. 아주 훌륭한 경비견이 될 수 있는 개로, 외모도 아주 멋있다.

➋ 스카이 테리어는 대부분 귀가 쫑긋 서 있다. 귀 가장자리를 감싼 털이 마치 술을 단 것처럼 우아하다.

➋ 요즘 기록을 보면, 이처럼 흐르는 듯한 긴 털을 가진 이 개는 약 400년 전의 모습과 거의 그대로라고 한다.

➋ 이 용맹스러운 개는 원래 원산지인 스코틀랜드 서쪽 해안가 섬에서 바위틈이나 언덕, 굴 속에 숨어 있는 수달과 오소리, 족제비를 찾아내는 데 이용하였다.

Soft-coated Wheaten Terrier
소프트코티드 휘튼 테리어

이 개는 이름에서 알 수 있듯이, 부드럽고 매끄러운 담황색 털을 지녔다. 털 색깔은 이 종류의 모든 개들이 똑같다. 키는 49cm이다. 원산지는 아일랜드로 사냥개, 경비견, 목양견 그리고 농부들의 벗으로 고루 이용되었다. 1943년에 영국애견협회에 공식 등록되었고, 1973년에는 미국애견협회에도 등록되었다. 오늘날 순수 혈통을 지닌 매력적인 개로 인정받고 있다.

성격이 좋아서 사람을 잘 따르고 다른 개들과도 사이좋게 지낸다. 운동을 좋아하는데 격렬할수록 더 좋아한다. 털이 길지만 가지런히 손질하는 것이 어렵지 않다. 털을 다듬는 일이 거의 필요 없

을 정도다. 음식은 자신의 엄청난 에너지를 평소에 유지할 수 있는 만큼만 먹는다.

❂ 몸단장을 완벽하게 끝내고 도그쇼 무대에 나설 때도 태평스러울 정도로 낙천적인 성격이 이 개의 매력이다.

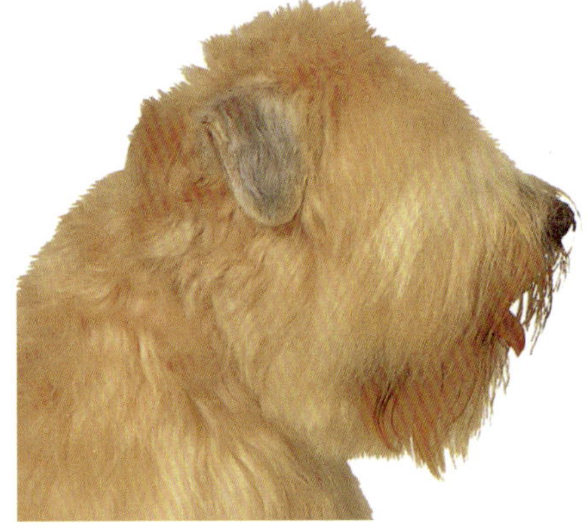

❂ 이 개가 '더벅머리' 라는 애칭으로 불리는 것이 전혀 낯설지 않다.

dog's data

크기	중형
	수컷 : 46 ~ 49cm
	16 ~ 20.5kg
	암컷 : 45.5cm / 16kg
털 손질	일반적인 손질
운동	적당량
식사량	중간 정도
성격	성격이 좋고 생기발랄하다

❂ 어깨가 벌어지고 힘이 넘치는 이 개는 자신만만하고 유머가 있다. 가정에서 애교 있는 반려동물로 키우면 즐거움을 주는 개다.

Staffordshire Bull Terrier
스태퍼드셔 불 테리어

○ 골격이 탄탄하고 근육이 잘 발달된 이 개는 원래 투견과 쥐 잡는 개로 사육되었다.

스태퍼드셔 불 테리어는 단순히 다양한 견종 중 하나라고 말할 수 없다. 열성팬들을 거느릴 만큼 인기가 대단하기 때문이다. 짧고 윤기 흐르는 털을 가진 이 개는 영국 중부지방이 원산지다. 이 개의 애호가들은 이 개 말고는 다른 어떤 개도 눈에 들어오지 않을 정도로 열광적이다. 이 개의 용감성은 유명해서 어떤 개라도 자기 주인과 집을 보호하기 위해 기꺼이 나선다. 이토록 충성스러운 개지만, 그 대가로 바라는 것은 오직 주인의 한없는 사랑과 적당량의 음식뿐이다.

공식 견종 표준에서 이 개의 키는 41cm로 명시되어 있지만, 실제로는 이보다 더 큰 개가 많다. 머리는 아주 큰 편이다. 세상이 자신을 위해 존재하는 것처럼 생각한다. 작은 근육질 체구로 거

드름을 피우는 것처럼 걷는데, 사람들이 이 모습을 좋아하면 꽤 먼 거리도 이렇게 걸어간다. 털 손질은 금세 끝낼 수 있을 정도로 간단하다. 털이 짧은 이유도 있지만, 활력이 넘치고 까다롭지 않은 이 개의 성격 때문이기도 하다. 털 색깔은 붉은색, 엷은 황갈색, 검정 또는 밝은

바탕에 검은 줄무늬가 있는 브린들로 다양한데 이 모두에 흰털이 섞여 있다. 이런 색깔들이 점으로 나타나는데, 때때로 눈 위에 있는 경우도 있다.

○ 스태퍼드셔 불 테리어는 충성스럽고 사랑스러운 개로, 이들을 좋아하는 애견가의 수가 날로 증가하고 있다.

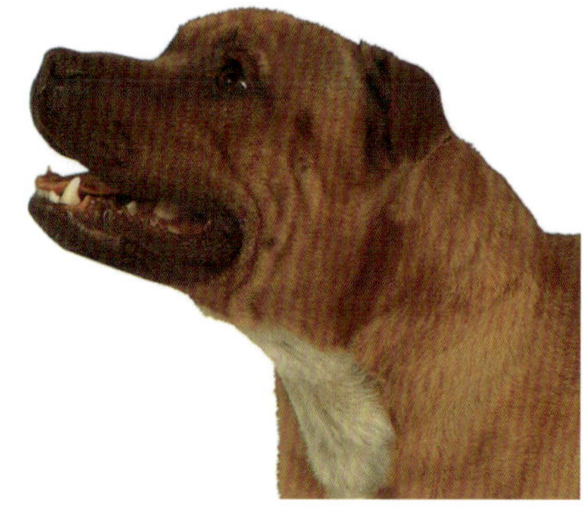
○ 이 개의 힘을 절대 과소평가하면 안 된다. 다른 개나 동물과 어울릴 때는 세심하게 통제해야 한다.

크기	중소형
	수컷 : 35.5 ~ 41cm
	12.5 ~ 17kg
	암컷 : 35.5cm
	11 ~ 15.5kg
털 손질	쉽다
운동	적당량
식사량	중간 정도
성격	대담하고 믿음직하다

Welsh Terrier
웰시 테리어

웰시 테리어는 어깨가 벌어진 탄탄한 개로 원산지는 웨일즈다. 보수적인 사람들은 이 개의 모습이 키가 39cm인 미니어처 에어데일 테리어와 비슷하다고 말한다. 이 개 역시 미니어처 에어데일 테리어처럼 털이 뻣뻣하고 텁수룩하며, 전문가의 털 손질이 필요하다. 또한 등이 까맣고 머리와 다리는 황갈색이다.

이 개는 레이크랜드 테리어보다 약간 굵은 체형에, 발끝으로 서는 테리어 특유의 스타일을 보여준다. 운동을 좋아하고, 가족과 어울릴 때나 놀이 등 어떤 일을 해도 항상 즐겁게 한다. 테리어 중에서 어떤 개보다도 순종적이며, 먹는 것도 까다롭지 않다.

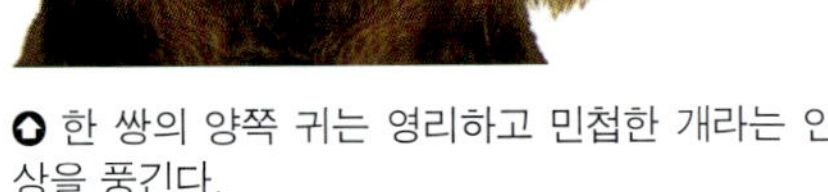

dog's data

크기	중소형 39cm / 9 ~ 9.5kg
털 손질	일반적인 손질
운동	적당량
식사량	간단하다
성격	명랑하고 겁이 없다

○ 이 개는 원래 올드 잉글리시 와이어헤어드 블랙 앤드 탄 테리어로 알려진 오래된 견종이다. 레이크랜드 테리어와 함께 로마가 영국을 지배하기 이전에 같은 혈통에서 유래되었을 가능성도 있다.

○ 한 쌍의 양쪽 귀는 영리하고 민첩한 개라는 인상을 풍긴다.

○ 단단한 발로 네 다리를 지탱하며 서 있는 웰시 테리어. 이 개는 말끔하고 쾌활하며, 타고난 일꾼이다. 솜씨 좋은 쥐잡이다.

West Highland White Terrier
웨스트 하이랜드 화이트 테리어

웨스트 하이랜드 화이트 테리어 또는 짧게 웨스티(Westie)라고도 불리는 이 개는 그동안 인기 순위를 착실하게 높여왔다. 이것은 전혀 이상한 일이 아니다. 필요할 경우에는 들어서 품에 안고 다니기에 적당한 크기이고, 성격이 외향적이어서 사람을 잘 따르기 때문이다. 공격을 받으면 결국 굴복하지 않지만, 먼저 다른 개에게 싸움을 거는 일은 없다.

키는 28cm밖에 되지 않지만 작은 체구에는 엄청난 힘과 에너지가 넘친다. 스코티시 테리어처럼 몸이 낮고 굵지 않다. 이름에서 짐작할 수 있듯이 털이 하얗기 때문에 잘 더러워진다. 따라서 정기적으로 목욕을 시키거나 하얀 분필 가루를 뿌린 뒤 털을 브러싱하는 일종의 드라이클리닝을 해주어야 한다. 털은 뻣뻣하지만 샴푸를 해주면 놀랄 만큼 빠르게 원상태로 돌아온다. 하지만 가끔씩 털을 다듬어주어야 깔끔해진다.

낯선 사람을 보면 쫓아버리기 위해 사납게 짖기 때문에 경비견 역할을 훌륭하게 해낸다. 가족에게는 훌륭한 벗이 되고, 혼자 사는 사람에게는 최상의 반려동물이 된다.

dog's data

크기	소형 / 28cm
	수컷 : 8.5kg
	암컷 : 7.5kg
털 손질	일반적인 손질
운동	적당량
식사량	간단하다
성격	활달하고 붙임성 있다

✪ 웨스티는 케언 테리어와 혈통이 같다. 이 두 견종은 스코틀랜드 아가일셔 카운티의 폴탈로치에 살던 말콤 가에서 털이 하얀 개로 선택교배된 것이다.

✪ 웨스티는 명랑한 표정을 짓고, 사람들과 어울리거나 관심을 받고 싶어한다. 가정에서 아주 헌신적인 식구가 되고, 작은 체구에 상관없이 단란한 가정을 지키는 일이라면 결코 주저하지 않고 나선다.

✪ 오늘날 웨스티의 선조로 알려진 견종은 폴탈로치, 로제니스, 화이트 스코티시, 리틀 스카이 등으로 다양하다. 이 개들이 1904년에 웨스트 하이랜드 화이트 테리어라는 하나의 이름으로 통합되었다.

유틸리티 그룹
The Utility(Non‑sporting) Group

유틸리티(비사냥견) 그룹에는 몸집이 큰 달마티안과 레온베르거에서부터 몸집이 작은 티베탄 스패니얼과 라사 압소에 이르기까지 생김새와 크기, 그리고 역할이 다양한 개들이 포함되어 있다.

유틸리티 그룹의 구성에 대해서는 두 가지 일반적인 설명이 있다. 첫째, 유틸리티 그룹의 견종들은 다른 다섯 그룹에 속할 수 없는 견종을 모아놓았다는 것이다. 이 설명은 결코 호의적인 시각은 아니다. 다른 하나는 유틸리티 그룹에 속하는 모든 개들이 사람과 함께 살아가는데 좋은 동반자로서 적합하다는 것이다. 이는 처음 설명보다는 점잖게 들리지만 한편으로는 다른 그룹에 속하는 개들은 사람의 동반자로 삼기에 부적절하다는 의미로 해석할 수도 있다.

이 그룹의 견종을 구분하는 일이 더욱 복잡할 수 밖에 없는 이유는 나라마다 유틸리티 그룹으로 분류하는 견종들이 다르기 때문이다. 예를 들어, 영국에서 유틸리티 그룹으로 분류한 재패니즈 아키타가 미국에서는 워킹 그룹으로 분류된 것이다.

이 책을 계속 읽다 보면 독자 여러분도 이렇게 다양한 견종을 분류하는 책임을 맡은 사람들의 고충을 이해할 수 있을 것이다.

⊕ 슈나우저

Boston Terrier
보스턴 테리어

보스턴 테리어는 눈에 띌 정도로 잘생겼다. 짧은 주둥이를 보면 불도그가 조상임을 확실히 알 수 있지만, 흔히 미국을 대표하는 개로 묘사된다.

키는 약 38cm이고, 체중은 9kg을 표준으로 다양하지만, 쉽게 다루고 안을 수 있다. 털은 짧고 윤기가 흐르는데, 크게 신경쓰지 않아도 깨끗하게 관리할 수 있다. 털 색깔은 브린들(brindle, 주 바탕색에 다른 색의 털이 섞여 있는 것)이나 검정에 하얀 부분이 있어서, 이것으로 바로 보스턴 테리어임을 알아볼 수 있다.

체격이 작고 탄탄하며, 네모난 머리, 미간이 벌어지고 총명한 눈, 그리고 쫑긋 솟은 두 귀를 가졌다. 몸집이 작고 민첩하며, 시끄럽게 짖는다. 그러나 너무 작은 키는 아니다. 고집이 세지만, 착해서 집에서 기르는 애완견으로 알맞다.

오늘날의 보스턴 테리어는 멸종된 잉글리시 화이트 테리어와 불도그의 교배종이다.

dog's data

크기	중소형
	경량 : 6.8kg 이하
	평균 : 6.8 ～ 9kg
	중량 : 9 ～ 11.3kg
털 손질	간편하다
운동	적당량
식사량	많이 먹지 않는다
성격	결단력이 있다

총명함과 조심성은 보스턴 테리어의 특징이다.

원래의 보스턴 테리어는 지금보다 몸집이 크고 더 무거운 개였다. 그러나 선택교배를 통해 오늘날의 말쑥한 몸매를 가진 개로 재탄생했다.

보스턴 테리어는 짧은 주둥이와 네모난 머리 모양이 돋보인다.

Bulldog
불도그

흔히 브리티시 불도그라고 불러 다른 불도그 종류와 구별하는 이 개는 누가 보아도 쉽게 알아볼 수 있다.

고집이 세지만 붙임성 있는 성격이다. 불도그 애호가들은 이 개에 대한 부정적인 평가를 들으려 하지 않겠지만, 이 개를 분양 받으려는 사람은 반드시 불도그 특유의 신체적인 조건을 알아야 한다. 예를 들어, 불도그의 신체적인 특징을 고려하여 산책할 때, 특히 더울 때는 절대로 빨리 걸으면 안 된다. 머리 모양과 호흡기관의 생김새 때문에 호흡하기 힘들기 때문이다. 가끔 놀랄 만큼 빨

리 달리기도 하지만, 무더운 날씨에 운동을 무리하게 시키면 매우 심각한 부작용이 생길 수 있다. 또한 불도그는 숨소리가 거칠다는 것도 알아두자.

불도그는 앞니로 황소의 코를 물어뜯으면서 싸울 수 있도록 사육되었다. 개를 흥분시켜 황소와 맞붙게 하는 불베이팅(bull - baiting)이 합법적이었던 시절에 물어뜯기에 적합하도록 만들어진 턱은 불베이팅이 불법화되어 더 이상 그 기능이 필요 없는데 최근까지도 지나치게 커져 있다.

털은 짧아서 깨끗하게 손질하기 쉽다. 색깔은 붉은색에서 엷은 황갈색, 하양 또는 얼룩덜룩한 색깔까지 아주 다양하다. 육중한 체격은 마치 근육질의 역

'늙은 심통쟁이(Old Sourmug)' 라는 애칭으로 불리는 불도그. 절대로 타협하지 않을 듯이 완강해 보이는 턱은 분명 이 개의 재산이다.

도선수 같은 인상을 풍긴다. 몸무게는 25kg이고 더 무거운 경우도 가끔 있는데, 식사는 이 체격을 유지할 만큼 먹는다. 경비견으로 아주 적합하고, 아이들을 무척 좋아한다. 다른 개들을 무시하는 듯하지만 사실은 사이좋게 잘 지낸다. 하지만 사람이든 개든 낯선 존재가 화나게 하면 사납게 달려든다.

dog's data

크기	중소형
	수컷 : 25kg
	암컷 : 22.5kg
털 손질	간단하다
운동	적당량
식사량	중간 정도
성격	다정하고 단호하다

오늘날의 불도그는 황소와 맞섰던 불도그과는 근본적으로 다르다. 사납고 잔인한 성격은 품종개량 과정을 거치면서 도태되었다.

Canaan dog
캐난 도그

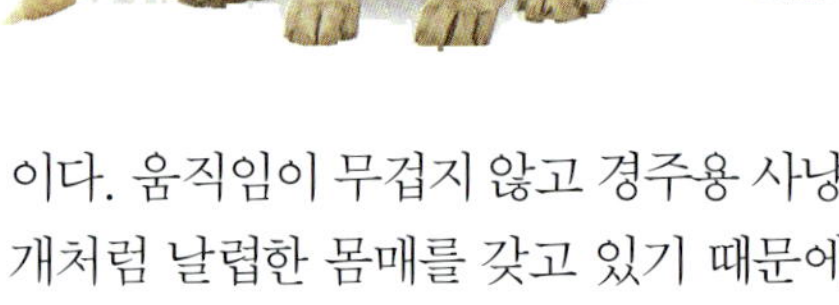

○ ○ 서구사회에는 생소한 캐난 도그 강아지 2마리와 경계하는 표정의 성견.

캐난 도그는 이스라엘에서 압도적인 사랑을 받는 개로, 비교적 최근에 중동의 사막지역에서 서구사회로 수입되었다. 지금도 야생 습성이 남아 있어서 현대 서구사회에서는 적응이 필요하다. 어느 개보다 활력이 넘치고, 키가 최대 61cm

이다. 움직임이 무겁지 않고 경주용 사냥개처럼 날렵한 몸매를 갖고 있기 때문에 먹는 욕심은 많지 않다.

털은 중간 길이로 손질이 쉽고, 붉은색에서 모래색까지 다양한데, 검정이나 하양도 있다. 사냥개뿐만 아니라 경비견으로도 훌륭하다. 생활양식이 작업견에 가까워서 유틸리티 그룹에서는 별종에 속한다.

원산지에서 알 수 있듯이 운동량이

많이 필요하고 자유로운 것을 좋아한다. 다재다능하지만, 서구적인 개념에 맞게 복종하도록 훈련시키려면 시간이 걸린다.

dog's data

크기	중대형 51 ~ 61cm / 18 ~ 25kg
털 손질	일반적인 손질
운동	많이 해야 한다
식사량	중간 정도
성격	민첩하고 낯선 사람을 매우 싫어한다

Chow Chow
차우차우

○ 차우차우는 외모가 독특한 중국 개로, 찡그린 얼굴 표정에 다리를 곧추세우고 걷는다.

차우차우는 스피츠 종류 중 하나로, 벌어진 어깨에 꼬리는 돌돌 말려 올라갔고, 두 귀가 쫑긋 서 있다. 아주 느긋한 성격이라서, 몸을 일으켜 속도를 내서 움직이는 일이 좀처럼 없다. 거드

름을 피우듯한 자세로 다리를 뻣뻣하게 하고 걷는다. 입 안과 혀가 모두 까맣다.

키가 최대 56cm이고, 다리가 짧고, 몸통이 굵다. 무거워 보이는 몸집에 비해 식욕은 그다지 왕성하지 않다. 하지만 이것은 털이 아주 무성하고 복슬복슬해서 실제 몸집보다 더 커 보이기 때문이다. 털 색깔은 검정, 붉은색, 푸른색, 엷은 황갈색, 크림색 등인데, 정기적으로 꼼꼼하게 손질해주어야 한다.

차우차우는 원산지인 중국에서 아주 다양한 용도로 쓰였다. 경비견이나 가정의 반려동물로 심지어 식용으로도 이용되었다. 주인에게는

충직하지만 낯선 사람에게는 별로 호의적이지 않아서 한때는 성질이 고약한 개로 여겨지기도 했다. 이 개의 매력에 빠진 애견가들이 많지만, 이 견종 고유의 특성을 잘 모르는 사람은 각별한 주의가 필요하다.

dog's data

크기	중소형 수컷 : 48 ~ 56cm / 27kg 암컷 : 46 ~ 51cm / 25kg
털 손질	정기적인 손질이 필요하다
운동	적당량
식사량	중간 정도
성격	독립적이지만 충직하다

Dalmatian
달마티안

달마티안은 다른 어떤 견종 못지않게 특색 있는 개다. 하얀 바탕에 어지러울 정도로 많은 검정 혹은 다갈색 점들이 머리와 몸통, 다리에 퍼져 있다. 가히 '점박이 개(spotted dog)'의 원조라고 할 수 있다. 영국에서는 100년이 넘는 오랜 세월 동안 늘 보아온 견종으로, 원래는 귀족들의 마차를 호위하는 데 이용되었다. 마차 사이에서 달리는 것을 아주 좋아하

고, 바로 곁에서 말이 빗물을 튀기며 내달려도 전혀 동요하지 않는다. 미국에서는 소방장비를 끄는 말을 통제하는 개였고, 지금도 소방서를 상징하는 마스코트이다.

　달마티안은 외모가 멋진 개로, 영국의 달마티안은 키가 61cm, 미국의 경우는 58.5cm이다. 사람들에게 아주 붙임성 있게 행동한다. 건강하게 오래 살고

● 달마티안의 특징은 몸의 어느 부분도 가만 놔두지 않는다는 것이다. 특히 끝으로 갈수록 가늘어지는 긴 꼬리를 항상 흔든다.

● 달마티안의 혈통은 고대까지 거슬러 올라가기 때문에 기원을 명확하게 알 수 없다. 이 개에 대한 최초의 기록은 아드리아 해변의 달마티아로, 달마티안이란 이름이 여기에서 유래했다.

● 달마티안은 항상 바로 일어나서 걸을 준비가 되어 있다.

좀처럼 기력이 약해지는 일이 없다. 달리는 것을 무척 좋아하고 많은 운동량이 필요하기 때문에 이 개를 기르는 사람 역시 건강해야 한다. 털이 짧아서 손질하기 쉽고, 큰 체구지만 절대로 과식하지 않는다.

● 이 암캐는 아직 어리지만 성견이 되면 통제하기 힘들어질 수도 있다.

dog's data

크기	대형
	수컷 : 58.5 ~ 61cm / 27kg
	암컷 : 56 ~ 58.5cm / 25kg
털 손질	쉽다
운동	많이 해야 한다
식사량	중간 정도
성격	외향적이고 붙임성 있다

French Bulldog
프렌치 불도그

프렌치 불도그는 브리티시 불도그의 프랑스형 변종이다. 각진 얼굴이 브리티시 불도그와 비슷하지만, 주둥이는 그만큼 심하게 짧지 않다. 큼직한 두 귀는 머리 위에 쫑긋 서 있으며, 표정이 풍부한 검은 눈동자는 온순해 보인다. 하지만 어리석은 행동을 하면 절대로 봐주지 않을 것처럼 보인다.

✪ 프렌치 불도그는 단단한 체격에서 느껴지는 것과는 달리 아주 빠르게 움직인다.

✪ 쫑긋 선 귀를 이리저리 움직이면서 온갖 소리를 놓치지 않고 듣는다.

몸무게가 최대 12.5kg이지만 먹는 것을 좋아하기 때문에 식사량을 철저히 관리해야 한다. 털은 어두운 바탕에 검은 줄무늬가 있는 다크 브린들, 엷은 황갈색 또는 얼룩무늬 등이 있다. 짧고 촘촘하게 난 윤기가 흐르는 털은 손질하기 쉽다. 체격이 탄탄하고 허리 부위가 살짝 들어가 있다. 같은 혈통인 브리티시 불도그처럼 꼬리는 짧고 코르크마개 따개처럼 나선형으로 꼬부라졌다.

운동할 때는 힘차게 돌아다니지만, 더운 날씨에는 다니기에 힘들고, 심한 스트레스를 받으면 숨소리가 거칠어진다. 집에서 기를 만한 충분한 매력을 지녔고 단란한 가정을 지키기 위해 결사적으로 나설 것 같은 인상을 준다.

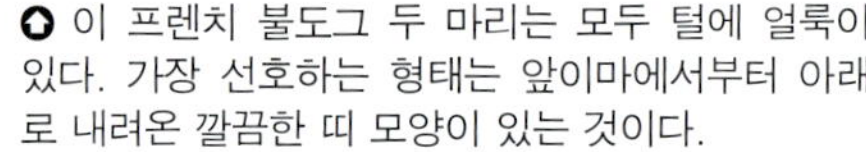

✪ 이 프렌치 불도그 두 마리는 모두 털에 얼룩이 있다. 가장 선호하는 형태는 앞이마에서부터 아래로 내려온 깔끔한 띠 모양이 있는 것이다.

✪ 프렌치 불도그는 어깨보다 허리가 더 높은 몇 안 되는 견종 중 하나이다. 이 덕분에 마치 용수철을 단 듯 몸을 수직으로 바로 세울 수 있다.

dog's data

크기	중소형 30.5 ~ 31.5cm
털 손질	쉽다
운동	적당량
식사량	많이 먹지 않는다
성격	활기차고 영리하다

German Spitz
저먼 스피츠

공인된 저먼 스피츠에는 크기가 다른 두 종류가 있다. 원산지인 독일에서는 키가 약 53cm인 큰 울프스피츠에서부터 20cm도 되지 않는 가장 작은 포메라니안까지 5종류로 구분한다.

공인된 두 종류는 중간 크기인 저먼 스피츠 미텔(Mittel)과 그 다음으로 작은 크기인 저먼 스피츠 클라인(Klein)으로 공식 명칭을 갖고 있다. 미텔은 30~38cm이고 클라인은 23~29cm이다.

몸 크기의 차이를 제외하면 미텔과 클라인은 똑같다. 둘 다 쫑긋 선 귀와 작지만 탄탄한 몸매, 바짝 구부러진 꼬리, 그리고 날카로운 외모까지 똑같다. 촘촘하고 거친 털은 혹한의 겨울에도 체온을 따뜻하게 유지시켜준다. 털 색깔은 초콜릿색에서 하양까지 있고, 다양한 색깔이

섞인 경우도 있다. 털을 세심하게 손질하면 아주 멋져 보이지만, 게으른 사람에게는 어울리지 않는 견종이다.

튼튼하고 활기차며, 낯선 사람이 오면 경계의 표시로 소리 높여 노래하듯 짖어댄다. 하지만 친한 사람인 것을 확인하면 금세 좋아해서 달려든다. 가족들과 어울려 잘 놀고 모든 연령대에게 좋은 반려동물이 될 수 있다.

◆ 영리해 보이는 눈과 좋은 골격을 가진 생기발랄한 클라인 한 쌍.

◆ 크기에 상관없이 저먼 스피츠는 모두 털이 무성하다. 따라서 털 손질과 관리에 상당한 정성이 필요하다. 이 개는 미텔이다.

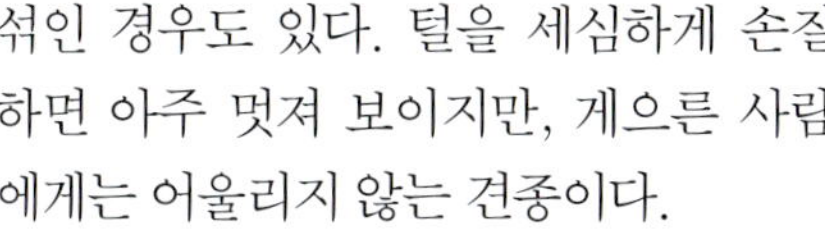

◆ 클라인의 무성한 털은 아무리 추운 겨울도 이겨낼 수 있을 만큼 보온성이 뛰어나다.

◆ 스피츠의 전형적인 머리 모양.

dog's data	
크기	소형
	미텔 : 30 ~ 38cm
	10.5 ~ 11.5kg
	클라인 : 23 ~ 29cm
	8 ~ 10kg
털 손질	정기적인 손질이 필요하다
운동	적당량
식사량	많이 먹지 않는다
성격	즐겁고 발랄하다

Japanese Akita
재패니즈 아키타

아키타라고도 불리는 이 견종은 몇몇 국가에서는 작업견으로 분류한다. 재패니즈 아키타의 외모는 단연 돋보인다. 정말 이렇게 힘이 넘치는 개에게 딱 어울리는 표현이다. 키는 최대 71cm이고, 몸과 다리는 날렵하면서도 탄탄하다. 일본에서는 투견으로 길러졌기 때문에 수컷의 기질은 종종 두려움을 느끼게 할 정도다.

화려한 털 색깔은 사람들의 마음을 사로잡는다. 하양에서 브린들, 얼룩무늬, 회색까지 다양하다. 털이 무성하며 한결같이 윤기가 흐른다. 이 아름다움을 한껏 드러내려면 털 손질이 필수다. 스피츠 특유의 쫑긋 선 귀, V자형 머리, 탄력적인 몸매, 그리고 등 위로 완전히 말려 올라간 꼬리를 가졌다. 하지만 스피츠 중에서 아키타만큼 인상적인 개는 없다. 근육질이므로 많은 운동량이 필요하다. 아주 영리하고 우두머리 기질이 있으므로 통제가 필요하다. 음식은 몸집에 맞게 주어야 하지만 욕심이 많지 않다. 아키타는 가정에서 기르기에 적합한 개는 아니다.

자신의 생활방식과 맞으면 최고의 개다. 개를 선택하기 전에 자신이 개와 맞는지를 먼저 생각해보아야 한다.

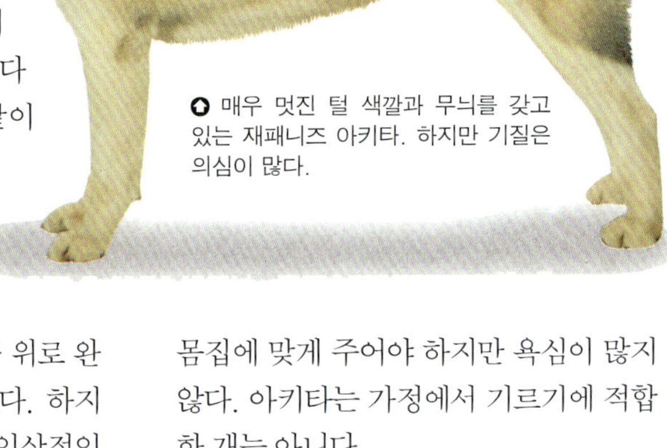

○ 매우 멋진 털 색깔과 무늬를 갖고 있는 재패니즈 아키타. 하지만 기질은 의심이 많다.

dog's data

크기	대형 / 50kg
	수컷 : 66 ~ 71cm
	암컷 : 62 ~ 66cm
털 손질	일반적인 손질
운동	많이 해야 한다
식사량	중간 정도
성격	용맹스럽고 위압적이다

Japanese Shiba Inu
재패니즈 시바 이누

재패니즈 시바 이누(시바 이누)는 키가 최대 39.5cm이다. 귀 끝이 앞으로 살짝 기울어지고 귀가 목 윗선으로 이어지는 모습이 아키타와 아주 비슷하다. 털 역시 무성하지만, 아키타처럼 인상적인 색깔은 아니다. 붉은색, 검정, 블랙 앤드 탄, 그리고 브린들 등으로 다양하지만, 아키타처럼 화려하지는 않다.

영리하지만 아키타처럼 위압적이지 않다. 오히려 시바 이누는 자신이 원하는 것을 얻기 위해 곰곰이 생각하는 편이다. 시끄럽지 않고, 집에 누군가가 몰래 들어오면 큰 소리로 짖으면서 소란을 피우지 않고 바로 알아챈다. 가족들을 사랑하고 어울리기 좋아한다. 하지만 계속 놀아 달라고 보채지는 않는다. 길들이기 쉽고 또 배우는 것을 좋아한다.

○ 시바 이누는 일본산 견종 가운데 가장 작고, 아주 오래된 혈통을 자랑한다.

○ 시바 이누의 무성한 털은 색이 다양하다. 색이 다른 귀가 독특하다.

dog's data

크기	소형 / 8 ~ 10kg
	수컷 : 39.5cm
	암컷 : 36.5cm
털 손질	일반적인 손질
운동	적당량
식사량	적당하게 먹는다
성격	밝고 영리하다

Japanese Spitz
재패니즈 스피츠

재피니즈 스피츠가 유럽에 들어온 지 20년이 지나지 않았지만, 그 사이에 확실히 자리를 차지하였다. 키는 약 36cm이고, 깔끔하고 맵시 있는 몸매를 갖고 있다. 풍성하게 부푼 털은 눈부시게 하얗다. 털이 촘촘하지만 청결하게 관리하는 일이 별로 어렵지 않다. 그러나 정기적인 손질은 꼭 필요하다.

집 안에서나 바깥에서 지나치게 시끄럽게 굴지 않지만 경비견 역할을 잘 해낸다. 사람을 매우 잘 따르고, 재치 있고 영특하게 행동하기 때문에 대가족이나 독신 가정에 모두 잘 어울린다. 먹는 욕심이 많지 않고, 식성도 까다롭지 않다. 처음 보면 고상하고 섬세한 인상을 준다.

dog's data

크기	소형
	30 ~ 36cm / 5 ~ 6kg
털 손질	일반적인 손질
운동	적당량
식사량	많이 먹지 않는다
성격	사랑스럽고 민첩하다

○ 뾰족한 주둥이는 너무 뭉툭하지도, 너무 길지도 않아야 예쁘다.

○ 방금 흰눈이 내린 것처럼 털이 새하얗게 빛나는 재패니즈 스피츠 3마리. 이 작고 명랑하고 영리한 개들이 사모예드와 같은 혈통이라는 주장은 그럴듯하다.

Keeshond
케이스혼드

네덜란드가 원산지인 케이스혼드는 농장과 운하에서 경비견으로 이용되었는데, '네덜란드 짐배 경비견(Dutch Barge Dog)' 으로도 알려져 있다. 스피츠 종류에 속하며, 작고 쫑긋 선 귀와 탄탄한 몸, 그리고 스피츠 중에서 가장 많이 말려 올라간 꼬리를 갖고 있다. 키는 약 46cm이고 체격이 튼튼하다. 먹는 욕심이 많아서 비만을 예방하려면 식사량을 일정하게 주어야 한다.

거친 털이 촘촘하게 나 있는데, 공식적으로는 은회색으로 명시한다. 사실 케이스혼드는 털 끝이 검고, 긴 털이 몸을 보호한다. 어떤 혹한이나 폭설에도 잘 견딘다. 털 손질이 까다롭지만, 세심하고 정성스럽게 손질한 만큼 멋있게 변해서 보람을 느끼게 한다.

사람들을 좋아하고, 운동하는 것을 좋아하지만, 바쁘게 생활하는 가족들에게 부담을 줄 정도는 아니다. 청각이 예민해서 손님이 찾아오거나 낯선 사람이 침입하면 요란하게 짖어댄다.

🔿 케이스혼드는 체격이 아주 탄탄하고 아무리 추운 날씨에도 즐겁게 살아갈 수 있을 만큼 강인하다. 원산지인 네덜란드에서는 경비견이나 해로운 동물을 잡는 데 이용하였다.

🔿 매우 믿음직스럽고 활기 넘치는 케이스혼드는 사람을 잘 따른다.

dog's data

크기	중소형
	수컷 : 46cm / 19.5kg
	암컷 : 43cm / 18kg
털 손질	정기적인 손질이 필요하다
운동	적당량
식사량	중간 정도
성격	붙임성 있고 소란스럽다

🔿 털을 이렇게 치장하려면 매우 정성들여 손질해야 한다.

Leonberger
레온베르거

오해하지 마시라. 레온베르거는 틀림없는 개다. 키가 80cm나 된다. 독일의 레온베르크에서 유래한 이 개의 조상견에는 몇몇 대형 견종이 포함되어 있다. 몸집에서 알 수 있듯이 이 덩치를 유지하

● 레온베르거는 커다란 몸집 때문에 도시나 아파트에서 살기에 적합하지 않다.

힘들지 않지만, 털이 너무 많아서 문제다. 털 색깔은 붉은 기가 도는 갈색에서 황금빛, 연노랑까지 다양하고, 대부분 활기 넘치는 얼굴 표정에 주둥이가 검다.

레온베르거는 운동할 때도 평소 사람을 대할 때와 똑같다. 다루기 쉬운 느긋한 이 개는 어디를 가나 서두르는 법이 없이, 상냥한 태도로 천천히 걷는 것을 더 좋아한다. 이 개는 날씨에 상관없이 수영을 잘한다. 큰 체구를 생각하면 시골에서 키우는 게 가장 좋다. 그 어떤 개보다 다루기 쉽고 정다운 벗이 될 수 있다.

● 레온베르거는 힘이 세고 자신감이 넘치며, 성격도 아주 좋은 개다.

● 가까이에서 보면 볼수록 레온베르거의 표정은 더욱 정겹게 느껴진다.

려면 아주 많은 음식을 먹어야 한다.

레온베르거는 작업견으로 분류되는 견종들과 공통점이 훨씬 많기 때문에, 실용견으로 분류하는 것이 이상하게 느껴진다. 붙임성 있는 성격이지만 집을 지키라고 명령하면 아주 훌륭하게 임무를 수행한다. 중간 길이의 털은 손질하기에

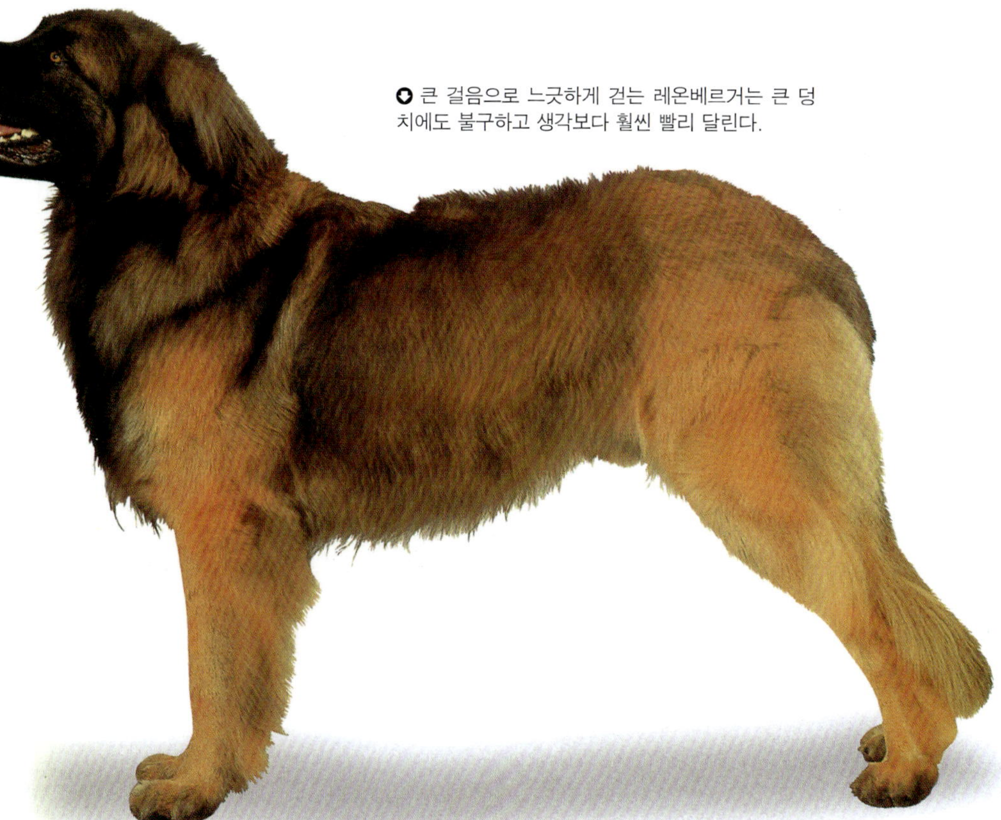

● 큰 걸음으로 느긋하게 걷는 레온베르거는 큰 덩치에도 불구하고 생각보다 훨씬 빨리 달린다.

dog's data

크기	아주 크다 / 34 ~ 50kg
	수컷 : 72 ~ 80cm
	암컷 : 65 ~ 75cm
털 손질	꼼꼼하게 자주 한다
운동	적당량
식사량	많이 먹는다
성격	상냥하다

Lhasa Apso
라사 압소

라사 압소는 티베트가 원산지로 원래는 실내 경비견으로 키웠다. 총명하고 청각이 예민해서 이 일을 해내는데 적격이었다. 길고 뻣뻣한 털은 혹독한 기후로부터 피부를 보호한다. 오늘날 이 개는 황홀한 매력의 화신으로 여겨지기도 한다. 털 색깔은 황금색에서 회색까지 있지만 도그쇼에서 빛나는 자태를 뽐내려면 규

○ 눈 위로 흘러내린 머리털을 뒤로 쓸어 넘기면 이 개의 그윽한 표정이 드러난다.

칙적인 샴푸와 꼼꼼한 손질이 필수다.

키는 약 25cm이고, 키보다 조금 더 긴 등이 돋보인다. 하지만 등뼈가 약할 정도로 지나치게 길지 않다. 식사량은 작은 체구에 알맞게 먹는다.

흘러내리는 머리털이 온통 얼굴을 뒤덮는 머리는, 생각보다 소형 테리어 종류와 아주 많이 닮았다. 추운 날씨에도 강인하고 잘 견디며, 몇 킬로미터나 되는 먼거리도 씩씩하게 걷는다. 자립심이 강하고 낯선 사람을 경계한다. 하지만 주인에게는 매우 사랑스럽게 행동하기 때문에 귀염성 있는 훌륭한 가정견이 될 수 있다.

○ 눈 위로 흘러내리는 긴 머리털은 원산지인 티베트의 거센 바람과 눈부신 햇빛으로부터 눈을 보호해 준다.

dog's data

크기	소형
	25 ~ 28cm / 6 ~ 7kg
털 손질	정기적인 손질이 필요하다
운동	많이 하지 않는다
식사량	많이 먹지 않는다
성격	사교적이지만 도도하다

○ 이렇게 온몸이 많은 털로 뒤덮인 라사 압소가 얼마나 활동적인지 실제로 몸을 움직이는 것을 보면 실감할 수 있다.

Miniature Schnauzer
미니어처 슈나우저

미니어처 슈나우저[테리어 그룹]는 세 종류 슈나우저 중 하나다. 외모를 보면 어깨가 벌어진 테리어 그룹으로 분류해야 할 것 같다. 실제로 미국에서는 테리어 그룹으로 분류하고 있다. 키는 약 36cm이고 털은 거칠고 뻣뻣하며, 몸매가 가장 멋진 개 중의 하나다.

◐ 미니어처 슈나우저는 믿음직하고 튼튼하며 민첩한데, 무엇보다도 적응력이 뛰어나다.

다. 모든 연령대에 어울리며, 크기가 적당해서 바쁘게 생활하는 사람들은 물론 친구가 필요한 노인까지 두루 좋아할 만한 개다. 유틸리티 그룹 중에서 가정의 반려동물로 가장 적합하다.

◐ 수염과 다리의 털을 매일 빗겨주면 깔끔하게 유지할 수 있다.

◐ 검정은 미니어처 슈나우저의 공인된 털 색깔이지만 그 수가 많지 않다.

dog's data

크기	중소형 수컷 : 36cm / 9kg 암컷 : 33cm / 7.5kg
털 손질	간단하다
운동	적당량
식사량	많이 먹지 않는다
성격	민첩하고 영리하다

도그쇼에서 보듯 멋진 모습을 연출하려면 전문가의 털 손질이 필요하다. 하지만 가정에서 키우면 주인이 전문가에게 미용기술을 배우고 와이어글러브(wire · glove)만 준비하면 된다. 털 색깔은 검정, 검정과 은색, 그리고 가장 흔한 경우로 대부분의 사람들에게는 진회색이지만 공식적으로는 '페퍼 앤드 솔트(pepper and salt, 검정 · 푸른색 · 하양이 섞인 색)' 라고 하는 색깔이 있다.

이 개를 돋보이게 하는 것은 귀다. 머리 위에 높이 붙은 귀는 끝이 앞으로 기울어져 관자놀이까지 닿는다. 이외에 풍성한 눈썹과 콧수염도 독특하다.

미니어처 슈나우저는 모든 일을 급하게 서두르는 것 같은 인상을 준다. 운동을 좋아하지만 항상 밖에 나가지 못해도 불만스러워 하지 않고, 시끄럽지 않

◐ 미니어처 슈나우저는 테리어 종류와 매우 비슷하다. 이 개를 개발하는 데는 슈나우저 외에 아펜핀셔와 미니어처 핀셔가 중요한 역할을 했다.

Poodles
푸들

푸들은 크기에 따라 스탠더드, 미니어처, 토이 등 3가지 종류가 있다. 털은 단색으로 여러 종류의 색이 있으며, 몇몇 나라에서는 토이 푸들을 토이 그룹으로 분류한다. 푸들은 외모가 독특한데 그 중에서 가장 큰 특징은 싱글 코트(single coat)이기 때문에 털갈이를 하지 않는다는 점이다. 그래서 흔히 개털이나 개 먼지 알레르기가 있는 사람들에게 푸들을 추천한다.

푸들의 영리함은 널리 알려져 있다. 물 속으로 뛰어들어 사냥한 새를 회수해오는 일부터 서커스 묘기에 이르기까지 여러 가지 기술을 배운다. 푸들 스스로도 다양한 묘기를 선보이는 것을 좋아하고, 그 대가로 사람들이 웃고 칭찬해주는 것을 즐기는 듯 보인다.

푸들은 크기가 다른 3종류 모두 생김새가 똑같다. 도도하고 깎아놓은 듯한 얼굴과 머리 모양, 우아한 목과 건강한 몸, 그리고 튼튼한 다리를 갖고 있다. 꼬리는 흔히 길이를 반쯤 자르지만 의무적인 것은 아니다.

가장 큰 스탠더드 푸들은 키가 38cm 이상, 미니어처 푸들은 28~38cm, 그리고 토이 푸들은 28cm 이하이다. 대다수의 스탠더드 푸들은 공식적으로 명시된 가장 작은 키보다 훨씬 크다.

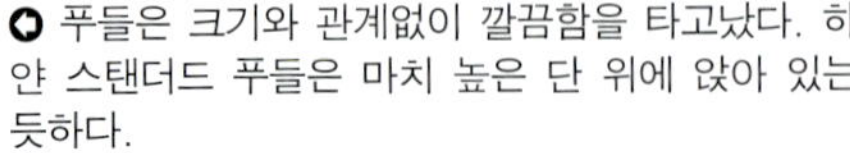

◑ 푸들은 크기와 관계없이 깔끔함을 타고났다. 하얀 스탠더드 푸들은 마치 높은 단 위에 앉아 있는 듯하다.

스탠더드 푸들은 어느 견종보다 말괄량이 기질이 많아서 들판이나 공원을 이리저리 뛰어다닌다. 하지만 잘 훈련된 푸들은 주인이 부르면 금방 달려온다. 미니어처 푸들과 토이 푸들 역시 스탠더드 푸들처럼 명랑하고 외향적인 성격이지만 도시 생활에 더 잘 적응한다. 이 두 종류는 쉽게 들어올려서 안을 수 있다.

◑ 독일이 원산지인 오랜 역사의 스탠더드 푸들은 원래 물 속에서 새 사냥감을 회수해오는 개였다.

◑ 도그쇼에서 가장 흔히 볼 수 있는 털 손질 방법이다. 털을 이렇게 다듬어주면 개의 가슴과 신장, 그리고 다리 관절을 두루 보호할 수 있다.

dog's data	
크기	3가지 크기
	스탠더드 : 38cm 이상
	30 ~ 34kg
	미니어처: 28 ~ 38cm / 6kg
	토이 : 28cm 이하 / 4.5kg
털 손질	정기적인 손질이 필요하다
운동	적당량
식사량	간단하다
성격	생기발랄하다

◐ 이렇게 무성한 털로 뒤덮여 있지만, 키는 38cm가 안 된다.

◐ 도그쇼에 출전하기 위해 털을 다듬고 손질한 미니어처 푸들. 정기적인 손질이 필수적이지만, 가정에서 키우는 개는 이 정도로 털을 다듬어줄 필요가 없다.

◐ ◐ 토이 푸들은 살구색 털이 많지 않지만, 잘 손질해주면 아주 매력적이다. 나이가 들수록 털 색깔이 점점 더 옅어지는 경향이 있지만, 이 살구색은 언제나 탐스러운 색깔을 유지한다.

◐ 토이 푸들도 스탠더드 푸들과 마찬가지로 예전에는 물 속에서 사냥감을 회수해오고, 집을 지키며, 양이나 가축을 모는 역할을 했다. 사진의 초콜릿색, 검정 그리고 살구색의 토이 푸들은 털이 아주 말끔하게 손질된 상태다.

털 색깔은 하양, 크림색, 살구색, 푸른색, 은색, 초콜릿색, 검정 등 다양하다. 털 손질은 미용전문가에게 맡겨야 한다. 거친 털을 손질하지 않고 내버려두면 길게 자라나기 때문에 반드시 정기적으로 관리해야 한다. 털 깎는 방법은 간단하게 '새끼 양 모양'에서 이른바 '사자 모양'까지 다양하다. 비록 주인이 직접 털 손질 방법을 배우겠다고 해도 전문가의 시범을 꼭 봐야 한다.

한때 토이 푸들은 식성이 지나치게 까다롭다는 비난을 받았다. 하지만 잘 길들여진 개는 스탠더드 또는 미니어처 푸들처럼 가리지 않고 잘 먹어 튼튼하다. 푸들은 크기에 상관없이 친구하기에 최상의 개다.

Schipperke
스키퍼키

스키퍼키는 벨기에에서 많은 사랑을 받는 개다. 키는 약 36cm이고, 스피츠와 비슷한 외모를 지녔다. 양쪽 귀가 쫑긋 서 있고, 목은 그다지 길지 않으며, 몸매가 작고 단단한 인상을 준다. 보통 꼬리를 짧게 자르는데, 그대로 두면 진짜 스피츠처럼 등 위까지 말려 올라간다.

촘촘하고 거친 털은 색깔이 까맣고, 드물지만 크림색이나 빛나는 황갈색 털도 있다. 털 손질은 아주 간단해서 브러싱한 뒤 수건으로 닦아주면 윤기가 난다. 활발하게 움직이고, 아무리 먼 거리를 달려도 즐거워한다. 느긋한 성격이며, 주는 대로 가리지 않고 잘 먹는다. 청각이 예민하고 날카롭게 짖기 때문에 경비견으로 안성맞춤이다.

● '벨기에 짐배 경비견(Belgian Barge Dog)'으로도 알려져 있는 스키퍼키는 한결같이 깔끔하고 날카로운 모습이다.

● 이렇게 서서 명령대로 경비를 설 때도 날카로운 모습이다.

dog's data

크기	소형 22 ~ 36cm / 5.5 ~ 7.5kg
털 손질	쉽다
운동	적당량
식사량	중간 정도
성격	영리하고 붙임성 있다

Schnauzer
슈나우저

슈나우저(스탠더드 슈나우저)[워킹 그룹]는 슈나우저 종류 중에서 중간 크기다. 키는 최대 48cm이며, 멋진 외모에 체격이 탄탄하다. 겉모습이 실제 성격보다 사나워 보인다. 바쁘게 생활하는 가족들과 함께 있는 모습이 슈나우저에게 가장 잘 어울린다. 사람이 찾아오면 누구든 가리지 않고 큰 소리로 날카롭게 짖어서 이를 알린다.

이 개 역시 미니어처 슈나우저처럼 털이 짧고 거칠며, 똑같은 색깔이 있다. 진흙길을 걷고 난 뒤에도 털 손질이 전혀 어렵지 않다. 운동을 무척 좋아하므로 아무리 강도 높은 운동을 해도 마다하지 않는다. 특히 어린이들과 함께 노는 것을 더 좋아한다. 음식량을 적절하게 조절하면 살이 찌지 않는다.

● 앞으로 뻗은 눈썹과 구레나룻은 슈나우저의 특징이다.

● 중간 크기의 슈나우저는 인기가 갈수록 높아지고 있다. 활달하고 믿음직스러운 벗으로 가정에서 기르기에 적합하다.

dog's data

크기	중형 수컷 : 48.5cm / 18kg 암컷 : 45.5cm / 16kg
털 손질	간편하다
운동	적당량
식사량	중간 정도
성격	민첩하고 믿음직스럽다

Shar Pei
샤 페이

'차이니즈 샤 페이(Chinese Shar Pei)' 라고도 불리는 샤 페이는 매우 눈에 띄 는 외모를 가진 개성 강한 개다. 주름진 피부와 찡그린 얼굴 표정 때문에 유명해 졌다.

　　머리 모양이 뒤통수에서 콧구멍으 로 내려오면서 약간 좁아지는 직사각형 이고, 입술과 주둥이에는 살이 많다. 샤 페이는 유전적으로 눈꺼풀이 안으로 말 려 들어가서 속눈썹이 안구를 찌르는 안 검내반증을 타고나는데, 이는 질병을 일 으킬 수 있다. 또한 태어날 때부터 피부 에 주름이 많은데 이 주름진 피부가 성 견이 된 후에도 그대로 남아서 주름 사 이에 피부병이 생기기도 한다. 아주 초 기에 수출된 샤 페이는 이 개 고유의 완 벽한 기질을 갖춘 견종이 아니었다.

이 개를 좋아하는 사람들은 샤 페이 의 독특한 외모를 높이 평가하지만, 이 개가 못생겼다고 생각하는 사람들은 곁 에 두려고 하지 않는다. 키가 최대 51cm 이고, 건장한 몸을 아주 튼튼한 다리가 지탱하고 있다.

　　어느 나라에서든 사육하는 견종 수 가 적으면 문제가 늘어나기 마련이다. 샤 페이는 지난 10~15년 동안 꾸준히 품 종개량이 이루어져 왔지만, 이런 희귀종 을 키우겠다고 결정하기 전에 시간적인 여유를 갖고 이 개의 여러 가지 특성을 주의 깊게 살펴봐야 한다. 오랫동안 이 개를 관리하고 개량해 온 믿을 만한 브 리더와 자세히 의논하는 것이 현명하다.

⊕ 샤 페이 강아지는 모든 피부가 심하게 늘어져 있 고 주름이 많은 데 비해, 나이 든 개는 머리와 목, 그리고 어깨뼈 사이의 피부에 한정되어 늘어지는 경향이 있다.

⊕ 원산지인 중국에서는 샤 페이 사육 금지령이 내 려져서 거의 멸종되다시피 했다. 샤 페이를 존속시 킨 사람들은 홍콩의 브리더들이다.

⊕ 샤 페이는 머리가 크고 주둥이에 살이 많다.

---

dog's data

크기	중형
	46 ~ 51cm / 16 ~ 20kg
털 손질	일반적인 손질
운동	적당량
식사량	중간 정도
성격	독립적이지만 붙임성 있다

Shih Tzu
시추

시추[토이 그룹]는 중국에서 유래했다. 눈을 동그랗게 뜬 표정과, 자기 주변에 대한 대범한 태도를 높이 평가하는 사람들이 많다. 키가 겨우 26.5cm이고 체구도 작지만, 스스로 이 세상의 무엇보다 자기가 정신적으로 우월하다고 확신하는 듯한 인상을 풍긴다.

◆ 시추는 튼튼하고 쾌활하며 외향적이다. 가족들과 아주 즐겁게 어울린다.

◆ 황금빛 머리는 자신의 우월함을 확신하는 이 개의 특징이다.

촘촘하고 긴 털은 열심히 손질하면 보람을 느낄 만큼 멋있게 변하지만, 손질을 소홀히 하면 눈에 띄게 텁수룩해진다. 시추의 털 색깔은 화려하고 다양하다. 앞이마의 털은 눈이 부실 만큼 하얗고, 높이 세워진 꼬리는 등 뒤에서 깃발처럼 나부낀다. 가정의 일원으로 잘 지내지만, 고집을 부려 마구잡이로 떼쓰지는 않는다. 한겨울에 시추가 문득 바깥 나들이를 하고 싶다는 충동에 사로잡힌다면, 깨끗이 손질하는 데 무척 고생할 것이다.

dog's data

크기	소형 / 4.5 ~ 7.5kg
	수컷 : 26.5cm
	암컷 : 23cm
털 손질	정기적인 손질이 필요하다
운동	적당량
식사량	적당하게 먹는다
성격	붙임성 있고 자립적이다

◆ 이 아름다운 모습은 도그쇼 기준에 맞게 시추의 털 손질 방법을 완벽하게 보여준다.

◆ 콧잔등의 털이 위쪽으로 자라나서 마치 국화꽃이 활짝 핀 것 같다.

Tibetan Spaniel
티베탄 스패니얼

티베탄 스패니얼[논 스포팅 그룹]은 체형이 말쑥하고 깔끔한 개로, 키가 25.5cm 밖에 안 된다. 털은 길고 비단결처럼 윤기가 흐르는데, 처음의 기대대로 보기 좋은 상태를 유지하는 데 많은 손질이 필요하지 않다.

털 색깔이 아주 다양한데, 황금빛이 도는 붉은색이 가장 흔하며, 황갈색과 하양이 섞인 경우도 많다. 앞다리가 약간 휘었지만 이 때문에 몸이 안 좋다고 볼 수는 없다.

붙임성이 있어서 가족들과 잘 지내고 성격이 태평스럽다. 정원의 바위나 돌 위를 신나게 오르내리고, 가족들과 정원을 뛰어다니길 좋아한다. 음식을 달라고 조르는 일이 없기 때문에 사랑받는 애완견이 된다.

○ 조용하고 까다롭게 굴지 않는 개로 항상 털 손질을 해야 할 만큼 부담스럽지 않다.

○ 원래 티베탄 스패니얼은 티베트 사원을 지키는 경비견이면서, 수도자들의 반려동물이었다.

dog's data

크기	소형
	25.5cm / 4 ~ 7kg
털 손질	일반적인 손질
운동	적당량
식사량	적당하게 먹는다
성격	충성스럽고 독립적이다

Tibetan Terrier
티베탄 테리어

티베탄 테리어[논 스포팅 그룹]는 털이 매우 많고, 어깨가 벌어진 체구가 다부진 개다. 키는 최대 40cm이고, 털은 가늘지만 열심히 브러싱하면 비단처럼 윤택이 흐른다. 털 색깔은 황금색을 비롯하여 하양에서 검정까지 다양하다.

이 개는 사람을 잘 따르고 운동을 많이 하는 것을 좋아하며, 굉장히 민첩하고 에너지가 넘친다. 잘 먹지만 양이 많지는 않다. 집과 가족들을 지키는 경비견 역할도 훌륭하게 해낸다.

○ 테리어 종류는 이렇게 윤기 있는 털을 갖고 있지 않다. 사실 티베탄 테리어는 경비견 쪽에 더 가깝다.

○ 털은 정기적으로 손질해주어야 한다. 성격이 좋은 이 개는 너무 활달해서 기르는 데 조금 힘들 수도 있다.

dog's data

크기	중소형
	35.5 ~ 40cm / 8 ~ 14kg
털 손질	꼼꼼하게 자주 한다
운동	많이 해야 한다
식사량	중간 정도
성격	외향적이고 영리하다

워킹 그룹
The Working Group

워킹 그룹은 견종의 종류가 가장 많고, 견종마다 개체수 또한 가장 많다. 이 때문에 미국 등 몇몇 국가에서는 이 그룹을 워킹 그룹과 허딩(Herding)그룹으로 나누고 있다. 이 책에서는 다르게 분류되는 견종의 경우 괄호 안에 그 분류를 표기하였다.

워킹 그룹을 세분하지 않고 허딩과 워킹 그룹을 같은 그룹에 포함시킬 때의 워킹독은 경비, 구조, 운반을 담당하는 견종을 말한다. 워킹 그룹에 속하는 견종의 크기는 대형견인 그레이트 데인과 마스티프, 중형견인 저먼 셰퍼드 도그, 이보다 작은 셰틀랜드 십도그, 그리고 아주 작은 랭카셔 힐러까지 다양하다.

이들 견종은 행동 특성이나 성격을 가장 예측하기 쉬운 개들로, 오랜 세월 뚜렷한 목적을 위해 사육되었다. 대체로 훈련을 잘 따르고 활력이 넘치기 때문에 워킹독으로 선택되었고, 사람들에게 인기가 많다. 하지만 성격이 활발하고 건강하며 잘 길들여진 개라 하더라도, 제멋대로 행동하도록 방치하면 통제하기 어려워지거나 말썽을 부리기 쉽다. 대체로 이 그룹에 속하는 견종이라면 잠자는 시간을 제외한 다른 시간에는 무언가 열중할 수 있는 일이 꼭 필요하다.

● 불마스티프

Alaskan Malamute
알래스칸 맬러뮤트

알래스칸 맬러뮤트는 대형견이다. 키가 최대 71cm로 몇몇 초대형 개만큼 크지 않지만, 기온이 영하로 내려간 눈 덮인 광활한 지역에서 무거운 썰매를 끌도록 길러진 만큼 몸집이 상당히 크다. 몸무게는 56kg은 충분히 나간다. 성격은 사람에게는 보통 붙임성 있게 행동하지만, 다른 개들에게는 적대감을 드러낸다. 경

🔵 썰매개 중에서 가장 몸집이 큰 알래스칸 맬러뮤트는 눈에 띄게 경계하는 태도가 특징이다.

dog's data

크기	초대형 / 38 ~ 56kg
	수컷 : 64 ~ 71cm
	암컷 : 58 ~ 66cm
털 손질	일반적인 손질
운동	많이 해야 한다
식사량	많이 먹는다
성격	순종적이다

쟁자를 향해 요란하게 짖을 때는 무섭게 느껴진다. 이런 행동을 통제하려면 힘은 물론 숙달된 경험이 필요하다.

알래스칸 맬러뮤트는 체격이 당당하고 잘생겼다. 비교적 짧고 거칠며 촘촘하게 난 털은 흐린 회색에서 짙은 검정 또는 황금색에서 붉은색, 다갈색까지 다양하며, 아랫배와 얼굴, 다리와 발가락 부분이 하얗다.

이 개는 알래스카와 캐나다의 북극 지방에서 썰매를 끌 일꾼으로 쓰기 위해

오랫동안 사육해왔는데, 리드줄을 잡아당기는 강력한 힘으로 썰매를 끈다. 집에서 기를 때는 강아지 때부터 일찍 훈련시켜야 제대로 다룰 수 있고 통제가 가능하다. 따라서 훈련이 필수다.

먹는 것을 좋아하기 때문에 덩치 큰 개를 다룰 수 있는 사람이 운동을 아주 많이 시켜야 한다. 따라서 도전을 즐기는 사람이라면 기쁨과 보람을 느낄 수 있다.

🔵 알래스칸 맬러뮤트는 힘이 세고 기품이 있다. 이뉴잇 부족 맬러뮤트에서 이름을 따온 이 개는 알래스카가 미국에 편입되기 오래 전부터 짐수레나 썰매를 끄는 데 이용되었다.

🔵 알래스칸 맬러뮤트는 아주 잘생긴 외모에 믿음직스런 표정을 짓는다. 하지만 다루기 쉬운 개는 아니다.

Anatolian Shepherd Dog
아나톨리안 셰퍼드 도그

아나톨리안 셰퍼드 도그는 터키가 원산지다. 이 개를 잘 아는 사람들에게는 '카라바시(Karabash)' 라는 터키명으로 알려져 있는데, 이는 털 색깔이 크림색에서 엷은 황갈색을 띠고, 귀와 입이 검은 이 개의 특이한 털색에서 비롯되었다.

유럽과 아시아의 많은 나라에서는 양 떼를 모는 개로 두 종류의 개를 이용한다. 하나는 양 떼를 한데 모으는 역할을 하고, 다른 하나는 양 떼를 지키는 역할을 한다. 이 개는 늑대는 물론 가축을 훔쳐가는 사람들로부터 양 떼를 지키고 보호한다. 아나톨리안 셰퍼드는 키가 최대 81cm여서 무서운 느낌마저 들지만 큰 키만큼 체중도 많이 나가기 때문에 아주 많이 먹는다.

털은 짧고 촘촘하다. 그러나 깔끔하게 손질하는 것은 어렵지 않다. 운동을 좋아하지만, 양치기들과 함께 목초지를 옮겨 다니며 한가롭게 거닐었던 자신의 조상들처럼 이 개 역시 바쁘게 서두르지 않는다.

아나톨리안 셰퍼드를 기르려면 이 개를 이해해야 한다. 가정에서 기르는 훌륭한 애완견이 될 수 있지만, 이 개를 경비견으로 길러야 한다는 사실에 가족 모두가 합의해야 한다. 몇 세대 동안 좀더 편하게 생활했다고 해서, 원래 마스티프 타입을 선택교배한 이 개의 기질이 금세 바뀌지는 않기 때문이다.

○ 역사가 아주 오래된 아나톨리안 셰퍼드는 원산지인 터키에서 국가적인 상징으로 여겨진다.

○ 아나톨리안 셰퍼드 가족. 모두 입 주위와 귀가 검은데 이 때문에 카라바시라는 유명한 이름이 붙었다.

dog's data

크기	초대형
	수컷 : 74 ~ 81cm
	50 ~ 64kg
	암컷 : 71 ~ 79cm
	41 ~ 59kg
털 손질	쉽다
운동	많이 해야 한다
식사량	많이 먹는다
성격	대담하고 독립적이다

Australian Cattle Dog
오스트레일리안 캐틀 도그

○ ○ 오스트레일리안 캐틀 도그는 키가 별로 크지 않지만 몸집이 굵다. 턱이 강하고 이빨도 매우 크다.

오스트레일리안 캐틀 도그[허딩 그룹]는 비교적 최근에 영국과 북미에 수입되었다. 이 개는 진정한 워킹독으로, 원산지인 오스트레일리아에서는 '퀸즐랜드 힐러(Queensland Heeler)'라고도 불린다.

이 개는 뒤꿈치(heel)를 살짝 물어서 소 떼를 한곳으로 몰아간다. 뒤꿈치를 물린 소들이 바로 복수하려고 달려들 수 있으므로 위험이 따르는 일이다. 소몰이 솜씨가 좋은 개들은 발끈한 소 떼의 사정없는 발길질을 피하면서 살아남는 요령을 스스로 터득하면서 견종이 개량되어 왔다. 가정에서 키울 때도 똑같아서 기회가 있을 때마다 마음껏 운동한다. 이 개는 주인 명령에 잘 따르고 충직하다. 튼튼한 견종으로 키는 최대 51cm이고, 비교적 작은 몸은 탄탄한 근육으로 이루어져 있다. 짧고 촘촘한 털은 공식적인 색깔이 푸른색 또는 붉은색 반점이라고 명시하지만, 두 종류 모두 적절한 것으로 평가받는다. 키우기 쉽고 털 손질 역시 쉽다.

dog's data

크기	중소형 / 16 ~ 20kg
	수컷 : 46 ~ 51cm
	암컷 : 43 ~ 48cm
털 손질	쉽다
운동	적당량
식사량	중간 정도
성격	민첩하고 믿음직스럽다

Australian Shepherd Dog
오스트레일리안 셰퍼드 도그

○ ○ 다목적으로 이용했던 오스트레일리안 셰퍼드 도그는 가축 무리를 몰고 보호하는 일을 잘 해낸다. 복종성 테스트나 어질리티 경기에서도 좋은 성적을 거둔다.

오스트레일리안 셰퍼드 도그[허딩 그룹]는 미국이 원산지다. 오스트레일리아에서는 이 견종에 대해 아무런 권리를 주장하지 않는데, 어떻게 이와 같은 공식 명칭을 갖게 되었는지는 명확하게 알려지지 않았다. 하지만 반드시 알아두어야 할 것은 이 개가 매력이 많은 명백한 워킹독이라는 사실이다.

키는 최대 58cm이고, 중간 길이의 털은 손질하기 어렵지 않다. 털 색깔은 다양하다. 검은 반점이 있는 청회색(blue merle),에서 붉은 반점이 있는 청회색(red merle), 검정 또는 붉은색이 있는데, 모두 머리와 다리 아래쪽이 황갈색을 띤다.

근육이 잘 발달되었고, 농장의 가축들을 가장 잘 다룰 수 있는 일꾼이다. 낯익은 사람은 물론 낯선 사람도 사납게 짖지 않고 반갑게 맞이한다. 건강을 유지하려면 운동이 필수지만, 밖으로 나가자고 성가시게 보채지 않는다.

dog's data

크기	중대형
	46 ~ 58cm / 16 ~ 32kg
털 손질	일반적인 손질
운동	많이 해야 한다
식사량	중간 정도
성격	차분하다

Bearded Collie
비어디드 콜리

순수한 스코틀랜드 혈통에서 유래한 비어디드 콜리는 조상들이 가지고 있던 일하는 개의 기본적인 본능을 그대로 간직하고 있다.

비어디드 콜리[허딩 그룹]는 정말 매혹적인 눈을 갖고 있다. 이 개가 가만히 서서 부드러운 눈길로 쳐다보기만 해도 무쇠 같은 마음이 녹아내릴 정도다. 그래서 지난 30년 동안 비어디드 콜리의 인기가 엄청나게 치솟았다. 키는 최대 56cm이고, 걸을 때 다리와 발을 마치 운동선수처럼 우아하게 움직인다. 몸의 다른 부분과 마찬가지로 다리와 발이 거칠고 텁수룩한 털로 덮여 있는데, 이 무성한 털 아래에는 부드러운 속털이 촘촘하게 나 있다.

예리하게 관찰하는 듯한 눈은 이 개의 가장 매력적인 특징 중 하나다.

이런 털을 손질하려면 정성이 많이 든다. 이 개는 시골에서 지내는 것을 좋아하는데, 땅을 파헤치고 놀면 털이 지저분해지므로 손질이 더욱 힘들어진다.

털 색깔은 진하거나 연한 회색, 검정, 푸른색, 모래색 등 다양한데, 머리와 가슴, 그리고 다리의 아랫부분은 항상 하얗다. 독특한 수염(beard)이 얼굴을 둥글게 감싸는데, 여기에서 비어디드 콜리라는 이름이 비롯된 것이다.

비어디드 콜리는 외모에서 풍기는 인상처럼 활발하고 재미있는 것을 아주 좋아하는 장난꾸러기로, 원래는 농장의 일꾼으로 일했지만 오늘날은 최상의 반려동물이자 가족들의 친구로 그 역할이 바뀌었다.

dog's data

크기	중형 / 18 ~ 27kg
	수컷 : 53 ~ 56cm
	암컷 : 51 ~ 53cm
털 손질	정기적인 손질이 필요하다
운동	많이 해야 한다
식사량	중간 정도
성격	활기차고 밝다

엎드려서 기다릴 때는 아주 조용하지만, 일단 명령이 떨어지면 번개처럼 재빠르게 움직인다.

Belgian Shepherd Dog
벨지안 셰퍼드 도그

벨지안 셰퍼드 도그[허딩 그룹]는 키가 최대 66cm로 큰 편이지만, 근육은 많지 않다. 눈치가 빠르고 동작이 빠르며, 머리형과 목선이 우아한 품위 있는 개다.

수십 년 동안 양이나 소 떼를 몰고 지키는 목양견과 경비견으로 일해왔기 때문에, 누구에게나 바로 붙임성 있게 행동하지는 않는다.

털 모양은 3가지, 털 색깔은 4가지 종류가 있는데, 이런 형태는 벨기에 곳곳의 변종에서 유래했다. 길고 직모인 경우는 바깥털이 검은 그뢰넨달(벨지안 십도그), 붉은색·엷은 황갈색·회색에 검정이 깔린 테뷰런(벨지안 테뷰런) 등

두 종류가 있다. 한편, 털이 짧은 경우는 테뷰런과 색깔이 같은 말리노이즈(벨지안 말리노이즈), 털이 거칠고 뻣뻣하며 붉은기가 도는 황갈색 라케노이즈가 있다.

활동적인 워킹독이므로 충분한 운동과 훈련이 필요하다. 이 영리한 개가 몰두할 수 있는 일이 없으면 나쁜 습관이 들기 쉽다. 이 다재다능한 개는 함께할 시간과 의지가 있는 사람에게 어울린다.

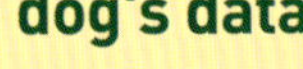

dog's data

크기	중대형 56 ~ 66cm / 27.5 ~ 28.5kg
털 손질	일반적인 손질
운동	많이 해야 한다
식사량	중간 정도
성격	내성적이고 신중하다

❂ 털이 뻣뻣한 라케노이즈는 다른 벨지안 셰퍼드 도그 변종들과 외모가 매우 다르다.

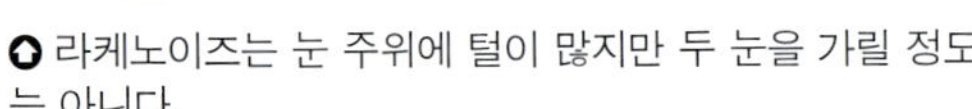

❂ 라케노이즈는 눈 주위에 털이 많지만 두 눈을 가릴 정도는 아니다.

❂ 그뢰넨달의 털은 길고 까맣다. 주둥이 주위가 서리가 내린 듯 하얗거나 회색 털이 난 종류도 있다.

❂ 벨기에에서는 이 개들을 서로 다른 견종으로 분류한다. 한편 미국에서는 그뢰넨달을 벨지안 십도그로 부르고, 라케노이즈는 아직 공식적으로 승인하지 않았다.

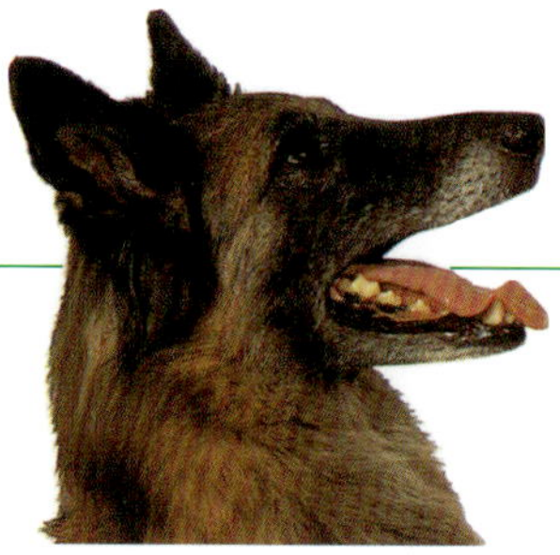

◐ 많은 애견가들이 벨지안 셰퍼드 도그 중 가장 화려하고 매력적인 개로 테뷰런을 든다.

◐ 테뷰런의 얼굴과 귀에는 까만 털이 나 있다.

◐ 벨지안 셰퍼드 도그 중에서 유일하게 짧은 털을 가진 말리노이즈.

◐ 털 모양과 색깔은 서로 다르지만, 4가지 벨지안 셰퍼드 도그의 기본 생김새는 같다.

Bergamasco
베르가마스코

베르가마스코는 이탈리아에서 가장 최근에 수출한 견종 중 하나다. 다른 많은 워킹독처럼 이 개 역시 산에서 가축 무리를 모는 개로 오랫동안 일해왔다. 따라서 이 개는 보호본능이 아주 강하다. 최근에 소개되었으므로 가정 애완견으로 잘 적응하는지는 아직 단정하기 어렵다.

키는 최대 62cm, 몸무게는 38kg까지 나간다. 체격이 탄탄하고 힘이 세며 운동을 좋아하지만, 빠른 속도로 달리는 운동은 필요하지 않다. 몸집에 맞게 먹는다.

이 개의 가장 두드러지는 특징은 털이다. 색깔은 순수한 회색 또는 짙거나 옅은 회색에 하얀색이 약간 섞인 검정이다. 또한 밝은 황갈색인 경우도 있다. 털 자체는 풍성하고 거칠다.

◐ 만지면 기름기가 있는 털은 뒤엉킨 듯 보이지만, 몸을 따뜻하고 마른 상태로 유지해준다. 이 털은 느슨하게 엉키는 경향이 있다.

dog's data

크기	대형 56 ~ 62cm / 26 ~ 38kg
털 손질	정기적인 손질이 필요하다
운동	많이 해야 한다
식사량	적당하게 먹는다
성격	신중하고 영리하다

◐ 이 개를 기를 때는 털 손질이 문제다.

Bernese Mountain Dog
버니즈 마운틴 도그

버니즈 마운틴 도그는 잘생긴 외모에 붙임성 있는 성격이다. 키가 최대 70cm 이며 체격이 탄탄하다. 성격이 느긋하고 먹는 것을 매우 좋아하기 때문에 비만이 되기 쉽다.

    털은 부드럽고 곱슬거리며, 열심히 브러싱하면 빛이 날 정도로 윤기가 흐른다. 털색은 검은 바탕에 적갈색 반점이 있는데, 머리와 가슴은 눈부실 정도로 새하얗다. 영리하고 길들이기 쉬우며, 성격이 쾌활하고 예의바르기 때문에 시골에서 키우기에 아주 적합하다. 그러나 도시에서 생활하는 사람들에게는 어울리지 않는 개다.

원래 짐수레를 끌던 개였기 때문에 가벼운 손수레를 끌게 하면 굉장히 좋아한다.

➕ 머리와 가슴의 빛나는 하얀 털은 이 잘생긴 스위스 개의 특징이다.

➕ 거대한 다리뼈와 튼튼한 어깨를 보면 왜 이 개가 짐수레를 끄는 개로 인기가 있는지 알 수 있다.

dog's data

크기	대형 / 40 ~ 44kg
	수컷 : 64 ~ 70cm
	암컷 : 58 ~ 66cm
털 손질	일반적인 손질
운동	적당량
식사량	적당하거나 많이 먹는다
성격	너그럽다

Border Collie
보더 콜리

보더 콜리[허딩 그룹]는 전형적인 농가의
개다. 깔끔하고, 민첩하며, 움직이면서
생각한다. 늘 머리를 쓰는 개이기 때문
에 주인이 적절한 훈련을 시키지 않고
내버려두면 말썽을 피울 수 있다.

이상적인 키는 약 53cm이지만,
웅크린 자세로 힘껏 내달리는 모습
을 보면 땅에 바짝 붙어 있는 것처럼 보
인다. 눈빛이 예리하고 총명하기 때문에
복종성 테스트에서 우승하고 싶은 사람
들에게 인기가 많다.

법으로 가축 무리가 활발하게 움직이게
만든다.

○ 아래로 처진 보더 콜리의 몸은 워킹독
으로서 최고의 민첩성을 발휘하기 위한 필
수 요소다.

dog's data

크기	중소형
	수컷 : 53cm / 23.5kg
	암컷 : 51cm / 19kg
털 손질	일반적인 손질
운동	많이 해야 한다
식사량	중간 정도
성격	매우 민첩하고
	길들이기 쉽다

○ 모든 사람들이 가장 훈련시키기 쉬운 개라는 데
동의하는 보더 콜리의 날카로운 표정.

○ 스코틀랜드 국경지방에서 유래한 워킹독인 보더
콜리는 늘 몰두할 수 있는 일이 필요하다. 그렇지
않으면 문제 행동을 일으킬 위험이 있다.

대부분 털은 적당히 길지만, 뭉친
털을 정기적으로 손질해주어야 비교적
손질하기 쉽다. 하얀색이 섞인 다양한
털 색깔이 있으며, 가장 흔한 바탕색
은 검정이다. 언제나 생각할 것
이 필요한 머리처럼 근육도 늘
운동이 필요하다. 이의를 제기
하는 사람이 적지 않겠지만, 어
른만 있는 가정에서는 이상적
인 애완견이 되지만, 아이들
이 있는 집에서는 그다지 알맞
지 않다. 솔직히 말해 이 개는 어리
석은 행동을 너그럽게 참지 못한
다. 자기 의도를 파악하지 못한다
고 생각하면 쏜살같이 달려들어
거리낌 없이 물어버릴 정도다. 양
떼나 소 떼를 몰 때도 똑같은 방

Bouvier Des Flandres
부비에 데 플랑드르

부비에 데 플랑드르[허딩 그룹]는 힘이 세고, 무뚝뚝해 보이는 외모이다. 원래는 소나 양 떼를 모는 일을 했지만, 지난 몇 년 동안 도시 생활에 놀랄 만큼 잘 적응했다. 이 개는 원산지인 벨기에뿐만 아니라 영국과 몇몇 다른 나라에서 경찰견으로 사랑을 받고 있다.

키는 최대 68cm이고, 큰 키에 어울릴 만큼 체중도 많이 나간다. 털은 볼 때나 만질 때나 모두 거칠다. 턱수염과 콧수염이 있기 때문에 외모가 사나워 보인다. 털 색깔은 엷은 황갈색, 브린들, 검정 등이다. 험악한 인상일지 모르지만, 사실 부비에 데 플랑드르는 믿음직스러운 성격이다. 강인한 개를 좋아하는 사람들에게 가정의 반려동물로 더 인기를 얻을 수 있는 개다.

<table>
<tr><td colspan="2">dog's data</td></tr>
<tr><td>크기</td><td>대형
수컷 : 62 ~ 68cm
　　　 35 ~ 40kg
암컷 : 59 ~ 65cm
　　　 27 ~ 35kg</td></tr>
<tr><td>털 손질</td><td>꼼꼼하게 자주 한다</td></tr>
<tr><td>운동</td><td>적당량</td></tr>
<tr><td>식사량</td><td>중간 정도</td></tr>
<tr><td>성격</td><td>차분하고 분별력이 있다</td></tr>
</table>

❂ 부비에 데 플랑드르는 건장하고 튼튼한 개다. 체형이 크고 외모가 무서워 보이기 때문에 경찰견으로 훈련시킬 만한 개로 권장되어 왔다.

❂ 인상은 험악하지만, 이 개는 먼저 자극만 하지 않으면 상냥하다.

❂ 부비에 데 플랑드르는 원산지인 벨기에에서 소를 몰거나 짐수레를 끄는 일을 하였다. 균형 잡힌 몸과 다리, 넘치는 힘을 가졌다.

❂ 귀가 작고 머리에 높이 달려 있다.

Boxer
복서

복서는 개들 세계에서도 개성이 두드러
진다. 수많은 복서 애호가들이 이 개가
외향적이라고 내린 평가는 정말 제대로
본 것이다. 복서는 영리하지만, 이 개에
게 주인이 가장 잘 알고 있다는 확신을
심어주어야 한다. 그렇지 않으면 개와
주인의 관계는 엉망이 되기 쉽다.

키는 최대 63cm이고, 유연한 다리
와 몸은 근육으로 뒤덮여 있다. 복서는
힘이 넘치는 개로, 가족을 지키는 일이
자신의 책임이라고 믿는다. 이렇게 결연
한 태도를 미처 깨닫지 못하면 큰 화를
당하기 쉽다.

복서의 털은 청결하게 관리하기 쉽
다. 털 색깔은 붉은 빛이 도는 황갈색,
연하거나 진한 브린들 등에 하얀 부분이
조금 섞여 있다. 어떤 복서는 태어날 때
부터 몸 전체가 하얀 털로 덮여 있는데,
이렇게 털이 하얀 복서 중에서 1%는 태
어날 때부터 귀가 들리지 않기 때문에
많은 브리더들이 안락사를 시킨다.

복서는 먹는 욕심이 지나치게 많지
는 않지만, 식욕을 절제시키지 않으면
비만이 된다. 이 개는 삶이란 빨리 달리
는 것이라고 생각할 만큼 운동을 좋아한
다. 물론 훈련을 시키면 지시에 잘 따르
도록 길들일 수 있지만, 이렇게 힘이 넘

○ 독일에서 유래한
복서의 조상견들은
들판에서 멧돼지와
사슴을 사냥하는 데
이용되었다. 오늘날
복서는 그 어떤 개보
다 독특한 외모를 갖
고 있다.

dog's data

크기	중형
	수컷 : 57 ~ 63cm
	30 ~ 32kg
	암컷 : 57 ~ 59cm
	25 ~ 27kg
털 손질	쉽다
운동	많이 해야 한다
식사량	중간 정도
성격	온순하고 두려움이 없다

치는 개를 묶어두려는 사람은 앞으로 어
떤 일이 벌어질지 반드시 생각해볼 필요
가 있다.

복서의 앞으로 튀어나온 호전적인
턱을 보면 프로 권투선수가 연상된다.
먼저 싸움을 걸지 않지만, 도전을 받으
면 절대로 물러서지 않는다.

○ 번뜩이는 두 눈은 어떤 것도 놓치지 않는다. 복
서는 가장 뛰어난 경비견 중 하나다.

○ 이렇게 느긋한 모습의 복서
는 보기 드물다. 하지만 필요하
면 번개같이 움직인다.

Briard
브리아르

프랑스가 원산지인 브리아르[허딩 그룹]는 프랑스 출신다운 매력으로 많은 사람들의 마음을 사로잡는다. 무뚝뚝해 보이는 외모이지만, 은근히 맵시 있는 개다. 키는 최대 68cm이고 체형이 크다. 그러나 길고 곱슬곱슬한 털에 덮여 있어서 몸집이 커 보이지만 체중은 무겁지 않다.

털 색깔은 검정, 흐린 회색, 또는 연하거나 진한 황갈색 등이다. 털은 정기적으로 손질해야 하는데, 특히 이 개는 도시와 시골을 가리지 않고 운동을 매우 좋아하기 때문에 집 안에 들어올 때 바깥의 지저분한 것들을 묻혀 오기 쉽다. 브리아르는 태어날 때부터 뒷발에 머느

브리아르는 넓은 공간을 차지하는 개로, 깔끔하게 돌보려면 많은 노력이 필요하다.

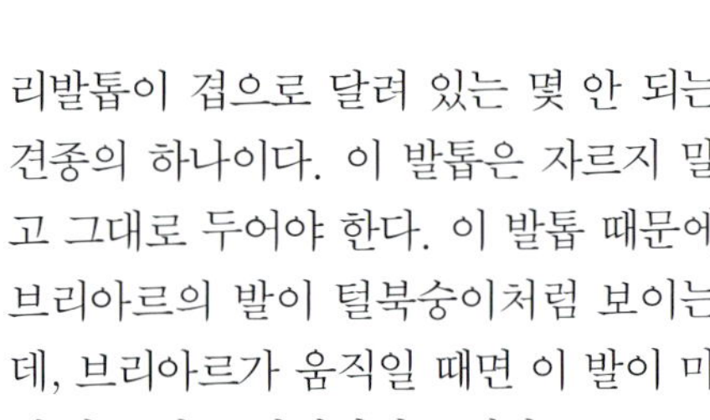

브리아르는 눈 주위에 털이 많이 났지만, 눈은 매우 예리하다.

dog's data

크기	대형
	수컷 : 62 ~ 68cm / 38.5kg
	암컷 : 56 ~ 64cm / 34kg
털 손질	정기적인 손질이 필요하다
운동	많이 해야 한다
식사량	많이 먹는다
성격	활달하고 영리하다

브리아르의 온순한 성격은 매우 인상적이다. 그러나 이 개는 경비견으로도 아주 유능하다.

리발톱이 겹으로 달려 있는 몇 안 되는 견종의 하나이다. 이 발톱은 자르지 말고 그대로 두어야 한다. 이 발톱 때문에 브리아르의 발이 털북숭이처럼 보이는데, 브리아르가 움직일 때면 이 발이 마치 마루 닦는 걸레처럼 보인다.

브리아르는 결단력과 인내심만 있으면 길들일 수 있다. 이때 개가 훈련시키는 주인을 100% 신뢰할 수 있어야 한다. 브리아르는 거칠게 논다. 아이들과 잘 어울려 놀지만, 아장아장 걷는 어린 아이들과는 어울리지 않게 하는 것이 좋다. 잘못하면 어린아이를 넘어뜨릴 수도 있기 때문이다. 물론 브리아르뿐만 아니라 다른 개도 이런 사고를 일으킬 수 있지만, 이 잘생긴 개가 원래는 유목민의 양 떼를 보호하던 경비견이었음을 잊지 않는 것이 현명하다.

Bullmastiff
불마스티프

불마스티프는 뛰어난 경비견으로 만들기 위해 영국의 마스티프와 불도그를 교배시켜 만든 개다. 그런데 몇몇 대형 경비견들이 유럽 본토에서 영국으로 수입되면서, 사냥터의 관리인을 도와 일했던 불마스티프의 원래 역할은 점차 잊혀졌다.

이 개의 키는 최대 69cm이고, 몸무게는 최대 59kg로, 덩치가 클 뿐만 아니라 힘도 세다. 어리석은 행동을 절대로 참지 못하는 개이기 때문에 함부로 다루거나 장난을 걸면 안 된다. 따라서 이 개의 타고난 장점인 충직한 성격을 알아주고, 이 개의 독립적인 성격을 감당할 수 있는 사람이라야 기를 수 있다.

털은 촘촘하게 나 있고 뻣뻣하다. 색깔은 브린들, 엷은 황갈색 또는 붉은색이다. 털을 청결하게 손질하려면 상당한 정성과 노력이 필요하다. 이 개는 온몸에 근육이 잘 발달되어 있다. 머리 형태가 지금보다 코가 길었던 19세기의 옛 불도그와 비슷하다. 그렇기 때문에 불마스티프는 머리가 짧은 몇몇 단두종에서 나타나는 호흡 곤란으로 고통당하지 않는다. 운동을 좋아하지만 지나칠 정도는 아니다.

● 원래 사냥터의 관리인을 도왔던 불마스티프는 큰 몸집에 비해 놀랄 만큼 빠른 속도로 달린다.

● 불마스티프의 턱은 힘이 매우 세다.

● 믿음직스러운 경비견답게 불마스티프는 민첩한 개로 이름이 높다.

● 힘이 매우 센 불마스티프는 때로는 고집이 세거나 지나치게 방어적인 성향을 보이기도 한다. 따라서 개를 처음 키우는 사람에게는 적합하지 않다.

dog's data

크기	대형 ~ 초대형
	수컷 : 63.5 ~ 69cm
	50 ~ 59kg
	암컷 : 61 ~ 66cm
	41 ~ 50kg
털 손질	쉽다
운동	적당량
식사량	많이 먹는다
성격	신중하고 믿음직스럽다

Rough Collie
러프 콜리

러프 콜리(콜리)[허딩 그룹]는 스코틀랜드가 원산지로, 기품 있고 영리하다. 키는 최대 61cm이고, 털은 크림색에서 황금색을 띠고 털 끝이 검은 골드 세이블(gold sable), 트라이컬러, 은청색 털에 검정이 섞인 블루 머를(blue merle)이 기본 색상으로, 모두 하얀 털이 어느 정도

○ 러프 콜리는 「명견 래시(Lassie Comes Home)」라는 영화에서 주인공 '래시(Lassie)'로 인기를 얻으면서 세상에 널리 알려진 견종이다.

○ 러프 콜리를 보면 왜 이 개가 가장 매력적인 표정으로 유명한지 잘 알 수 있다.

dog's data

크기	중대형
	56 ~ 61cm / 20.5 ~ 29.5kg
털 손질	정기적인 손질이 필요하다
운동	적당량
식사량	중간 정도
성격	붙임성 있다

섞여 있다. 이 개는 양몰이 개의 전통이 있지만, 이 일을 하지 않은 지 오래되었다. 그래서 요즘에는 예전처럼 쏜살같이 달리는 모습 대신 한가롭게 쉬고 있는 모습을 더 자주 볼 수 있다. 그렇지만 러프 콜리는 아주 훌륭한 애완견으로 사람들에게 많은 사랑을 받고 있다.

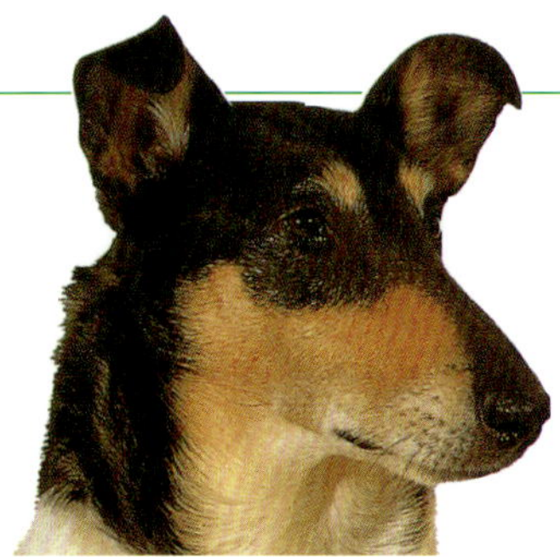

Smooth Collie
스무드 콜리

스무드 콜리(콜리)[허딩 그룹] 역시 러프 콜리처럼 스코틀랜드가 원산지로, 털이 짧다는 점을 제외하면 러프 콜리와 외모가 똑같다. 짧은 털이 몸에 밀착되어 있고, 색깔도 러프 콜리처럼 다양한데, 은청색 털에 검정이 섞

인 블루 머를이 스무드 콜리에 더 많다.

스무드 콜리는 러프 콜리보다 활동적이기 때문에 운동을 더 많이 해야 한다. 집에서 기르기에 아주 훌륭한 개지만, '래시'로 유명한 러프 콜리만큼 많은 인기를 얻지 못했다. 아마 짧은 털은 영화 주인공이 되기에는 덜 화려하기 때문인 것 같다.

○ 스무드 콜리는 비교적 귀가 큰데, 주위를 경계할 때면 이 귀를 반쯤 세운다.

○ 널리 알려진 러프 콜리보다 털이 짧은 스무드 콜리는 긴 털 속에 감추어진 러프 콜리의 몸매를 그대로 보여준다.

dog's data

크기	중대형
	러프 콜리와 같은 키와 체중
털 손질	간편하다
운동	적당량
식사량	중간 정도
성격	명랑하고 붙임성 있다

Dobermann
도베르만

○ 적절하게 통제하면 도베르만은 어느 개 못지않게 훌륭한 경비견이 될 수 있다.

도베르만(지금도 미국에서는 도베르만 핀셔로 알려져 있다)은 독일이 원산지로, 강인하고 움직임이 빠른 경비견이다. 이 개는 독일의 루이스 도베르만이 추적견과 경찰견으로 모두 이용할 수 있도록 선택교배한 건종이다. 말쑥하고 힘이 넘치는 몸매로, 키는 최대 69cm이다.

몸에 밀착되어 있는 짧은 털은 문질러서 닦아주면 눈부시게 빛난다. 가장 흔한 털 색깔은 검정이고, 주둥이와 앞가슴, 그리고 다리와 발은 황갈색이다. 하지만 검정 대신 붉은색이나 푸른색을 띠는 경우도 있고, 아주 드물지만 엷은 황갈색도 있다.

도베르만은 활력이 넘치는 개로, 한 때는 성질이 고약하다는 평이 있었다. 하지만 세심하고 분별 있는 선택교배와 훈련을 거치면서 이런 성질이 아주 많이 변하였다. 그래도, 여전히 이 개를 가정에서 키우거나 일터에서 활용할 때는 누가 주도권을 잡고 있는 우두머리인지 개가 분명히 깨닫도록 해야 한다. 집을 지키는 개로서는 다른 개에 뒤지지 않을만큼 제몫을 다하는 충직한 개로 평가받는다. 운동하는 것을 당연한 권리인듯 요구할 정도이고, 음식도 그에 맞게 많이 먹는다.

○ 이렇게 표정이 부드러운 것은 귀 끝을 잘라내지 않고 영국에서처럼 그대로 두었기 때문이다.

○ 우아하고 강인한 도베르만은 세계적으로 많은 인기를 얻고 있지만, 이 개를 두려워하는 사람들도 많다.

<table>
<tr><td colspan="2">dog's data</td></tr>
<tr><td>크기</td><td>대형
수컷 : 69cm / 37.5kg
암컷 : 65cm / 33kg</td></tr>
<tr><td>털 손질</td><td>간편하다</td></tr>
<tr><td>운동</td><td>많이 해야 한다</td></tr>
<tr><td>식사량</td><td>적당한 정도에서
많이 먹는 정도</td></tr>
<tr><td>성격</td><td>민첩하고 온순하다</td></tr>
</table>

Eskimo Dog
에스키모 도그

에스키모 도그(아메리칸 에스키모 도그)는 허스키 타입의 견종에 속한다. 알래스칸 맬러뮤트보다는 작지만, 시베리안 허스키보다는 건장한 체격이다. 이뉴잇 부족이 눈 위에서 무거운 썰매를 끄는 데 이용하기 위해 기르던 개로, 힘이 중요하지 성격은 별로 중요한 사항이 아니었다. 극지탐험을 다룬 책에 등장하는 전형적인 개가 바로 이 에스키모 도그로, 이 개는 극지에서 살아남기 위해 스스로 싸워야 했다.

키가 68cm이고, 몸무게가 최대 47kg이라는 사실만큼 이런 역사적인 사실도 알아두는 것이 중요하다. 이 개는 몸에 단 리드줄이나 하니스를 끌어당기겠다고 결심하면 바로 끌 만큼 힘이 세다. 털색은 개에게 흔한 색이지만 이 중털로 두툽게 몸을 덮고 있어서 손질하기 어렵다.

잘 먹고 식욕이 왕성하다. 이 개를 훈련시키려면 시간과 인내심이 필요하다.

◑ 에스키모 도그는 과거에 극지탐험에 동참했던 개들과 매우 비슷하게 행동한다. 다음 임무가 주어질 때까지 엎드린 상태로 몇 시간이라도 기다린다.

◑ 에스키모 도그는 방심하지 않는 눈빛과 사람을 경계하는 듯한 태도를 갖고 있다.

◑ 아무리 추워도 견딜 수 있는 털은 극지방에서 썰매를 끄는 힘겨운 일을 하도록 선택교배된 이 개의 필수 조건이다.

dog's data

크기	중대형
	수컷 : 58 ~ 68cm / 47kg
	암컷 : 51 ~ 61cm
	27 ~ 41kg
털 손질	정기적인 손질이 필요하다
운동	많이 해야 한다
식사량	많이 먹는다
성격	조심성 있고 민첩하다

Estrela Mountain Dog
에스트렐라 마운틴 도그

에스트렐라 마운틴 도그는 튼튼하고 덩치가 큰 마스티프 타입의 개로, 포르투갈의 산악지역이 원산지다.

이 개는 예의바르게 행동하고, 유쾌한 듯 휘청휘청 걷는다. 사람을 친구로 생각하고, 가족과 더불어 사는 것을 아주 좋아한다. 그리고 최대 72cm의 큰 키에 어울리게 운동도 좋아한다. 음식을 잘 먹지만, 음식 욕심이 많은 것은 아니다.

대부분 털이 매우 긴데, 색깔은 옅은 황갈색이나 브린들 또는 늑대와 같은 회색이다. 그러나 대체적으로 주둥이가 까맣고, 덩치 큰 성격 좋은 개로 보인다. 털 손질은 어렵지 않다. 가족들이 위험에 처하면 큰 소리로 짖어서 자신의 존재를 톡톡히 증명해 보인다. 다루기 힘들지 않고, 훈련시키는 대로 비교적 순순히 따른다.

◐ 에스트렐라 마운틴 도그의 외모는 대범하고 상냥한 성격을 그대로 드러낸다.

◐ 온화하고 상냥한 눈매를 보면 이 개의 성격을 잘 알 수 있다.

dog's data

크기	중대형
	30 ~ 50kg
	수컷 : 65 ~ 72cm
	암컷 : 62 ~ 68cm
털 손질	일반적인 손질
운동	적당량
식사량	중간 정도
성격	충직하지만 고집이 세다

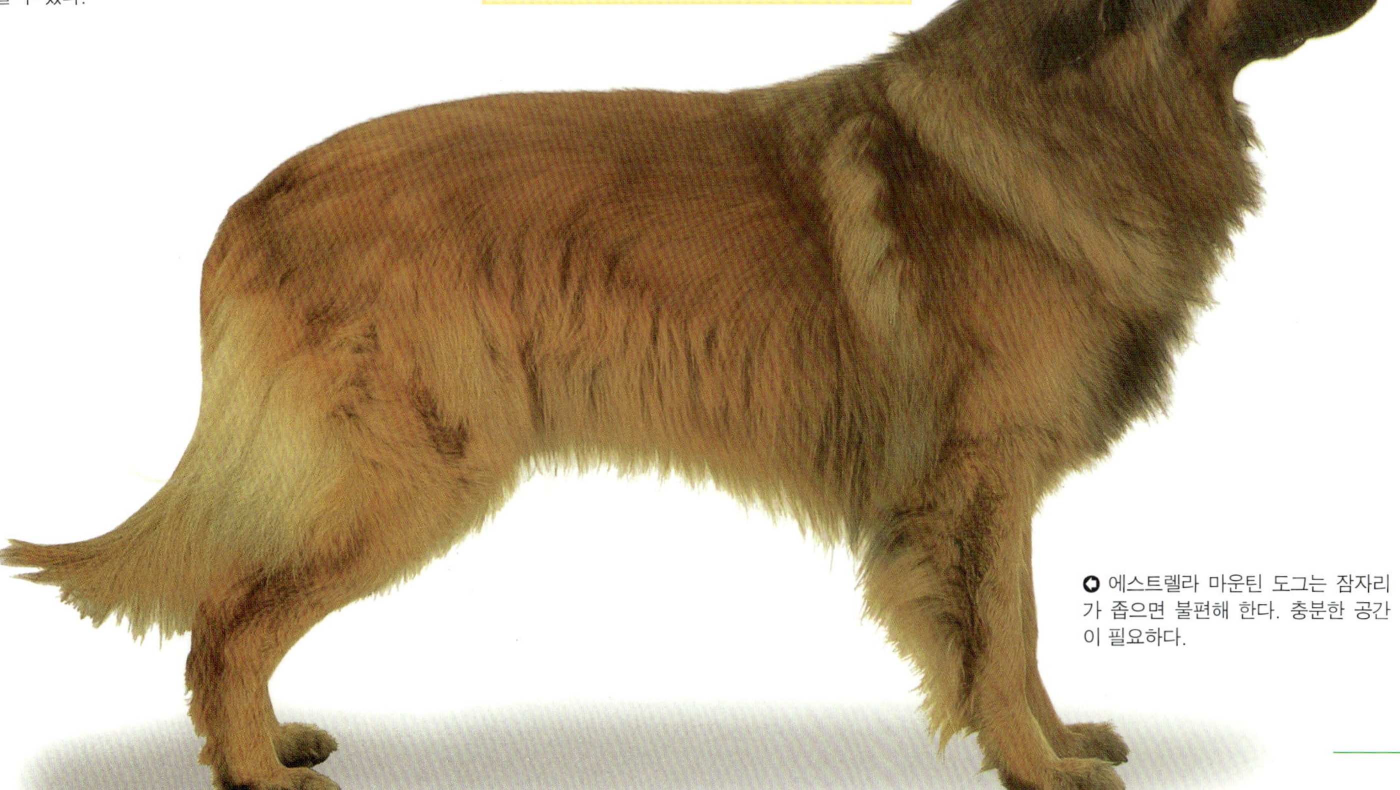

◐ 에스트렐라 마운틴 도그는 잠자리가 좁으면 불편해 한다. 충분한 공간이 필요하다.

Finnish Lapphund
피니시 랩훈트

피니시 랩훈트는 원래 순록 무리를 모는 데 이용했던 전형적인 스피츠 타입의 개다.

피니시 랩훈트는 북유럽에서 유래한 스피츠 타입의 견종이다. 평균 키는 47cm이고, 밝은 표정과 넓고 쫑긋 선 귀, 그리고 등 위로 감겨 올라간 꼬리를 가진 체격이 다부진 잘생긴 개다.

풍성하고 거친 겉털은 정기적인 손질이 필요하다. 털 색깔은 몸 전체에 다양하게 나타나는데, 머리와 가슴, 그리고 꼬리 끝은 바탕색과 다른 색을 띠므로 외모가 한층 인상적이고 매력적으로 보인다.

분별력이 있고 머리가 좋아서 어느 가정에서나 반려동물 또는 경비견으로 적당하다. 원산지인 핀란드 밖에서는 보기 힘들다.

dog's data

크기	중소형 46 ~ 52cm / 20 ~ 21kg
털 손질	정기적인 손질이 필요하다
운동	적당량
식사량	중간 정도
성격	차분하고 영리하다

날카롭고 강렬한 표정은 피니시 랩훈트의 성격을 그대로 보여준다.

피니시 랩훈트는 핀란드 이외의 다른 나라에서는 쉽게 볼 수 없지만, 식구 수가 적은 가정에 적합한 몸집을 갖고 있다.

German Shepherd Dog
저먼 셰퍼드 도그

○ 저먼 셰퍼드 도그의 눈은 총명해 보인다. 절대로 기회를 놓치지 않는다.

앨세이션(Alsatian)이라고도 불리는 저먼 셰퍼드 도그[허딩 그룹]는 가장 널리 알려진 개다. 이 개는 선택교배와 훈련을 통해 양 떼를 모는 목양견, 시각장애인을 돕는 안내견, 또 경찰견, 마약탐지견 등으로 명성을 얻어왔다. 세계 각국의 경찰서, 군대, 교도소, 마약단속반, 사설 경비업체 등에서 이 저먼 셰퍼드 도그를 이용하고 있다.

이렇게 여러 가지 목적에 이용되기 때문에, 저먼 셰퍼드 도그의 이상적인 형태에 대해서도 다양한 의견 차이가 있다. 전통적으로 자부심이 높고 강인한 이 개는 평균 키가 63cm이고, 몸길이가 키보다 약간 길다. 털 길이는 다양하다. 저먼 셰퍼드 도그에 열광하는 애견가 중에는 표준형으로 중간 길이만 인정해야 한다고 주장하는 사람이 있지만, 긴 털을 표준형으로 받아들이는 사람도 있다. 색깔은 검정, 블랙 앤드 탄, 황갈색에 털 끝에 검은 색이 겹친 세이블 등이 있다. 하얀 색과 크림색도 있지만, 열렬한 저먼 셰퍼드 도그 애호가들은 경악하며 문제 삼을지도 모른다. 따라서 개를 키우는 궁극적인 목적이 도그쇼에 출전시키는 데 있는 사람은 이를 알아야 할 것이다. 이와 같은 취향의 문제를 제외하면, 저먼 셰퍼드 도그는 영리하고, 훈련에 잘 따르며, 유쾌하고, 주인에게 충직한 가정에서 기르기에 가장 적합한 개가 될 것이다.

저먼 셰퍼드 도그는 운동이 필수인데, 때때로 고집스럽게 게으름을 피우므로 운동을 시키기 위해 자극이 필요한 경우도 있다. 한편으로는 이 개가 가진 모든 에너지를 유용한 일에 쓸 수 있도록 이끌어주어야 한다. 원래 저먼 셰퍼드 도그는 다른 많은 워킹 그룹의 개들과 마찬가지로 양몰이 개에서 비롯되었기 때문이다.

dog's data

크기	대형 수컷 : 60 ~ 66cm / 36.5kg 암컷 : 55 ~ 60cm / 29.5kg
털 손질	일반적인 손질
운동	많이 해야 한다
식사량	중간 정도
성격	끈기 있고 길들이기 매우 쉽다

○ 외모가 잘생기고, 만능재주꾼인 저먼 셰퍼드 도그는 걷는 것을 좋아한다.

Giant Schnauzer
자이언트 슈나우저

자이언트 슈나우저는 3종류의 슈나우저 중에서 가장 크다. 몸집이 큰 이 개는 작은 슈나우저들과 몸매가 아주 비슷해서, 윤곽이 뚜렷하고 탄탄한 체격을 갖고 있다. 키는 최대 70cm이다. 털 색깔도 다른 슈나우저들처럼 검정 또는 검정 · 푸른색 · 하양이 섞인 페퍼 앤드 솔트 등이 있다. 하지만 이 자이언트 슈나우저의 체격이 더 당당하다.

○ 자이언트 슈나우저는 윤곽이 뚜렷한 머리와 큰 눈썹이 특징이다.

예전에는 소 떼를 모는 데 이용되었고, 영국과 독일의 가정에서는 경비견으로 인기를 끌었다. 유럽에서는 경찰견으로도 활약했는데, 이는 충직한 성격으로 훈련시키기에 아주 적합하기 때문이다.

정기적으로 털을 다듬어주어야 하는 자이언트 슈나우저는 가족들과 생활하는 것을 좋아한다. 큰 몸집에 비해 많이 먹지 않는다. 콧수염과 턱수염이 텁수룩하게 나서 낯선 침입자에게 무서운 인상을 준다.

○ 자이언트 슈나우저는 유럽에서 경찰견으로 이용되고 있다. 먼저 자극하지 않으면 공격적으로 변하지 않는다.

○ 몇몇 나라에서는 이 개의 귀 끝을 잘라낸다.

dog's data

크기	대형
	수컷 : 65 ~ 70cm / 45.5kg
	암컷 : 60 ~ 65cm / 41kg
털 손질	일반적인 손질
운동	적당량
식사량	중간 정도
성격	대담하고 너그럽다

○ 자이언트 슈나우저는 자신의 영역을 지키는 데 민감하다. 방심한 상태에서 다루면 안 된다.

Great Dane
그레이트 데인

그레이트 데인은 개 중에서 가장 키가 크다. 가장 작은 개라도 76cm나 되고, 다 자란 수캐는 이보다 훨씬 더 크다. 털은 짧고 촘촘해서 비교적 깔끔하고 매끄럽게 손질하기 쉽다.

그레이트 데인의 공식적인 색깔은 5가지로, 열렬한 애호가들에 의해 잘 보호되고 있다. 각각 황갈색 바탕에 검은 줄무늬(브린들), 엷은 황갈색, 푸른색, 검정, 그리고 하얀 바탕에 마치 모서리가 찢어진 듯한 검정 또는 푸른색 반점들이 있는 할리퀸(harlequin) 등이 있다. 그 밖의 색깔은 변종이므로 "이렇게 특이한 색깔은 아주 희귀하니까 더 가치가 있다"는 말에 속아 웃돈까지 얹어서 사지 않도록 주의한다.

dog's data

크기	초대형
	수컷 : 최소 76cm / 54kg
	암컷 : 최소 71cm / 46kg
털 손질	간편하다
운동	적당량
식사량	많이 먹는다
성격	상냥하면서도 위엄 있다

그레이트 데인은 힘이 세고 가슴이 두툼하지만, 원산지인 독일('Dane'은 덴마크 사람이란 뜻이지만 이 개의 원산지는 덴마크가 아니다)에서는 들판에서 멧돼지를 추적하는 데 이용한 진정한 수렵견이다. 영리하기 때문에 훈련으로 말을 잘 듣도록 길들일 수 있다. 이 개는 운동뿐만 아니라 먹는 것 역시 좋아한다. 그리고 타오르는 장작불 앞에 앉아서 가족들과 단란하게 쉬는 즐거움도 안다. 그레이트 데인을 모든 개 중에서 으뜸이라고 생각하고 이 개의 왕성한 식욕을 감당할 수 있는 사람은 이 개를 키울 적임자다. 하지만 모든 거대 견종처럼 이 개 역시 안타깝게도 수명이 짧다.

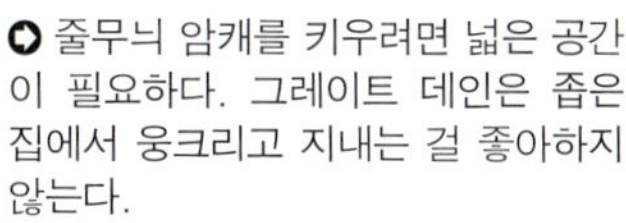

줄무늬 암캐를 키우려면 넓은 공간이 필요하다. 그레이트 데인은 좁은 집에서 웅크리고 지내는 걸 좋아하지 않는다.

큰 머리를 높이 쳐들고 있는 그레이트 데인의 모습이 강인해 보인다.

Hovawart
호바와트

호바와트는 바바리아(독일 바이에른주)의 블랙 포레스트(Black Forest) 지역이 원산지인 경비견이다. 털 길이는 중간 정도이고, 색깔은 검정과 황금색이 섞였거나 붉은 기가 도는 황금색이 있다. 드물지만 검정만으로 된 경우도 있다. 키는 70cm이고, 몸무게는 많이 나가지 않는다.

아직 바바리아 이외의 지역에서는 명성을 얻지 못했지만, 길들이기 쉽고 집에서도 잘 지낸다. 지나친 운동과 음식이 필요하지 않다. 후각이 발달되어서 냄새를 추적할 수 있기 때문에 여러 용도로 이용할 수 있는 개다.

dog's data

크기	중대형
	수컷 : 63 ~ 70cm
	30 ~ 40kg
	암컷 : 58 ~ 65cm
	25 ~ 35kg
털 손질	일반적인 손질
운동	적당량
식사량	중간 정도
성격	민첩하고 영리하며 고집이 세다

❂ 블랙 포레스트 지역이 원산지인 호바와트. 힘이 넘치는 탄탄한 몸매를 뒤덮고 있는 검정과 황금색 털에 광택이 흐른다.

❂ 상냥한 표정의 호바와트는 사람들과 어울리는 것을 좋아한다.

Hungarian Kuvasz
헝가리안 쿠바스

헝가리안 쿠바스(쿠바스)는 미국에서 높은 인기를 얻고 있고, 유럽의 많은 나라에서는 경비견이나 목양견으로 활약하는 모습을 볼 수 있다. 쿠바스는 낯선 존재를 경계하는 개다. 쿠바스를 키우려는 사람은 개를 집에 데려오기 전에, 이 까다로운 개를 다룰 수 있게 풍부한 경험을 쌓아두는 것이 좋다.

헝가리안 쿠바스의 키는 최대 75cm이고, 중간 길이의 털은 두껍다. 색깔은 순백으로 손질하기 어렵지 않다. 운동을 많이 시켜야 하고, 체구가 크기 때문에 먹는 양도 많다.

❂ 헝가리안 쿠바스는 추운 곳이 원산지였기 때문에 털이 두껍다.

❂ 눈부시게 하얀 쿠바스는 경비견으로서 잠시도 긴장을 늦추지 않는다. 중세 때 유목생활을 하던 터키의 양치기들과 함께 헝가리에 들어간 것으로 추정된다.

dog's data

크기	대형
	66 ~ 75cm / 30 ~ 52kg
털 손질	일반적인 손질
운동	적당량
식사량	많이 먹는다
성격	길들이기 쉽고, 경계심이 많다

Hungarian Puli
헝가리안 풀리

헝가리안 풀리(풀리)[허딩 그룹]는 양 떼를 모는 개로, 한번 보면 절대로 잊혀지지 않는다. 풀리의 털 색깔은 검정, 회색, 황갈색, 살구색 등 다양하다. 이 털은 온몸을 뒤덮을 만큼 텁수룩하게 자라나서 에스키모인들의 방한용 옷 못지않게 추위와 습기를 잘 막아준다. 이 텁수룩한 털은 성장하면서 가느다란 새끼줄처럼 꼬인다.

하지만 새끼줄처럼 꼬인 털을 게으른 주인이 손질해주지 않아서 헝클어지고 뭉친 털과 혼동하면 안 된다. 풀리의 털을 가지런히 정돈하려면 매우 힘들다. 꼬인 털이 머리끝에서 발끝, 얼굴과 꼬리까지 온통 뒤덮여 있기 때문이다. 털에 가려져 피부는 거의 보이지 않을 정도다. 개가 움직일 때마다 꼬인 털도 같

◐ 중유럽이 원산지인 헝가리안 풀리는 새끼줄처럼 꼬인 털이 매우 독특하다. 기운차게 걸을 때마다 이 털이 마치 느슨하게 짠 깔개처럼 흔들린다.

이 흔들리는 모습이 마치 커튼처럼 보인다. 헝가리안 풀리는 동작이 빠르고 활력이 넘치는 개로, 운동을 무척 좋아하고 사람을 잘 따른다. 짖는 소리가 매우 요란해서 도둑을 막는 경보장치 역할을 톡톡히 해낸다. 이 개에 열광적인 애견가라야 기르는 데 적합하다.

dog's data	
크기	소형
	수컷 : 40 ~ 44cm
	13 ~ 15kg
	암컷 : 37 ~ 41cm
	10 ~ 13kg
털 손질	꼼꼼하게 자주 한다
운동	적당량
식사량	중간 정도
성격	생기발랄하지만 낯선 사람은 경계한다

Komondor
코몬도르

코몬도르 역시 헝가리가 원산지인 가축과 농가를 지키는 개다. 온몸의 털이 새끼줄처럼 꼬여 있는데, 다 자라면 땅에 닿을 정도로 길어진다. 목욕 후 말려주면 금세 하얘지지만, 말리는 시간이 오래 걸린다. 이 하얀 털은 바깥에 나가자마자 금세 더러워진다. 평균 신장이 80cm이고, 몸무게가 약 50kg이어서 서 있을 때면 무섭게 보인다.

◐ 털이 두 눈을 가리고 있지만 코몬도르는 그 어느 것도 놓치지 않는다.

◐ 코몬도르는 넓은 공간과 이 개를 돌볼 만큼 시간 여유가 충분한 사람에게 적합하다.

코몬도르의 조상은 농장의 작업견이었다. 따라서 이런 개를 도시에서 키우는 것은 매우 잘못된 일이다. 경비를 서는 게 이 개의 천성인데, 이런 개를 함부로 다루면 매우 위험하다. 이 개로 인해 어떤 책임이 따를지 이해하는 사람만이 이 개를 기를 수 있다.

dog's data	
크기	초대형
	수컷 : 최소 65cm
	50 ~ 51kg
	암컷 : 최소 60cm
	36 ~ 50kg
털 손질	꼼꼼하게 자주 한다
운동	적당량
식사량	중간 정도
성격	경계심이 많고 방어적이다

Lancashire Heeler
랭카셔 힐러

랭카셔 힐러는 맵시 있고 귀여운 개다. 키는 30cm밖에 안 되고, 키보다 몸길이가 약간 더 길다. 앞다리가 약간 휜 경향이 있지만 심하지는 않다. 이름에서 알 수 있듯이 이 개는 농장에서 소의 발뒤꿈치를 살짝 물어 소 떼를 한곳으로 모는 일을 했었고, 지금도 필요할 때는 이 일에 이용된다.

털이 아주 짧지는 않지만, 길게 자라지도 않는다. 모든 개가 검정과 황갈색이 섞인 블랙 앤드 탄으로, 꼼꼼하게 열심히 브러싱하면 금세 광택이 난다. 운동을 좋아하지만, 이 때문에 주인에게 부담을 주진 않는다. 가정에서 반려동물로 키우기에 아주 훌륭한 개다. 아이들을 좋아하고 함께 노는 것을 좋아한다.

○ 작고 활동적인 개로 가정의 애완견으로도 잘 적응한다. 원래는 웰시 코기처럼 소의 발뒤꿈치를 물어 한곳으로 모는 일에 이용되었다.

짖는 소리가 날카로운데, 작은 몸집이 믿기지 않을 정도로 소리가 크다. 잘 먹고 말을 잘 듣는다.

dog's data

크기	소형 · 6.5kg
	수컷 : 30cm
	암컷 : 25cm
털 손질	쉽다
운동	적당량
식사량	많이 먹지 않는다
성격	명랑하고 다정하다

○ 쫑긋 선 두 귀가 재미있는 일이면 언제라도 뛰어들고 싶어하는 랭카셔 힐러의 성격을 잘 보여준다.

○ 이 짧은 다리로 작지만 탄탄한 몸을 지탱한다. 이 개를 기르면 집에 쥐들이 얼씬도 못하는 장점이 있다.

Maremma Sheepdog
마렘마 십도그

마렘마 십도그는 이탈리아가 원산지인 유목민의 가축 무리를 지키는 개였다. 이 개는 오랜 세월 동안 가축을 지키는 경비견으로 이용된 견종에서 유래하였다. 키가 73cm나 되지만 체중은 많이 나가지 않는다.

　지난 20여 년 동안 꾸준히 그 수가 증가하는 추세다. 그리고 이런 타입의 수입견종에서 예상되었던 초기의 날카로운 성격도 점차 변화하였다. 기본적으로 영리하기 때문에 길들이기 쉽다. 낯선 사람에게는 여전히 조금 냉담하거나 서먹하게 군다.

　몸에 밀착된 털은 중간 정도의 길이로, 색깔은 하얗고 황갈색이 살짝 섞여 있다. 빈틈없이 경계하는 표정은 조심성이 많았던 조상견의 피가 흐르고 있음을 말해준다. 워킹독이기 때문에 몸을 건강하게 유지하려면 운동이 필수다. 선택교배를 통해서 근육이 잘 발달된 개로 개량되었다.

◑◑ 조상견이 유목민의 가축 무리를 지키던 개였기 때문에 마렘마 십도그에게는 훈련은 물론 운동도 많이 필요하다.

◐ 표정에서 알 수 있듯이 마렘마 십도그는 아양을 떠는 개가 아니다. 낯선 사람을 가족처럼 반기기까지는 시간이 걸린다.

dog's data

크기	대형
	수컷 : 65 ~ 73cm
	35 ~ 45kg
	암컷 : 60 ~ 68cm
	30 ~ 40kg
털 손질	일반적인 손질
운동	많이 해야 한다
식사량	중간 정도
성격	활발하고 활동적이다

Mastiff
마스티프

마스티프는 흔히 올드 잉글리시 마스티프로 불린다. 키는 최대 76cm이고, 몸집이 거대하다. 이렇게 큰 개들은 성장 속도가 매우 빨라서 식사량을 신경써야 한다. 또 매우 많이 먹기 때문에 기르는 데 비용이 많이 든다. 주인보다 무거운 경

○ 모든 마스티프의 뒷다리가 잘 형성된 것은 아니기 때문에 건강한 강아지를 고르려면 세심하게 살펴봐야 한다.

○ 마스티프는 대부분 성격이 부드럽고, 아주 단단한 머리와 거대한 턱을 가지고 있다.

우도 많으므로 이 개를 기르려면 큰 덩치를 감당할 수 있어야 한다. 한편 운동시키는 일은 크게 부담스럽지 않지만, 마스티프에게 적당한 자유는 꼭 필요하다.

누워 있는 짧은 털은 손질하기 쉽다. 색깔은 살구빛이 도는 황갈색, 황갈색에 어두운 색 줄무늬가 있는 등 다양하다. 입 주변과 귀는 항상 검다.

다행히 성격은 차분하다. 그렇지 않다면 마스티프는 위험할 수도 있다.

dog's data

크기	초대형 70 ~ 76cm / 79 ~ 86kg
털 손질	간단하다
운동	적당량
식사량	많이 먹는다
성격	차분하다

Neapolitan Mastiff
네오폴리탄 마스티프

네오폴리탄 마스티프는 다른 마스티프 종류처럼 사각형 얼굴과 주둥이, 그리고 튼튼한 몸통과 다리를 가지고 있다. 이밖에 아래턱과 목 주위의 피부, 특히 입술 근육까지 늘어져서 머리가 매우 커 보인다.

짧고 촘촘한 털은 몸통과 다리에 밀착되어 있다. 보통 털은 검정이나 청회색이지만 가끔 갈색도 있다. 운동을 좋아하지만 주인에게 부담을 줄 정도는 아니다. 식욕은 매우 왕성하다. 용감하고, 주인과 집을 보호하는 데 철저하다. 이 개에 열광하는 사람들은 이 개가 주인이 명령할 때만 힘을 쓴다고 말하는데, 이 사실에 대해 이 개를 기르지 않는 사람들은 안도감을 느낄 것이다.

털 손질은 어렵지 않지만, 아래턱이 늘어진 개들이 그렇듯이 침을 흘리고, 머리를 흔들어댈 때 면 쉽게 친해지기 어려워 보인다.

○ 네오폴리탄 마스티프는 고대 로마의 군견과 투견에서 유래한 것으로 보인다.

○ 여러 겹으로 늘어진 목의 피부는 공격당할 경우에 몸의 주요 기관을 보호해주는 역할을 한다.

dog's data

크기	초대형 65 ~ 75cm / 50 ~ 70kg
털 손질	일반적인 손질
운동	적당량
식사량	많이 먹는다
성격	헌신적인 경비견이다

Newfoundland
뉴펀들랜드

뉴펀들랜드는 체구가 크고, 외모가 귀여운 곰처럼 생겼다. 커다란 얼굴에서 온화하고 활발한 성격이 나타난다. 수상구조견으로 아주 뛰어난 능력을 갖고 있는데, 이 개의 열렬한 애호가들은 분양 받는 사람들에게 만일 물 속에서 강제로 끌려나오고 싶지 않다면 절대로 뉴펀들랜드와 함께 헤엄치면 안 된다고 농담할 정도다. '뉴피(Newfie)'라는 이름으로도 잘 알려져 있다.

키는 최대 71cm이지만 일부 개들은 그 정도까지 크지 않다. 하지만 몸집이 크고, 특히 발가락 사이에 물갈퀴가 있는 큰 다리는 물 속에서 힘차고 빠르게 헤엄칠 때 큰 도움이 된다. 몸무게는 69kg까지 나가고, 이를 유지할 수 있게 많이 먹는다.

몸 전체를 뒤덮고 있는 털에는 기름기가 있어서 물 속에서 완전방수가 된다. 털 색깔은 검정, 갈색 또는 하얀 바탕에 검은 반점이 섞인 경우가 있다. 이렇게 하얀 바탕에 검은 반점이 있는 뉴펀들랜드를 '랜드시어(Landseer)라고 한다(영국의 동물화가 에드윈 랜드시어 경이 검은 반점의 뉴펀들랜드를 많이 그렸기 때문이다).

물에 익숙한 개지만, 육지에서도 움직이는 모습이 독특하다. 마치 바다 위로 배가 미끄러지듯 걷는 모습이 매력적이다. 운동을 좋아하지만 물 속에서 하는 운동을 더 좋아한다. 수영을 하고 집에 돌아오면 물기를 터느라 몸을 마구 흔들며 애교를 부린다. 온 가족이 좋아할 만하지만, 아파트에서 생활하거나 집안을 꾸미는 것을 좋아하는 사람에게는 적합하지 않다.

○ 뉴펀들랜드는 매력이 넘치고 유머 감각이 있다.

dog's data	
크기	초대형
	수컷 : 71cm / 64 ~ 69kg
	암컷 : 66cm / 50 ~ 54.5kg
털 손질	꼼꼼하게 자주 한다
운동	물에서 하는 운동이 많이 필요하다
식사량	많이 먹는다
성격	명랑하고 고분고분하다

○ 다소 깊이 들어간 눈이 온순하고 편안해 보인다.

○ 뉴펀들랜드를 키우려면 집이 넓어야 한다.

○ 개 중에서 수영의 대가라 할 만큼 가슴이 두툼하다. 앞에서 보면 폐의 위치가 뚜렷이 보일 정도다.

Norwegian Buhund
노르웨지안 부훈트

노르웨지안 부훈트는 몸매가 말쑥한 스피츠 종류다. 영리해 보이는 얼굴과 머리 위에는 두 귀가 쫑긋 솟아 있고, 늘 생기발랄한 모습이다. 키는 약 45cm이고, 몸집이 탄탄하지는 않지만, 빈틈없고 날쌘 분위기로 사람들의 관심을 끈다.

털은 촘촘하고 거칠다. 색깔은 담황색이 가장 흔하지만 검정, 회색 바탕에

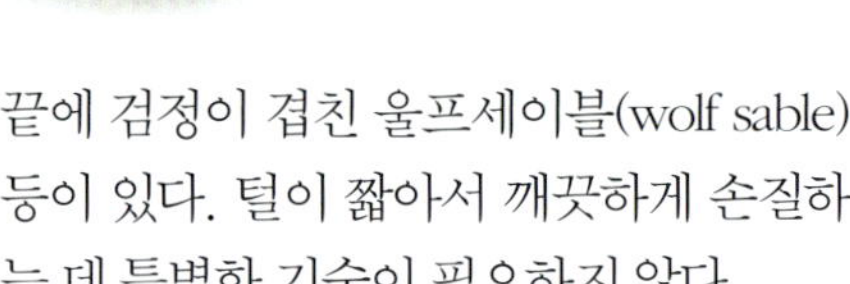

○ 이것이 전형적인 스피츠의 몸매다. 군살 없이 균형 잡혀 있고, 기대에 찬 모습이다. 원산지인 노르웨이에서 한때 썰매개로 이용되었다.

dog's data

크기	중소형
	41 ~ 46cm / 24 ~ 26kg
털 손질	일반적인 손질
운동	적당량
식사량	많이 먹지 않는다
성격	활력이 넘치고 겁이 없다

○ 노르웨지안 부훈트는 깨끗하게 관리하기 쉽다. 이 개 스스로도 진흙투성이가 되는 것을 싫어하는 듯 깔끔한 인상이다.

끝에 검정이 겹친 울프세이블(wolf sable) 등이 있다. 털이 짧아서 깨끗하게 손질하는 데 특별한 기술이 필요하지 않다.

원산지인 노르웨이에서 양몰이 개로 이용하고, 청각이 잘 발달되어 있어서 경비견으로도 활약한다. 가족들과 잘 지내지만, 낯선 사람은 경계한다. 운동을 매우 좋아하고 성격이 온순하기 때문에 비록 분주하게 돌아다니는 버릇이 있어도 들판이나 공원에 풀어놓으면 충분히 통제할 수 있다.

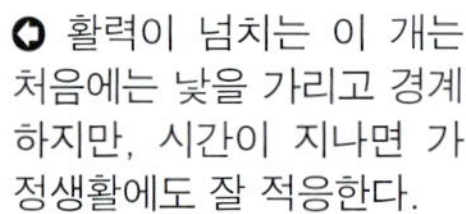

○ 활력이 넘치는 이 개는 처음에는 낯을 가리고 경계하지만, 시간이 지나면 가정생활에도 잘 적응한다.

Old English Sheepdog
올드 잉글리시 십도그

꼬리를 짧게 잘랐다는 의미에서 '봅테일(Bobtail, 세금을 면제받는 목양견임을 표시하기 위해 꼬리를 짧게 잘랐던 것에서 유래했다)' 이라는 별명이 붙었다. 올드 잉글리시 십도그는 세계적으로 독특한 외모를 가진 개들 중 하나다. 이 개는 실용적이고, 양몰이하는 작업견에서 점차 도그쇼에 출전할 만큼 맵시 있는 개로 개량되었다. 광고에 자주 등장하면서 많은 인기를 얻었지만, 안타깝게도 이 인기가 견종 자체로 보았을 때는 손해를 입혔다.

키는 약 61cm이지만, 매우 많은 털이 솜털처럼 부풀어 있어서 실제보다 더 커 보인다. 도그쇼에 내보내려면 몇 시간 동안 공들여 무대 스타일에 어울리도

○ 올드 잉글리시 십도그는 관습적으로 꼬리를 짧게 잘랐기 때문에 봅테일이라는 이름으로도 알려져 있다.

○ 엉덩이가 높이 솟아오른 듯이 보이는 것은 털을 위쪽으로 향하게 손질했기 때문이다.

○ 이 개의 유래는 최소한 150년 전까지 거슬러 올라가는데, 아마 이보다 더 오랜 역사를 갖고 있다고 추정된다.

록 손질해주어야 한다. 한동안 손질하지 않은 채 내버려두면 거친 털이 헝클어지고 뭉쳐서 잘라내는 수밖에는 다른 방법이 없다.

성격이 활발하고 외향적이기 때문에 가족들과 잘 어울린다. 단, 가족들이 운동을 열심히 시켜야 하고, 이따금 난

폭해지는 이 개의 성격을 잘 감당해내야 한다. 올드 잉글리시 십도그는 모든 일에 열성적으로 참여한다. 자신의 존재를 분명히 알릴 수 있게 매우 독특한 소리로 짖기 때문에, 가족과 집을 지키는 경비견으로서 최상의 능력을 갖추고 있다.

dog's data

크기	대형
	수컷 : 최소 61cm / 36.5kg
	암컷 : 최소 56cm / 29.5kg
털 손질	정기적인 손질이 필요하다
운동	적당량
식사량	중간 정도
성격	붙임성 있고 외향적이다

Pinscher
핀셔

독일이 원산지인 핀셔는 도베르만과 몸집이 작은 미니어처 핀셔의 중간쯤이라고 설명하면 가장 정확하다. 도베르만처럼 털이 짧고 촘촘하며, 색깔은 검정 바탕에 황갈색이 섞인 블랙 앤드 탄이 기본이다. 이 외에 역시 도베르만처럼 붉은색, 푸른색 그리고 연한 밤색에 황갈색이 섞인 경우도 있다.

윤곽이 뚜렷하고 민첩해 보이는 얼굴 표정과, 말쑥하고 근육질 몸매가 특징이다. 또한 핀셔는 운동선수처럼 재빠르게 움직인다. 키는 최대 48cm이고, 많은 운동량을 감당할 수 있을 만큼 체력

이 좋다. 그리고 시골이나 도시에 상관없이 매우 잘 적응한다.

핀셔의 털은 최소한의 손질로도 매끄럽게 윤기가 흐른다. 먹는 양은 별로 많지 않다. 짖는 소리가 날카롭고 영리하기 때문에 경비견으로 가정의 경비견으로 능력이 뛰어나다.

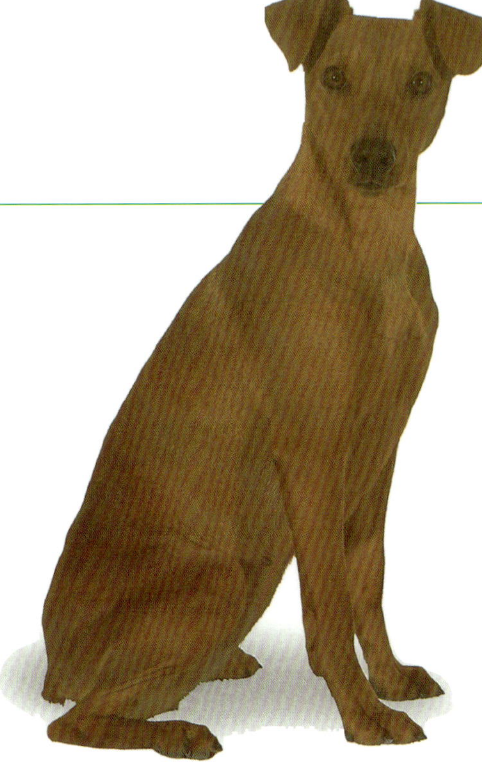

dog's data

크기	중소형
	43 ~ 48cm
털 손질	쉽다
운동	적당량
식사량	많이 먹지 않는다
성격	활동적이고 당당하다

✪ 이목구비가 뚜렷하고 눈동자가 반짝이는 핀셔는 아주 영리한 개다.

✪ 붉은색 털을 가진 핀셔는 털이 윤기가 흐른다. 이는 건강하다는 증거다.

✪ 핀셔는 낯선 사람은 좀처럼 믿지 않지만, 길들이기 쉽고 가족의 일원으로도 잘 지낸다.

Polish Lowland Sheepdog
폴리시 로우랜드 십도그

폴리시 로우랜드 십도그는 고대 아시아의 양몰이 개의 후손으로 생각된다. 제2차 세계대전 중에 거의 멸종 위기에 처했지만, 번식에 세심하게 신경쓴 결과 지금까지 살아남았다. 키는 약 52cm이고, 털이 수북한 얼굴에는 활기가 넘쳐 흐른다. 매우 활동적인 목양견이다.

이 개는 흔히 비어디드 콜리의 소형종에 비유된다. 두 종류 모두 매우 영리하고 길들이기 쉽기 때문이다. 성격이 좋아서 가족의 일원으로 그리고 아이들의 친구로 잘 어울린다.

운동을 많이 시켜야 하고 시끄럽게 짖는 편이다. 바깥털은 길고 거칠며, 부드러운 속털이 촘촘하게 나 있어서 원산지인 폴란드를 비롯해 아주 추운 날씨에도 잘 견딘다. 털 손질은 꼼꼼하게 해야 하는데, 참을성이 많아서 얌전하게 기다린다.

dog's data

크기	중소형
	수컷 : 43 ~ 52cm / 19.5kg
	암컷 : 40))))~ 46cm
털 손질	세심하게 한다
운동	많이 해야 한다
식사량	중간 정도
성격	민첩하고 온순하다

○ 폴란드가 원산지인 이 매력적인 개는 붙임성 있는 성격 때문에 인기가 많다.

○ 이 개는 개 태어날 때부터 꼬리가 없다. 길고 두꺼운 털은 정기적으로 손질해야 한다.

Portuguese Water Dog
포르투기즈 워터 도그

포르투기즈 워터 도그는 스탠더드 푸들과 혼동하기 쉽다. 키가 최대 57cm이고, 덥수룩한 털은 보통 갈색이나 검정이다. 푸들처럼 세련된 머리 모양은 아니지만, 전통적으로 가슴 뒷부분부터 털을 깎고 다듬는다.

꼬리는 끝을 일부러 잘라내지는 않지만, 끝에 깃털처럼 장식한 털만 남기고 모두 깎아서 정돈해준다.

이렇게 털을 손질하는 것은 원래 이 개가 헤엄을 치기 때문이다. 포르투갈의 어부들은 물 속에 놓쳐버린 어망을 찾아오도록 이 개를 훈련시켰는데, 발에 매우 큰 물갈퀴가 붙어 있어서 쉽게 수영을 할 수 있다.

고집이 세므로 단호하게 다루어야 한다. 자유롭게 운동하는 걸 좋아하고, 성격이 활발해서 가정견으로도 훌륭하다.

○ 푸들과 닮았지만, 푸들만큼 세련된 머리 모양은 아니다.

○ 힘이 넘치는 몸과 특이한 꼬리 모양이 눈길을 끈다.

dog's data

크기	중대형
	수컷 : 50 ~ 57cm
	19 ~ 25kg
	암컷 : 43 ~ 52cm
	16 ~ 22kg
털 손질	세심히 해야 한다
운동	많이 해야 한다
식사량	중간 정도
성격	잘 지치지 않고 온순하다

Pyrenean Mountain Dog
피레니언 마운틴 도그

'그레이트 피레니즈(Great Pyrenees)'로도 불리는 이 개는 탄탄한 체격에, 키는 최대 70cm이고, 몸무게는 최대 60kg까지 나간다. 이 개 역시 유럽에서 양치기를 도와 양 떼를 지키는 일을 해왔다. 감촉이 거친 털은 양 떼 속에 있으면 구별이 안 될 정도로 하얗다. 집에서 기르려

면 정기적으로 털 손질을 해주어야 하는데, 목욕시키는 일이 결코 쉽지 않다.

요즘 피레니언 마운틴 도그는 20~30년 전과 비교해보면 귀와 머리 부위에 검정이 섞인 황갈색 털이 많은데, 이 역시 견종 표준으로 인정한다. 이 개 역시 브리아르처럼 뒷다리에 며느리발톱이 겹으로 크게 자라나고, 이 특이한 발톱은 눈 덮인 산악지역을 다니는 데

많은 도움이 된다.

피레니언 마운틴 도그는 운동이 지나칠 만큼 필요하지 않아서, 대개 공원이나 초원을 점잖게 어슬렁거리는 것으로 충분하다. 세계적으로 몇 세대에 걸쳐서 선택교배를 해온 결과 원래 이 개가 갖고 있던 성격이 보다 온순해져서 집에서 기르기에 적합하도록 바뀌었다.

◉ 피레니언 마운틴 도그는 거대해서 단호하게 다룰 수 있는 사람에게 적합하다. 아주 기품 있는 자태로 차분하게 움직이지만, 낯선 사람에게는 매우 내성적이다.

dog's data

크기	초대형
	수컷 : 70cm / 50 ~ 60kg
	암컷 : 최소 65cm / 40kg
털 손질	정기적인 손질이 필요
운동	적당량
식사량	많이 먹는다
성격	당당하고 온화하다

Pyrenean Sheepdog
피레니언 십도그

피레니언 십도그는 아주 최근에 영국에 소개되었고, 미국에서는 아직까지도 애견협회에 등록되어 있지 않다. 키는 최대 48cm이고, 마른 몸집에 대체로 균형 잡힌 몸매를 갖고 있다. 바람이 휩쓸고 지나간 듯

한 헝클어져 보이는 털은 거칠고, 이 털 속에는 속털이 두껍게 있다. 색깔은 황갈색에서 회색, 검은 반점이 있는 청회색, 검정 또는 검정과 하양이 섞인 것 등 다양하다.

양 떼를 지키는 만능견치고는 덩치가 작지만, 빠르고 운동을 좋아한다. 알려진 지 얼마 되지 않아서 가정에서 기르기에 적합한지는 아직 판단하기 이르다.

◉ ◉ 피레니언 십도그는 피레니언 마운틴 도그와 외모가 확연히 다르다. 두 견종 모두 양 떼들 틈에서 일하지만, 일하는 스타일은 매우 다르다.

dog's data

크기	중소형
	38 ~ 48cm / 8 ~ 15kg
털 손질	일반적인 손질
운동	적당량
식사량	많이 먹지 않는다
성격	민첩하고 경계심이 많다

Rottweiler
로트와일러

독일이 원산지인 로트와일러는 잘생기고 눈에 띄는 개다. 수컷은 키가 69cm까지 자라고, 체격이 탄탄하며, 단단한 근육질 몸매다.

하지만 불행하게도 로트와일러의 높은 인기는 이 개 자체에는 그다지 도움이 되지 않았다. 표준형만 되면 어떤 개든 쉽게 판매할 수 있는 점을 악용한 비양심적인 업자들 때문이었다.

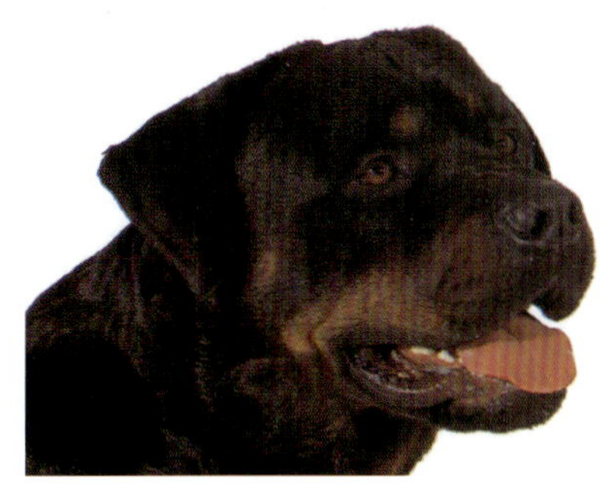

이 개는 힘이 아주 세기 때문에 사람을 공격할 경우에 심각한 상해를 입힐 수 있다. 현재 로트와일러의 수가 현저하게 감소했기 때문에 위험한 상황도 많이 줄어들었다. 이 개는 아주 영리하지만, 암캐와 수캐 사이에 성격적인 차이가 커서 암컷이 수컷보다 더 차분하고 조용하며 행동도 예측하기 쉽다.

털은 모두 중간 길이고, 색깔은 블랙 앤드 탄이다. 조금만 정성들여 손질해도 털이 눈부시게 빛나기 때문에 손질한 보람을 느낄 수 있다. 근육이 발달해서 운동은 필수다. 먹는 것을 좋아할 뿐만 아니라 음식을 충분히 주어야 한다.

로트와일러는 개를 돌보는 데 시간과 관심을 쏟을 수 있는 경험 많은 사람에게 적합하다. 많은 사람들이 좋아할 만한 가치가 충분하지만, 확실하게 통제할 수 있어야 한다.

◑ 강력한 주둥이를 보면 왜 이 개가 경비견으로 높은 명성을 얻었는지 알 수 있다.

◑ 보통 크기에 강인하고 민첩한 로트와일러는 개를 처음 키우는 사람이나 예민하고 겁 많은 사람에게는 적합하지 않다.

dog's data

크기	대형 수컷 : 63 ~ 69cm / 50kg 암컷 : 58 ~ 63.5cm / 38.5kg
털 손질	간편하다
운동	적당하게 또는 많이 해야 한다
식사량	많이 먹는다
성격	용감하고 길들이기 쉽다

◑ 로트와일러는 권위를 가질 만한 주인에게는 순종한다. 주인과 개 모두 훈련이 필요하다.

ST Bernard
세인트 버나드

세인트 버나드 역시 보는 순간 바로 알아볼 수 있는 개다. 큰 키도 그렇지만 거대한 몸집 때문에 더욱 눈에 띤다. 스위스 산악지방에서 유래했고, 전통적으로 목줄에 브랜디가 든 작은 술통을 매달고 눈 쌓인 깊은 산 속에서 길을 잃은 여행자를 찾아내는 구조견으로 그려진다.

dog's data

크기	초대형 / 최대 91.5cm
	수컷 : 75kg
	암컷 : 68kg
털 손질	일반적인 손질 또는 정기적인 손질
운동	적당량
식사량	많이 먹는다
성격	차분하고 너그럽다

세인트 버나드는 17세기에 수도사들이 스위스 알프스의 이름난 여행자 숙박소에 경비견이자 반려동물로 삼기 위해 처음 데려간 개다.

오늘날의 세인트 버나드는 머리에서 발끝까지 모든 것이 거대하다. 두개골의 폭도 넓고 턱도 매우 크다. 아랫입술은 한쪽으로 축 처져서 침을 많이 흘린다.

다리의 골격이 크기 때문에 세인트 버나드 강아지는 가격이 비싸고, 분양받으려는 사람은 이 개에 대해 충분히 이해하고 있어야 한다. 강아지를 운동시킬 때는 성장에 맞추어 아주 서서히 운동량과 강도를 늘려야 부드러운 근육이나 골격 조직에 무리가 가지 않는다. 비록 리드줄을 잡아당기는 세인트 버나드를 다루려면 매우 힘들겠지만, 다 자란 경우에도 조심스럽게 운동시켜야 한다. 몸이 크다는 것만 제외하면 털손질은 어렵지 않다. 털은 중간 길이로 짧은 경우도 있다. 털 색깔은 오렌지색, 붉은색에 검은 줄무늬, 적갈색에 검은 줄무늬, 하얀 반점이 있는 경우 또는 하얀 바탕에 앞에 설명한 모든 색깔의 반점이 각각 섞여 있는 경우가 있다.

어린 세인트 버나드의 유쾌한 모습은 누구든 매력을 느낄 만하다.

세인트 버나드는 앞다리 골격이 매우 튼튼하고, 몸집이 거대하다.

믿음직스럽고 온화한 성격인데, 이는 정말 다행스러운 일이다. 왜냐하면 아주 드물지만 이 개가 화가 나면 정말 무시무시해 보이기 때문이다. 매력적인 개지만, 제대로 감당하고 키울 수 있을지 심사숙고해야 한다.

Samoyed
사모예드

사모예드는 개들 사이에서 '미소 짓고 있는 기사(Laughing Cavalier)'로 통한다. 눈부시게 하얀 털과 전형적인 스피츠 타입의 외모를 갖고 있다. 키는 최대 56cm이고, 몸길이가 키보다 약간 길다. 털은 거칠고 곧게 뻗어 있다. 색깔은 기본적으로 하얗지만, 부분적으로 연한 적황색이 나타나는 경우도 많다.

　털은 손질하기 힘들지만, 참을성이 많은 개이기 때문에 몇 시간이라도 얌전하게 손질을 받는다. 필요하다면 주인이 털을 브러싱하고 빗길 때 편하게 할 수 있도록 옆으로 눕기까지 한다. 이 개는 과거에 썰매를 끄는 데 이용되었고, 발은 털이 텁수룩하고 평평하기 때문에 차가운 얼음판에서도 잘 견딜 수 있다. 발이 평평하지 않다면 얼음이 발바닥 사이에 들어가서 견디기 힘들 것이다.

　운동을 좋아하지만 사람과 함께 해야 한다. 가정에서 키우기에 아주 적합하며, 혼자 사는 사람에게도 훌륭한 반려동물이 된다. 활력이 넘치는 생활에 비해 많이 먹지 않는다. 사모예드의 유일한 단점은 요란하게 짖어대는 버릇이다. 특히 혼자 놀 때 시끄럽게 짖는데, 문제는 대부분의 시간을 그렇게 보낸다는 데 있다.

✪ 사모예드는 장난기가 많지만, 절대로 불쾌하거나 나쁜 생각을 할 줄 모르는 낙천적인 개다.

✪ 털 아래 감춰진 근육이 잘 발달한 몸은 기회만 생기면 언제라도 썰매를 너끈히 끌 수 있을 정도로 체력이 강하다. 이 개는 북아시아의 유목민인 사모예드 부족에서 유래하였다.

✪ 사모예드의 미소 짓고 있는 듯한 쾌활한 표정.

dog's data

크기	중대형
	수컷 : 51 ~ 56cm / 23kg
	암컷 : 46 ~51cm / 18kg
털 손질	꼼꼼하게 자주 한다
운동	적당량
식사량	중간 정도
성격	민첩하고 명랑하다

Shetland Sheepdog
셰틀랜드 십도그

셰틀랜드 십도그[허딩 그룹]는 러프 콜리의 소형종이다. 그러나 컴패니언 독(companion dog) 중에서 공식적으로 쇼독에 인정되는 키 37cm 이하의 작은 개는 거의 없다. 오늘날에는 가정의 애완견으로 사랑받고 있지만, 사실 작고 매력 넘치는 이 개는 이름에서 알 수 있듯 목양견의 본능을 고스란히 간직하고 있으며, 지금도 충분히 일할 수 있다.

　길고 곧은 바깥털은 황갈색에 끝이 검은 세이블(sable), 트라이컬러, 블루머를, 검정 바탕에 하얀 색이 섞인 경우,

❂ 마치 질문하듯 고개를 한쪽으로 살짝 기울이고 있는 모습이 셰틀랜드 십도그의 전형적인 자세다.

dog's data

크기	소형 / 9kg
	수컷 : 37cm
	암컷 : 35.5cm
털 손질	정기적인 손질이 필요하다
운동	적당량
식사량	많이 먹지 않는다
성격	다정하고 이해가 빠르다

심지어 블랙 앤드 탄까지 다양하다. 두터운 속털은 꼼꼼하게 자주 손질해야 한다. 그렇지 않으면 뭉쳐서 나중에는 손질하기가 어렵다.

　셰틀랜드 십도그는 동작이 민첩하고 많은 운동량이 필요하다. 하지만 주인이 늙어서 운동을 마음껏 하지 못해도 까다롭게 굴지 않는 최상의 동반자이다. 성격이 조심스럽기 때문에 필요한 경우에는 사냥개처럼 냄새를 맡고 짖기도 한다.

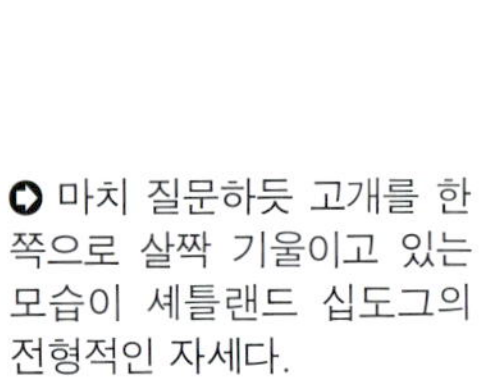

❂ 러프 콜리의 소형종인 셰틀랜드 십도그는 양몰이 개로서 제몫을 톡톡히 해낸다.

❂ 셰틀랜드 십도그는 튼튼하고, 성격이 쾌활하며, 길들이기 쉽다. 게다가 사진도 잘 받는다.

Siberian Husky
시베리안 허스키

시베리안 허스키는 썰매개 중에서 빠르기로 유명하다. 정확하게 말하기 어렵지만 여러 면에서 정말 매력적인 개다. 하지만 이 개는 오직 썰매를 끌기 위해 산다. 키는 최대 60cm이고, 말랐지만 강하고, 근육이 매우 잘 발달했다. 머리를 보면 늑대가 연상되지만, 그보다는 부드러운 인상이다.

털이 길어서 혹한의 날씨에도 몸을 따뜻하게 보호한다. 털 색깔과 무늬는 매우 다양하다. 얼굴에서 가장 인상적인 눈은 털만큼이나 색깔이 다양해서, 한쪽은 갈색, 한쪽은 푸른색인 경우도 있다. 심지어 홍채의 색깔이 반반씩 다른 개도 있다.

사람에게는 매우 참을성 있게 대하지만, 무리 안에서는 서열을 매우 중시하기 때문에 썰매를 끄는 개들 사이에는 뚜렷한 위계질서가 세워져 있다. 무리 중 튀는 개는 리드줄을 느슨하게 묶고 걷게 하거나 심지어 기본적인 명령에 복종하게 만들 수는 있지만, 개 스스로 옳다고 생각해서 행동하는 것은 아니다. 이 개를 키우는 사람들은 대개 눈이 오면 썰매를 끌게 하거나, 숲길을 따라 짐마차를 끄는 방법으로 운동시킨다. 허스키들의 썰매 경기를 실시하는 나라도 많이 생겼다. 이 개를 애완견으로 고를 때는 키우는 환경에 대해 먼저 진지하게 생각해봐야 한다.

⊕ 이 개는 가만히 앉아 있는 자세에서도 높이 뛰어오를 수 있다.

dog's data	
크기	중대형
	수컷 : 60cm / 23.5kg
	암컷 : 53.5cm / 19.5kg
털 손질	일반적인 손질
운동	매우 많이 해야 한다
식사량	많이 먹는다
성격	상냥하지만 내성적이다

⊕ 시베리안 허스키는 곧추세운 두 귀를 좀처럼 아래로 내리지 않는다.

⊕ 원래는 이뉴잇 부족이 짐수레를 끄는 데 이용하던 개다. 6마리의 시베리안 허스키가 경주용 썰매를 끌고 달리는 모습은 누구든 열광할 만하다.

⊕ 시베리안 허스키는 다리 힘이 강해서 지치지 않고 달릴 수 있다.

Swedish Lapphund
스웨디시 랩훈트

스웨디시 랩훈트는 몸매가 피니시 랩훈트와 매우 비슷하다. 키가 최대 51cm이고, 전형적인 스피츠의 골격을 갖추고 있다. 혹한의 날씨도 견뎌내는 털은 중간 길이로, 검정과 갈색이 섞여 있지만 간혹 가슴과 다리 부분이 하얀 경우도 있다. 털 손질은 어렵지 않다.

● 살찌고 튼튼한 몸을 감싸고 있는 부드러운 털 덕분에 북유럽의 추운 날씨를 견딜 수 있다.

● 스웨디시 랩훈트는 성격이 비교적 온순하다.

스웨디시 랩훈트는 붙임성 있고 영리해 보이는 외모를 가졌다. 운동을 좋아하고 먹는 것에 욕심을 부리지 않기 때문에 가족에게 인기가 있다. 아직까지는 원산지인 스웨덴 이외의 나라에는 잘 알려져 있지 않다.

dog's data

크기	중소형 44 ~ 51cm / 19.5 ~ 20.5kg
털 손질	일반적인 손질
운동	적당량
식사량	중간 정도
성격	활달하고 붙임성 있다

Swedish Vallhund
스웨디시 발훈트

스웨디시 발훈트는 외모와 행동이 회색 또는 누르스름한 털색인 웰시 코기 종류와 비슷하다. 몸매도 비슷해서 키가 35cm밖에 되지 않으며, 몸길이가 키보다 약간 길다.

이 개는 가축 무리를 모는 개로 이용되고, 웰시 코기 종류가 소를 몰 때처럼 빨리 움직이지 않는 소의 뒤꿈치를 살짝 물어서 달리게 한다.

활기찬 성격을 갖고 있고, 두 귀가 뾰족하게 서 있다. 이 개의 인기는 날로 높아지고 있는데, 미국에서는 아직 애견협회에 등록되어 있지 않다. 운동하는 것과 사람과 어울리는 것을 매우 좋아하기 때문에 가정에서 기르기에 아주 적합하다.

털은 비교적 짧고 거칠며, 모양대로 관리하기 쉽다. 색깔은 회색과 회색이 도는 갈색, 그리고 연하거나 진한 황색에 적갈색이 섞인 종류가 있다.

dog's data

크기	소형 / 11.5 ~ 13kg 수컷: 33 ~ 35cm 암컷: 31 ~ 33cm
털 손질	일반적인 손질
운동	적당량
식사량	많이 먹지 않는다
성격	붙임성 있고 열성적이다

● 정말로 영리해 보이는 개를 보고 싶다면 이 매력 넘치는 스웨디시 발훈트의 얼굴을 보라.

● 발뒤꿈치를 물어서 가축 무리를 모는 이 개는 다리가 짧고, 민첩하며, 매우 온순하다.

Tibetan Mastiff
티베탄 마스티프

티베탄 마스티프는 마스티프 종류 중에
서는 특이하게 털이 길다. 표정이 온화
해 보이지만, 일부 개들은 사나울 수도
있다. 하지만 대체로 호감이 가는 개다.
털은 검정에서 블랙 앤드 탄, 황금색과
회색이 섞인 경우 등 다양하다.

키는 최대 66cm이므로 초대형은 아
니지만, 몸집이 단단하다. 꼬리가 등 위
로 말려 올라가 있는 것도 마스티프 종
류 중에서는 드문 경우다. 경비견으로
이용할 수 있고, 운동을 좋아한다. 하지
만 이 개를 선택한 사람은 반드시 힘이
좋은 개를 감당할 수 있어야 한다.

◐ 눈이 상냥해 보이지만 사람을 쉽게 믿
지 않는 성격이다. 따라서 아무 각오 없이
키울 만한 개가 아니다.

◐ 원산지인 티베트의 기후에 잘
적응한 이 개는 실내에서 키울
때는 털 손질을 꼼꼼하게 해야
한다.

◐ 대다수 유럽산 마스
티프의 조상이 바로 이
티베탄 마스티프로, 19
세기에 멸종의 위기를
넘기고 살아남았다.

dog's data

크기	대형 66cm / 64 ~ 82kg
털 손질	꼼꼼하게 해야 한다
운동	적당량
식사량	많이 먹는다
성격	주위에 무관심하고 방어적이다

Welsh Corgi (Cardigan)
웰시 코기 (카디건)

웰시 코기[허딩 그룹]에는 카디건과 펨브로크 두 가지 변종이 있다. 카디건은 키가 최대 30cm고, 짧고 튼튼한 다리로 비교적 긴 몸을 지탱한다. 카디건은 사촌격인 펨브로크와 달리 꼬리를 자르지 않는데, 꼬리는 길이가 길고 털이 많다. 털 손질하기 어렵지 않고, 음식 욕심도 많지 않다.

털 색깔은 개들이 갖고 있는 거의 모든 색깔이 다 있을 정도로 다양하지만, 하얀 색이 바탕인 경우는 없다. 크고 쫑긋 선 두 귀와 영리해 보이는 눈을 갖고 있다. 부산스럽게 뛰어다니지 않으며, 어떤 생활이든 차분하게 잘 적응한다. 하지만 소 떼를 몰 때는 소의 발뒤꿈치를 물어 이동시키는데, 소들의 발길질을 피할 정도로 행동이 재빠르다.

가족의 일원으로 생활할 때는 신기할 정도로 태도가 온화하게 변한다. 그러나 누군가 자신의 영역을 침범하면 돌변하여 사납게 짖는다.

➊ 털 색깔이 다양한 카디건은 머리 뒤에 쫑긋 선 큰 귀가 붙어 있다.

➊ 경계하는 표정이 역사가 오래된 이 개의 전형적인 특징이다.

➊ 푸른 눈은 블루 머를, 즉 검은 얼룩이 있는 청회색 털을 가진 카디건에게만 나타난다.

dog's data

크기	소형 / 30cm
	수컷 : 11kg
	암컷 : 10kg
털 손질	일반적인 손질
운동	적당량
식사량	많이 먹지 않는다
성격	민첩하고 차분하다

➊ 카디건은 짧지만 튼튼한 다리로 탄탄한 몸을 지탱한다.

Welsh Corgi (Pembroke)
웰시 코기 (펨브로크)

○ 카디건보다 더 알려진 펨브로크는 보통 붉은색 과 하얀 색이 섞여 있다.

웰시 코기 종류 중에서는 펨브로크[허딩 그룹]가 좀더 널리 알려져 있다. 펨브로 크는 대개 꼬리를 짧게 자른다. 키는 30.5cm이고, 몸이 길다. 몸집이 튼튼하 고, 표정이 밝으면서 날카로워 보이며, 귀가 쫑긋 서 있다.

중간 길이의 털이 곧고 촘촘하게 나 있는데, 산책한 후 물기만 말려주면 털 손질이 그다지 어렵지 않다. 가장 흔한 털 색깔은 하얀 무늬가 있는 붉은색이지

dog's data

크기	소형 / 25.5 ~ 30.5cm
	수컷 : 10 ~ 12kg
	암컷 : 10 ~ 11kg
털 손질	일반적인 손질
운동	적당량
식사량	중간 정도
성격	성실하고 활발하다

만, 세이블이나 엷은 황갈색, 심지어 블 랙 앤드 탄까지 다양하다.

펨브로크는 전통적으로 소몰이에 이용되었기 때문에, 간혹 소가 아닌 사 람의 발뒤꿈치를 무는 버릇이 있다. 예 전에는 성격이 약간 불확실했지만, 지난 10년 동안 많이 개량되었다.

원기왕성하고 정력적인 개를 좋아 하는 가정에서 인기 있다. 하지만 과식 하기 쉬우므로 때때로 음식량을 조절할 필요가 있다.

○ 펨브로크는 실용적이고 잘 적응하는 개로, 붙임 성 있고 활력이 넘친다.

○ 아직 어리지만 이 어린 개는 펨브로크 특유의 매력을 한껏 발산하고 있다. 펨브로크는 몸집이 크 지 않지만 소몰이에 이용된다.

○ 여우를 닮은 펨브로크의 얼굴은 영리하고 민첩 해 보인다.

토이 그룹
The Toy Group

토이 그룹은 가장 작은 견종들로 구성되어 있다. 이 그룹에 속하는 견종 중에서 가장 큰 개는 변함없이 높은 인기를 누리고 있는 캐벌리어 킹 찰스 스패니얼과 차이니즈 크레스티드 도그, 로첸 등이며, 반대로 가장 작은 개는 포메라니안과 치와와다. 많은 애견협회가 이 그룹의 견종별 표준에 키를 명시하지 않고, 이상적인 체중이나 체중의 범위를 제시하는 경우가 대부분이다.

토이(Toy)라는 명칭은 어떤 면에서 오해를 불러일으킬 수 있다. 물론 토이 그룹 중 몇몇 견종은 마치 살아 움직이는 장난감처럼 보이지만, 이들의 성격을 살펴보면 전혀 장난감에 어울리지 않는다. 토이 그룹에 속하는 견종들한테는 몇 가지 공통점이 있다. 예를 들어 가볍기 때문에 쉽게 들어올리거나 안고 다니기 편리하다는 점이다. 하지만 똑같이 토이 그룹에 속한다고 해도 견종에 따라서 크기와 형태, 그리고 행동양식에서 많은 차이가 있는 것이 사실이다. 토이 그룹의 개들이 모두 사랑스러우며 전혀 말썽을 부리지 않을 거라는 생각, 그리고 키우는 데 전혀 힘들지 않을 것이라는 생각은 잘못된 것이다.

○ 요크서 테리어

Affenpinscher
아펜핀셔

아펜핀셔는 독일이 원산지로, 사람들을
미소 짓게 하는 개다. 얼굴이 원숭이를
닮았다고 하는데, 확실히 반짝거리는
두 눈에는 장난기가 가득하다. 키는 최
고 28cm이고, 몸무게는 3~4kg이다.

털은 거칠고 대개는 매우 헝클어진
듯이 보이므로 털 손질에 지나치게 힘쓸
필요가 없다. 같이 어울리면 가족들에게
즐거움을 주고, 주둥이가 호흡이 곤란할
정도로 짧지 않기 때문에 가족들과
함께 활동할 수 있다.

털은 전체가 까맣지만 회색
을 띠는 경우도 가끔 있다. 겁이 없
고, 낯선 사람에게 맞서는 것을 즐거
움으로 알기 때문에 가정의 애완견
으로 적합한 개 중 하나다.

○ 아펜핀셔가 2마리 이상 모이면 장
난기가 넘친다.

○ 꼬리를 짧게 자르지 않고 그대로
두는 경우가 많은데, 그러면 움직일
때마다 꼬리가 등 위로 부드럽게 말
려 올라간다.

dog's data

크기	소형
	24 ~ 28cm / 3 ~ 4kg
털 손질	일반적인 손질
운동	적당량
식사량	많이 먹지 않는다
성격	생기발랄하고 자신만만하다

○ 거친 털은 부위에 따라 길이가 다르다. 어떤 부
위는 털이 텁수룩한가 하면 털이 아주 짧은 부위도
있다. 이 개는 털이 아주 많다.

○ 회색 털 때문에 얼굴이 몰라보게 진지해 보인다.

Australian Silky Terrier

오스트레일리안 실키 테리어

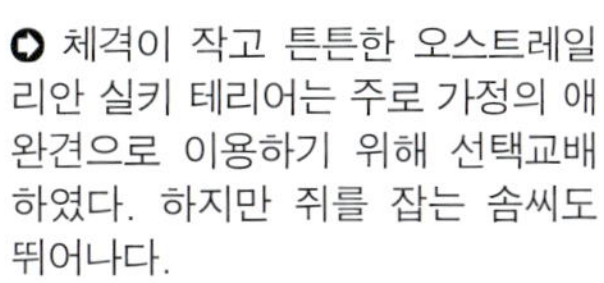

'시드니 실키(Sidney Silky)' 또는 그냥 '실키(Silky)' 라고 불리는 이 개는, 오스트레일리안 테리어와 요크셔 테리어를 교배시켜 나온 견종이다. 그 결과 이들 견종의 특성이 섞여서 얼굴이 날카롭고, 털이 비단결처럼 보드라우며 윤기가 흐른다. 키는 약 23cm이다.

○ 체격이 작고 튼튼한 오스트레일리안 실키 테리어는 주로 가정의 애완견으로 이용하기 위해 선택교배하였다. 하지만 쥐를 잡는 솜씨도 뛰어나다.

○ 때때로 진지한 표정을 짓는데, 이것이 이 개의 진짜 성격을 드러내는 증거는 아니다.

○ 이 개의 발은 작고 고양이 발처럼 생겼다. 다리에는 긴 털이 하나도 없다.

dog's data

크기	소형
	23cm / 4kg
털 손질	일반적인 손질
운동	적당량
식사량	많이 먹지 않는다
성격	민첩하고 사교적이다

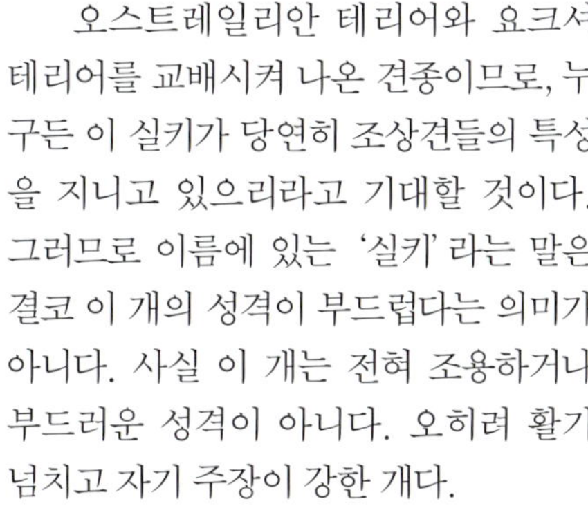

오스트레일리안 테리어와 요크셔 테리어를 교배시켜 나온 견종이므로, 누구든 이 실키가 당연히 조상견들의 특성을 지니고 있으리라고 기대할 것이다. 그러므로 이름에 있는 '실키' 라는 말은 결코 이 개의 성격이 부드럽다는 의미가 아니다. 사실 이 개는 전혀 조용하거나 부드러운 성격이 아니다. 오히려 활기 넘치고 자기 주장이 강한 개다.

길고 직모인 털은 푸른색과 황갈색 또는 청회색과 황갈색을 띠며, 조금만 빗질해도 반질반질 윤기가 흐른다. 가정의 애완견이 될 수 있도록 만들어졌기 때문에 가족들과 아주 잘 지내고, 주어진 역할을 잘 해낸다.

○ 옆모습을 보면 이 개의 뚜렷한 몸매가 잘 드러난다. 한곳을 뚫어져라 쳐다보는 것도 실키의 특징이다. 토이 종류와 테리어 종류의 특성이 잘 결합되어 있다.

Bichon Frise
비숑 프리제

비숑 프리제[논 스포팅 그룹]는 지중해 지역이 원산지로, 눈이 부실 만큼 하얀 털을 가졌다. 다른 견종 못지않게 독보적인 위치를 차지하고 있다.

키는 최대 28cm이고, 등길이가 키보다 약간 더 길다. 꼬리가 등 위로 높이 말려 올라가 있으며, 비단처럼 가늘고

○ 세련된 모습의 매력 넘치는 비숑 프리제. 잘 다듬어놓은 털이 매우 멋스럽지만, 유지하려면 손이 많이 간다.

dog's data

크기	소형
	23 ~ 28cm / 3 ~ 6kg
털 손질	정기적인 손질이 필요하다
운동	적당량
식사량	중간 정도
성격	상냥하고 외향적이다

매끄러운 털은 나선형으로 곱슬거린다. 개의 털을 다듬고 장식하는 전문 미용가가 많이 키워 온 개인데, 요즘 도그쇼에서는 이 곱슬거리는 털을 볼 수 없다. 하지만 곱슬거리는 털을 꼭 가위로 잘라낼 필요는 없다. 비용이 많이 들 뿐만 아니라 꼭 그렇게 해야만 하는 것도 아니기 때문이다. 그래도 여전히 털 손질은 필요하다.

꼬마 요정 같은 외모의 비숑 프리제는 가족들과 어울려 노는 것을 좋아한다. 바쁘게 살아가는 사람들에게 삶의 기쁨을 느끼게 해줄 훌륭한 애완견이 될 수 있다.

Bolognese
볼로니즈

원산지인 이탈리아의 볼로냐에서 최근에 알려지기 시작한 개다. 어깨가 벌어지고, 몸매가 작고 튼튼하다. 머리와 몸 전체에 양털처럼 뭉쳐 있는 하얀 털이 특징이다.

키는 최대 31cm이고, 자연스러운

○ 볼로니즈는 비숑 프리제와 모습이 많이 닮았지만, 털은 깨끗하고 말끔하게 손질하지 않으면 보기 흉해진다.

dog's data

크기	소형
	25 ~ 31cm / 3 ~ 4kg
털 손질	꼼꼼하게 해야 한다
운동	적당량
식사량	많이 먹지 않는다
성격	명랑하고 민첩하지만 처음에는 내성적이다

모습 그대로 보여지기 때문에 토이 그룹에 속하는 견종 중에서는 드물게 제대로 손질하지 않은 듯한 거친 인상을 준다. 도그쇼에 나가는 경우라도 털을 지나치게 다듬지 않는다.

몸과 다리 근육이 잘 발달되어 있고, 자유롭게 운동하는 것을 좋아한다. 비숑 프리제와 같은 혈통에서 유래했기 때문에 볼로니즈 역시 영리하다. 동그랗고 크며 까만 눈을 갖고 있다는 점도 비숑 프리제와 비슷하다.

즐겁게 어울릴 수 있는 작은 개, 하지만 너무 작지 않은 개를 키우고 싶은 사람이면 가족의 반려동물로 활기찬 볼로니즈를 선택하는 것도 괜찮다.

Cavalier King Charles Spaniel
캐벌리어
킹 찰스 스패니얼

캐벌리어 킹 찰스 스패니얼(캐벌리어)은 누구에게나 인기 있는 토이 그룹의 개다. 소형 조렵견의 몸매를 갖고 있으며 모든 연령층에서 사랑받을 만한 매력이 있다. 사람을 잘 따르고, 다른 개에게 싸움을 걸지 않는다.

몸무게가 5.5~8kg으로 최소치와 최대치의 차가 크지만, 같은 종류이면서도 이 범위보다 더 나가는 개도 있다. 조용하고 붙임성 있는 성격이어서 사람들이 귀엽다고 분별없이 음식을 자주 주면 비만해진다.

잘생긴 머리 모양에 몸도 균형이 잘 잡혀 있다. 털 색깔은 여러 가지로 루비색(붉은색), 블랙 앤드 탄, 검정과 하양에 황갈색 반점이 섞인 트라이컬러, 진한 밤색과 하얀 색이 섞인 블레넘(Blenheim) 등 다양하다. 이 블레넘은 머리 가운뎃부분에서 아래로 이어지는 하얀 털 중앙에 마름모꼴의 밤색 털이 섞여 있는 경우가 흔하다.

이 개는 운동을 좋아하고, 운동선수처럼 유연하고 강인하며 우아한 몸매를 갖고 있다. 식욕이 왕성하기 때문에 운동이 필수다. 보통 정도의 브러싱과 빗질만으로도 깔끔해지므로 털 손질이 어렵지 않다. 많은 사람들이 좋아하는 개다.

○ 이 깔끔한 개는 활동적이고 명랑한 동반자를 원하는 사람에게 잘 어울린다.

○ 캐벌리어의 매력적인 표정이 잘 드러나는 머리 모양.

dog's data

크기	소형
	32cm / 5.5 ~ 8kg
털 손질	일반적인 손질
운동	적당량
식사량	중간 정도
성격	매우 사교적이다

○ 사실 캐벌리어는 토이 그룹과 건독 그룹의 특성을 골고루 결합시킨 미니어처 스패니얼이다.

Chihuahua
치와와

치와와는 원산지가 남미로 추정된다. 실제로 치와와라는 이름도 멕시코의 주 이름에서 따온 것이다. 치와와는 두 가지 종류, 즉 털이 짧고 부드러운 스무드 코트와 털이 긴 롱 코트로 나누어진다. 털의 차이를 빼면 이 두 종류는 똑같다. 둘다 앙증맞은 몸매에 엄청난 활력이 숨어 있다. 몸무게는 최대 3kg까지 나가지만 도그쇼에서는 좀더 가벼운 개가 인기 있다. 스무드 코트 치와와는 부드럽고 윤

스무드 코트 치와와 2마리와 롱 코트 치와와 1마리. 치와와는 행동이 민첩하고, 짖는 소리가 요란하다.

dog's data

크기	아주 작다 15 ~ 23cm / 1 ~ 3kg
털 손질	일반적인 손질
운동	적당량
식사량	많이 먹지 않는다
성격	활기가 넘치고 영리하다

기가 흐르는 털이 온몸을 덮고 있으며, 롱 코트 치와와 역시 털이 거칠지 않아 비교적 깔끔하게 손질하기 쉽다. 치와와는 자신의 꼬리에 대해 유난히 자부심이 강해서 이것을 마치 깃대처럼 세우고 다닌다. 이것이 이 개의 성격을 잘 나타낸다.

털 색깔은 어떤 색깔이라도 인정되지만, 황갈색, 붉은색에 하얀 색이 섞인 경우가 가장 흔하다.

용감하고, 고통을 놀랄 만큼 잘 참아내지만, 자신을 모욕하면 자기보다 훨씬 큰 개들한테도 절대로 가만있지 않는다. 사람이라도 자기 집에 허락 없이 들어오는 것을 절대로 허락하지 않고, 가정과 가족을 지키기 위해 금방이라도 달려들 것처럼 요란하게 짖는다.

어린 치와와를 키울 때는 돌아다닐 때 각별히 조심해야 한다. 자칫하다가는 작은 개를 밟을 수 있기 때문이다. 따라서 치와와 전문 브리더들은 발을 끌면서 걷는다. 하지만 치와와는 약하거나 섬세해서 다루기 힘든 개는 아니다. 오히려 그 반대다. 두 종류 모두 운동을 좋아하고 놀이를 좋아한다. 하지만 어린이들이 있는 가정에서는 어린이와 강아지가 어떻게 지내는지 주의깊게 살펴봐야 한다.

사이가 벌어져 있는 크고 동그랗고 반짝이는 두 눈은 꼬마 요정 같은 이 개의 특징이다.

치와와는 작지만 균형 잡힌 몸매를 갖고 있다. 어떤 일이든 달려들 준비가 되어 있다.

Chinese Crested Dog
차이니즈 크레스티드 도그

차이니즈 크레스티드 도그는 2가지 종류가 있다. 헤어리스(Hairless)는 털이 거의 없는 반면, 파우더 퍼프(Powder Puff)는 온몸에 길고 보드라운 털이 덮여 있다. 두 종류 모두 머리털이 하얀색이

차이니즈 크레스티드 도그 중에서 솜털같이 보드라운 털이 나 있는 파우더 퍼프. 예전에는 전문 브리더들로부터 외면당했지만, 지금은 희귀종이기 때문에 앞으로 가치가 있을 거라고 평가받는다.

헤어리스 종류는 머리와 목에 털이 볏처럼 나 있다. 꼬리 끝에도 장식처럼 털이 달려 있고, 발가락과 다리 아래에는 털이 텁수룩하다.

나 은백색이다.

파우더 퍼프 종류가 독특한 외모를 가진 헤어리스 종류보다 체중이 더 무겁다. 두 종류 모두 털 손질이 힘든 편은 아니다. 헤어리스 종류는 피부가 두껍고 매끄러우며 강하지만, 추위를 타기 때문에 추울 때는 더욱 신경써야 한다. 차이니즈 크레스티드 도그는 튼튼하고 사람을 잘 따르며, 정이 많다. 게다가 영리하기 때문에 집을 지키고 식구들을 보호하는 경비견 역할을 톡톡히 해낸다.

dog's data

크기	소형 / 최대 5.5kg
	수컷 : 28 ~ 33cm
	암컷 : 23 ~ 30cm
털 손질	손질 방법이 특이하다
운동	적당량
식사량	중간 정도
성격	활기차고 사교적이다

English Toy Terrier
잉글리시 토이 테리어

잉글리시 토이 테리어의 털 색깔은 단 한 가지다. 검은 바탕에 부분적으로 황갈색이 섞여 있는 전통적인 블랙 앤드 탄이다. 털은 짧고 촘촘하며, 수건으로 문질러주기만 해도 광택이 난다. 말쑥한 이 개는 키가 최대 30cm이고, 몸

무게는 약 3kg인데, 이런 외모와 토이 테리어라는 이름이 잘 어울린다.

반짝거리는 검은 눈과, 감정가들이 마치 촛불처럼 생겼다고 표현하는 귀를 자랑한다. 건강한 잉글리시 토이 테리어가 움직이는 모습은 보는 것만으로도 즐겁다. 동작이 매우 부드럽고, 자신보다 훨씬 큰 개들처럼 느긋하고 여유 있게 움직이기 때문이다.

천성적으로 사람을 잘 따르고, 정이 많으며, 테리어의 특성이 살짝 섞여 있는 이 개는 아주 매력 넘치는 애완견이다.

개성적인 소형견인 잉글리시 토이 테리어는 몸집이 작지만 짖는 소리는 크다.

dog's data

크기	소형
	25 ~ 30cm / 2.7 ~ 3.5kg
털 손질	간단하다
운동	적당량
식사량	많이 먹지 않는다
성격	민첩하고 테리어와 비슷하다

Griffon Bruxellois
그리퐁 브뤼셀루아

그리퐁 브뤼셀루아(브뤼셀 그리퐁)는 벨기에가 원산지로, 토이 그룹의 개 중에서 개성이 강하다. 이 개는 정말 영리하고 활기가 넘친다. 원숭이를 닮은 표정과 붉고 거친 털을 가진 종류는 뺨에 난 털이 마치 송곳니처럼 보인다. 털이 짧고 매끄러운 종류도 있는데, 이 역시 성격이 쾌활하다. 두 종류 모두 붉은색 외에도 다른 털 색깔이 나타난다.

몸무게는 2.2~4.9kg이지만, 이 범위의 중간인 경우가 가장 많다. 그리퐁 브뤼셀루아는 테리어의 성격이 조금 섞여 있기 때문에 명랑하고 시끌벅적하게 가족들과 함께 뛰어노는 것을 매우 좋아한다. 그러나 활발하고 두려움을 모르는 성격도 있으므로 혼자 사는 사람에게 좋

○ 그리퐁 브뤼셀루아는 해마처럼 생긴 콧수염이 돋보인다.

○ 둘 다 털이 거친 그리퐁 브뤼셀루아 2마리. 앞의 개처럼 털이 검은 경우는 흔하지 않다.

은 반려동물이 된다. 털 손질은 별로 힘들지 않다. 그러나 털이 거친 종류는 이따금 전문가에게 손질을 맡기는 것도 좋다.

dog's data

크기	소형
	18 ~ 20cm / 2.2 ~ 4.9kg
털 손질	일반적인 손질
운동	적당량
식사량	많이 먹지 않는다
성격	활발하고 민첩하다

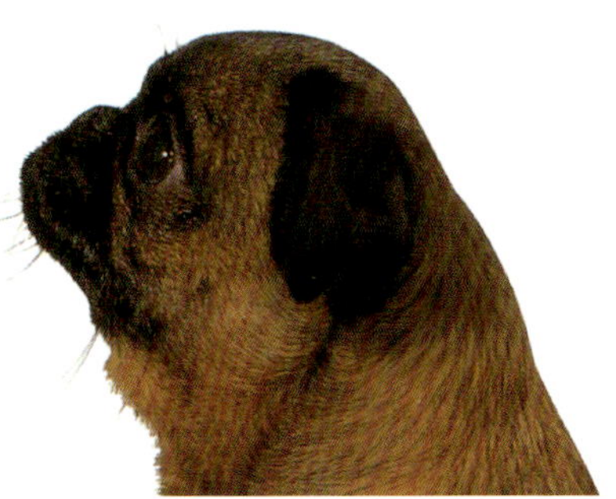

○ 짧고 매끄러운 털을 가진 그리퐁 브뤼셀루아의 전형적인 머리 모양. 빛나는 눈으로 빈틈없이 지켜본다.

○ ○ 털이 짧고 매끄러운 종류는 탄탄한 체격과 말쑥한 다리를 갖고 있다. 이런 털은 깨끗하고 말끔하게 유지하는 것이 그다지 힘들지 않다.

Italian Greyhound
이탈리안 그레이하운드

가장 멋진 모습의 이탈리안 그레이하운드는 전형적인 그레이하운드의 축소판이다. 이 개는 우아하고 움직임이 날렵하다. 몸무게가 2.7~4.5kg으로 몸집이 크지 않다. 전문 브리더들은 이 개를 약간 거친 개로 만들지, 아니면 아주 섬세한 개로 만들지 잘 판단해야 한다.

털은 짧고 광택이 흐르며, 피부는 섬세하다. 추운 날씨를 좋아하지 않기 때문에 온몸에 담요를 잘 덮어주거나 옷을 입혀줘야 한다. 털 손질은 실크로 매일 문지르면 도자기에 새겨진 그림처럼 털에 윤기가 흐른다. 털 색깔은 검정, 푸른색, 크림색, 황갈색, 붉은색과 하양이 섞인 경우 또는 이러한 색깔에 하얀 부분이 있는 경우 등이다. 이 개는 흥미를 끄는 일이 생기면 마치 물어보는 것처럼 두 귀를 쫑긋 세운다.

이탈리안 그레이하운드의 뼈는 가늘고 약해서 부러지기 쉽다. 몸매는 호리호리하다. 오랜 역사를 지닌 이 우아한 개를 키우려는 사람은 처음 본 개를 바로 선택할 게 아니라 꼼꼼히 살펴보고 결정해야 한다. 아이들에게 몸이 가볍고

○ 뒷다리와 엉덩이 근육의 균형이 잘 잡힌 이탈리안 그레이하운드는 그레이하운드의 축소판이다.

연약한 이 개를 조심해서 다뤄야 한다는 것을 충분히 이해시키기 전에는 활동적인 가정에는 적합하지 않다.

dog's data

크기	소형 25.5cm / 2.7 ~ 4.5kg
털 손질	쉽다
운동	적당량
식사량	부담 없다
성격	영리하고 명랑하다

Japanese Chin
재패니즈 친

재패니즈 친은 어떤 기준으로 보아도 귀여운 개다. 머리는 둥글고, 커다란 두 눈은 안쪽이 하얗기 때문에 항상 놀란 표정처럼 보인다. 풍성한 털은 길고 비단처럼 매끄럽다. 털 색깔은 검정과 하양이 섞인 경우나 붉은색과 하얀 색이 섞인 경우뿐이다. 표준 체중이 1.8~3.2kg

으로 가볍기 때문에 진정한 애완견이라고 할 수 있다. 개 스스로도 애완견이라는 사실에 자부심이 높다.

다소 도도한 인상을 주지만 사람을 만나면 아주 좋아한다. 털이 길지만 정기적으로 꼼꼼하게 손질한다면 아름답고 청결하게 관리하는 것이 어렵지 않다. 이 개는 종종걸음으로 정원과 공원을 산책하기 좋아하지만, 시골길을 오랫동안 걷는 것은 별로 좋아하지 않는다. 가족과 어울리기보다는 혼자 조용히 있는 것이 더 어울린다. 어린이가 있는 집에는 적합하지 않다.

dog's data

크기	아주 작다 최대 18cm / 1.8 ~ 3.2kg
털 손질	일반적인 손질
운동	적당량
식사량	많이 먹지 않는다
성격	발랄하고 온순하다

○ 재패니즈 친을 좀더 잘 알려진 페키니즈로 착각하는 경우가 많다. 그러나 페키니즈보다 눈이 좀 덜 튀어나왔고, 눈 안쪽이 하얗다.

King Charles Spaniel
킹 찰스 스패니얼

'잉글리시 토이 스패니얼'로도 불리는 킹 찰스 스패니얼은 캐벌리어 킹 찰스 스패니얼과 비슷하지만, 코가 좀더 짧고 머리 역시 좀더 둥근 것이 다르다. 털은 길고 부드러우며 광택이 난다. 색깔도 블랙 앤드 탄, 루비(붉은색), 블레넘, 트라이컬러 등 캐벌리어 킹 찰스 스패니얼과 같다. 그밖에도 손질하면 충분히 보람을 느낄 만하다는 점도 비슷하다.

캐벌리어 킹 찰스 스패니얼보다 성격이 내성적이지만 싹싹하고 총명한 점은 같다. 몸무게가 최대 3.6~6.3kg까지 나간다. 한결같은 마음으로 주인에게 헌신하지만 과도한 운동이나 음식은 필요하지 않다.

❂ 좀더 잘 알려진 캐벌리어 킹 찰스 스패니얼과 혼동하기 쉽지만, 이 개의 코가 좀더 짧다. 이 개에서 캐벌리어 킹 찰스 스패니얼이 나왔다.

❂ 크고 까만 눈동자와 길고 탐스러운 털로 뒤덮인 귀가 이 개의 매력이다.

❂ 킹 찰스 스패니얼 역시 더 이상 꼬리를 짧게 자르지 않는다. 자연스러운 상태에서 꼬리는 깃털로 장식한 듯 풍성하고, 위로 말려 올라가지 않는다.

dog's data

크기	소형 / 3.6 ~ 6.3kg
	수컷 : 25.5cm
	암컷 : 20.5cm
털 손질	일반적인 손질
운동	적당량
식사량	중간 정도
성격	온순하고 다정하다

Lowchen
로첸

로첸 또는 리틀 라이온 도그(Little Lion Dog)으로 불리는 이 개는 유럽이 원산지인 흥미로운 개다. 키가 최대 33cm로, 토이 그룹 중에서 작은 편은 아니다.

다양한 색상에 길고 부드러운 털은 사자의 갈기처럼 숱이 많다. 사실 털을 다듬은 모양이 사자를 닮았다고 해서

○ 다소 심각해 보이는 표정 뒤에 활동적인 로첸의 본모습이 숨어 있다.

○ 뒷부분을 사자처럼 보이게 하기 위해 엉덩이와 뒷다리, 등 쪽의 털을 깎고 꼬리를 다듬는다.

'리틀 라이온 도그'라는 이름이 생긴 것이다. 몸의 털은 마지막 갈빗대부터 꼬리 전체를 깎는데, 꼬리 끝의 깃털 같은 부분은 남겨둔다. 털 손질에는 분명히 손이 많이 가지만, 깔끔하게 관리하는 데 별다른 기술이 필요하지는 않다.

로첸은 성격이 활기차고 쾌활하며 아이들과 잘 어울려 놀기 때문에 훌륭한 가정견이 될 수 있다.

dog's data

크기	소형
	25 ~ 33cm / 3kg
털 손질	꼼꼼하게 자주 한다
운동	적당량
식사량	중간 정도
성격	영리하고 사랑스럽다

Maltese
말티즈

말티즈(예전에는 말티즈 테리어로 불려졌다)는 매우 멋스럽고 귀여운 개다. 키는 최대 25cm이다. 동그랗고 까만 눈은, 길고 매끄러우며 윤기 흐르는 새하얀 털과 뚜렷한 대조를 이룬다. 간혹 부분적으로 레몬색을 띠는 종류도 있다. 이런 털을 아름답게 유지하려면 시간이 많이 들지

○ 온몸을 뒤덮은 새하얀 털과 동그랗고 까만 눈은 전문 브리더들이 수백 년 동안 열심히 노력해서 지켜낸 말티즈의 중요한 특징이다. 하지만 선택교배 과정을 거치면서도 말티즈의 성격은 전혀 나약해지지 않았다.

dog's data

크기	소형
	2 ~ 3kg
털 손질	꼼꼼하게 자주 한다
운동	적당량
식사량	많이 먹지 않는다
성격	성격이 매우 좋다

만, 그 결과는 매우 만족스럽다.

토이 그룹에서 가장 맵시 있게 걷는 개 중의 하나다. 빨리 걸을 때도 털이 물결처럼 흔들리듯이 기품 있게 움직인다. 운동을 무척 좋아하고, 가족들에게 즐거움과 웃음을 주는 개다. 말티즈가 섬세하고 연약할지 모른다는 생각은 정말 틀린 말이다. 왜냐하면 놀랄 만큼 튼튼하고 씩씩하기 때문이다. 믿음직스럽고 생기발랄해서 사람들에게 사랑받는다.

Miniature Pinscher
미니어처 핀셔

'민 핀(Min Pin)'으로도 불리는 미니어처 핀셔는 핀셔 종류 중에서 가장 작다. 키는 최대 30cm이고, 짧고 뻣뻣한 털은 조금만 손질해도 윤기가 흐른다. 털 색깔은 검정, 푸른색 또는 초콜릿색에 황갈색이 섞인 경우와 연하거나 진한 붉은색 등 다양하다.

　말쑥한 모양의 두 귀는 쫑긋 서 있거나 반쯤 접힌 채 있다. 몸이 튼튼하고, 해크니(Hackney pony,영국의 승마용 말)처럼 앞다리를 높이 올리며 걷는다. 이 개는 정원이나 공원에서 자유롭게 뛰어놀기를 좋아한다. 민첩하게 반응하기 때문에 가정에서 훌륭한 경비견이 될 수 있다.

◐ 붉은색 털의 미니어처 핀셔는 쫑긋 선 큰 귀가 눈길을 끈다. 이 개는 꼬리를 자르지 않았다.

dog's data

크기	소형
	25.5 ~ 30cm / 3.5kg
털 손질	쉽다
운동	적당량
식사량	많이 먹지 않는다
성격	민첩하고 용맹스럽다

◐ 앞모습이 말쑥하고 곧은 다리가 돋보인다. 몸집은 애완견이지만 스타일은 운동선수처럼 날렵하다.

◐ 이 개는 일반적으로 하듯이 꼬리를 짧게 잘랐다.

◐ 미니어처 핀셔는 검은 바탕에 황갈색이 섞인 블랙 앤드 탄이 가장 흔하다.

Papillon
파피용

파피용, 프랑스어로 나비를 뜻하는 이 개는 정말 매력적이다. 키가 최대 28cm 이고, 매끈하게 균형 잡힌 다리를 갖고 있다. 길고 부드러우며 빗질하기 쉬운 털 속에는 놀랄 만큼 튼튼한 몸이 숨어 있다.

○ 이마의 하얀 세로줄이 나비를 연상시킨 다고 해서 파피용이라는 이름이 붙었다.

○ 술로 장식한 듯한 큰 귀가 나비의 날개 를 닮았다.

털은 기본적으로 하얗고 다갈색을 제외한 다양한 색깔의 반점이 있다. 크 고 쫑긋 세운 큰 귀와, 머리 가운데서 코 까지 선명하게 이어지는 하얀 띠가 날개 를 활짝 펼친 나비처럼 보이는 게 특징 이다. 그래서 파피용이라는 이름이 붙여 졌다.

강도 높은 복종훈련을 소화해내고 가족들과 어울려 운동하는 것을 좋아한 다. 하지만 어린아이가 있는 가정에서는 잘못하다가 개가 밟힐 위험이 있으므로 키우기에 적당하지 않다.

○ 모든 파피용은 길고 부드러우며, 윤기 나는 털을 가지고 있다. 이렇게 화려하지 만 의외로 아주 영리하고 길들이기 쉽다.

dog's data

크기	소형
	20 ~ 28cm / 2 ~ 2.5kg
털 손질	일반적인 손질
운동	적당량
식사량	많이 먹지 않는다
성격	활기차고 아주 영리하다

Pekingese
페키니즈

오늘날의 페키니즈는 털이 크게 부푼 경향이 있다. 외모에 상관없이 개가 자유롭게 걸을 수 있어야 한다.

페키니즈는 기원이 고대 중국까지 거슬러 올라간다. 전설에 의하면 당나라의 궁궐에서 유래했다고 하는데, 이러한 과거가 이 개의 성격에 뿌리 깊게 배어든 것 같다. 그래서 때때로 장난기 있는 성격이 나타나기도 하지만, 대체로 작은 몸집에 비해 매우 대범하고 점잖다. 열성적인 애견가들에게 잘 어울리는 개다.

이상적인 체중은 약 5kg으로, 암캐가 수캐보다 좀더 무겁다. 체구가 작은 듯 보이지만 실제로는 골격이 굵다.

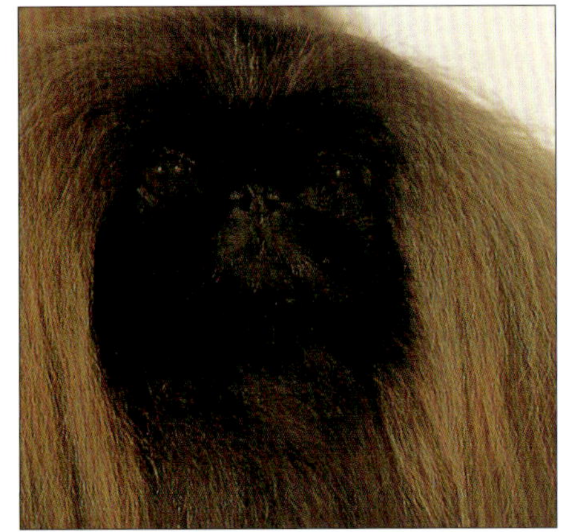

페키니즈의 머리 모양이 매우 예쁘다. 사진에서 보듯 반짝이는 부드러운 눈동자가 페키니즈의 진짜 매력이다.

옛날의 페키니즈는 중국에서 궁궐의 귀부인들이 소맷자락에 넣어 데리고 다녔기 때문에 '슬리브 도그(sleeve dogs)'라고도 불렀다.

얼굴이 넓적하고 주둥이가 아주 짧아서 심각한 호흡 곤란을 일으킬 수 있다. 따라서 건강한 페키니즈를 기르고 싶다면 세심한 선택이 필요하다. 하지만 건강하게 기르는 방법에 쉬운 것은 없다.

페키니즈는 운동을 별로 좋아하지 않는다. 점잖은 모습으로 한가롭게 걷기 때문에 이 개가 시골길을 산책하는 것은 기대하기 힘들다.

털 색깔은 색소 결핍인 알비노(albino)와 다갈색을 제외한 모든 색깔이 다 있으며, 털은 길고 풍성하다. 멋진 모습으로 꾸미려면 지속적이고 헌신적인 관심이 필요하다.

dog's data

크기	소형 / 18cm
	수컷 : 최대 5kg
	암컷 : 최대 5.5kg
털 손질	정기적인 손질이 필요하다
운동	적당량
식사량	많이 먹는다
성격	충성스럽고 냉담하다

Pomeranian
포메라니안

포메라니안은 저먼 스피츠의 5가지 크기 중에서 가장 작은 견종이다. 체중이 최대 2kg을 넘지 않으며, 암캐가 수캐보다 약간 무겁다. 풍성하게 부풀어 오른 털은 대개 오렌지색, 검정, 크림색, 하얀색 등 다양하다. 전체적으로 부풀린 형태를 유지하려면 정기적으로 손질해야 한다.

체구가 작지만 몸이 튼튼해야 하고, 섬세함을 지녀야 훌륭한 포메라니안이다. 따라서 이렇게 극단적인 특징을 모

○ 포메라니안의 얼굴 표정은 영리해 보이고, 자신감이 있다.

○ 한껏 멋을 부린 포메라니안은 아무리 무쇠 같은 마음이라도 녹일 정도로 매력적이다. 작지만 눈에는 사자와 같은 용기가 깃들어 있다.

○ 정성스러운 털 손질로 멋지게 변한 포메라니안 가족. 이 멋진 모습에 반해서 직접 털 손질을 해보지도 않고 개를 구입하는 실수를 하면 안 된다.

두 갖춘 개를 만들어내는 데 어려움을 나타내는 전문 브리더들도 있다. 포메라니안은 활력이 넘치는 개로, 리드줄을 맨 채 발끝으로 빙글 돌며 재롱을 부리기도 한다. 이 개가 날카로운 소리로 짖어대면 도둑은 감히 들어오지 못하겠지만, 제대로 이야기를 나누기가 불가능하다.

dog's data

크기	아주 작다
	22 ~ 28cm / 1.8 ~ 2kg
털 손질	정기적인 손질이 필요하다
운동	적당량
식사량	부담 없다
성격	영리하고 외향적이다

Pug
퍼그

퍼그는 다부진 몸매를 가진 개다. 몸무게는 최대 8kg이고, 체구는 작지만 튼튼하다. 짧고 부드러운 털은 윤기가 흐른다. 가장 흔한 털 색깔은 엷은 황갈색이지만 살구색이나 은색, 검정인 경우도 있다. 이 개는 전통적으로 주둥이 부분이 검다. 털은 깔끔하게 손질하기 쉽다.

꼬리는 등 위로 바짝 말려 올라가 있다. 이 개가 자신감 넘치는 모습으로 주위를 경계할 때면, 크고 번득이는 눈에 포착된 게 무엇이든지 간에 금세 그

○ 마스티프의 축소형으로 역사가 오래된 이 개는 옛날에는 불교 승려들의 반려동물이었다. 네덜란드 동인도회사가 처음 유럽에 들여왔고, 이후 네덜란드의 오렌지 왕가에서 많은 사랑을 받았다.

쪽으로 달려들 것 같다.

퍼그를 바라보고 있으면 넘치는 자부심과 확신에 찬 모습 때문에 누구든 미소 짓지 않을 수 없다. 다리가 짧고 작아도 동작은 재빠르다. 낮은 코는 날씨가 더워지면 숨쉬는 걸 방해해서 문제가 생기지만, 이 문제를 해결하기 위해 전문 브리더들이 콧구멍이 넓은 개를 선택교배하는 경향이 있다. 콧구멍이 넓어지면 자유롭게 운동할 수 있게 된다.

○ 근엄해 보이는 표정 뒤에 장난기 넘치는 진짜 모습이 감추어져 있다.

<table>
<tr><td colspan="2">dog's data</td></tr>
<tr><td>크기</td><td>소형</td></tr>
<tr><td></td><td>25 ~ 28cm / 6.3 ~ 8kg</td></tr>
<tr><td>털 손질</td><td>일반적인 손질</td></tr>
<tr><td>운동</td><td>적당량</td></tr>
<tr><td>식사량</td><td>중간 정도</td></tr>
<tr><td>성격</td><td>활기차고 씩씩하다</td></tr>
</table>

○ 바짝 말려 올라간 꼬리가 들창코와 완벽한 조화를 이루어 아주 귀여운 인상을 준다.

○ 퍼그는 적응을 잘하고, 사교적이며, 성격이 좋아서 가정에서 기르기에 적합하다.

Yorkshire Terrier
요크셔 테리어

요크셔 테리어는 뚜렷하게 두 종류로 구별된다. 먼저 몸단장을 완벽하게 하고 도그쇼에서 아름다운 자태를 뽐내는 작은 개는 몸무게가 3.1kg을 넘으면 안 된다. 한편 리드줄을 맨 채 쾌활한 모습으로 거리나 공원을 신나게 달리는 가정에서 키우는 개는 같은 견종이지만 앞에 설명한 쇼독보다 보통 몸집이 2배 정도 크다. 사실 도그쇼의 화려한 스타를 돋보이게 하는 밝은 황갈색과 검푸른 색 긴 털은 손질하지 않은 채로 내버려두면 그 빛을 잃고 짧게 끊어진다. 하지만 장난꾸러기 같은 요크셔 테리어의 성격은 외모에 관계없이 두 종류 모두 같다.

○ 최고의 개라는 명성에 걸맞게 몸단장을 완벽하게 마친 요크셔 테리어.

가정의 애완견으로서 세계적으로 인기가 높은 요크셔 테리어는 보통 솜씨로도 충분히 털을 손질할 수 있다. 가족들과 지내는 것을 좋아하고, 언제라도 아이들과 어울려 놀고 싶어한다. 집 안의 쥐는 가차 없이 없애버리는 억센 면도 있다.

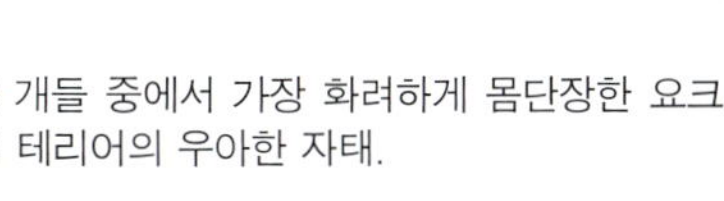

○ 가정에서 기르는 요크셔 테리어는 도그쇼에 출전하는 사진의 개보다 털이 짧다. 또한 몸단장을 해도 이 정도로 멋스럽게 꾸며지지 않는다.

dog's data	
크기	아주 작다 / 최대 3.1kg
	수컷 : 20.5cm
	암컷 : 18cm
털 손질	꼼꼼하게 정기적으로 해야 한다
운동	적당량
식사량	많이 먹지 않는다
성격	민첩하고 영리하다

○ 개들 중에서 가장 화려하게 몸단장한 요크셔 테리어의 우아한 자태.

찾아보기